JEREMY RIFKIN

in Zusammenarbeit mit
Nicanor Perlas

Genesis zwei

Biotechnik – Schöpfung nach Maß

Deutsch von Hainer Kober

Fachliche Beratung
Dr. Rainer Hohlfeld, Bonn,
und
Dr. Johann-Peter Regelmann,
Braunschweig

ROWOHLT

Die Originalausgabe erschien 1983 unter dem Titel
«Algeny» im Verlag The Viking Press, New York

Redaktion Jens Petersen
Umschlaggestaltung Manfred Waller
Umschlagbild «Hide-and-Seek»
von Pavel Tchelitchew

1. Auflage März 1986

Satz aus der Times (Monotype Lasercomp)
bei LibroSatz, Kriftel
Druck und Bindung
Franz Spiegel Buch GmbH, Ulm
Printed in Germany
ISBN 3 498 05707 3

Für Donna,
meine Liebe und mein Leben

Inhalt

Vorbemerkung

Zwar haben die Menschen endlich begonnen, sich mit den Gefahren des Atomkrieges auseinanderzusetzen, doch sie haben sich bisher kaum oder gar nicht mit der Entstehung einer völlig neuen Technologie beschäftigt, die sich eines Tages für das Leben auf diesem Planeten als ebenso ernsthafte Bedrohung erweisen könnte wie die Bombe. Mit der Entwicklung der Biotechnik gelangt die Menschheit an einen Kreuzweg ihrer Geschichte. Bald wird es möglich sein, lebende Systeme nach den gleichen technologischen Grundsätzen zu planen und herzustellen, die wir heute bei industriellen Fertigungsprozessen anwenden. Die beliebige Konstruktion von Leben nach Maßgabe bestimmter technologischer Voraussetzungen, genauer Produktionsvorgaben und Qualitätskontrollen wirft Fragen von grundsätzlicher Bedeutung auf. *‹Genesis zwei›* ist eine Kritik am neuen technologischen Zeitalter, an dem Naturbegriff, der es begleiten wird, und an den Grundlagen des abendländischen Denkens, die sein Ursprung sind.

TEIL EINS

Von der Alchimie zur Algenie

Eine neue Metapher für das biotechnische Zeitalter

Wir nähern uns dem Ende einer einzigartigen Periode in der Menschheitsgeschichte. Die industrielle Revolution, die vor über zweihundert Jahren ihren Anfang in den Kohlerevieren Englands nahm, tritt nun auf den Ölfeldern des Nahen Ostens in ihre Endphase. In diesem kurzen historischen Abschnitt haben wir viele Millionen Jahre gespeicherter Sonne aus der Erde geholt und in die Nutzwerte des modernen Lebens verwandelt. Insofern ist das industrielle Zeitalter eine treffende Metapher für die Umwandlung, den Austausch und die Vergeudung nicht erneuerbarer Energie. Unser gesamtes Wirtschaftssystem beruht auf fossilen Brennstoffen und wird von ihnen in Gang gehalten. Wir haben den Frieden der Karbongräber gestört und die toten Überreste von vorgestern den Bedürfnissen von heute dienstbar gemacht.

Unsere Gebäude und Fabriken, unsere Maschinen und Kleider, unsere Straßen und Fahrzeuge sind die leichenschänderischen Zeugnisse der Gewalt, die wir der Vergangenheit angetan haben. Ironischerweise haben wir unser Zeitalter als das des Wachstums bezeichnet. Überzeugt davon, einen Weg zur ewigen Mehrung unseres Wohlstands entdeckt zu haben, haben wir in Wirklichkeit nur auf Pump, auf Kosten der Vergangenheit gelebt. Da der Gipfel des industriellen Zeitalters überschritten ist, beginnt eine sehr unangenehme Wahrheit, die schon lange an der Schwelle unseres kollektiven Bewußtseins lauert, das aufgesetzte Selbstbewußtsein zu untergraben, welches die moderne Zeit kennzeichnet. In Wahrheit sind wir die verschlagenen und einfallsreichen Aasfresser der Geschichte. Aus den Leichnamen der Vergangenheit haben wir gigantische Denkmäler erbaut, und nachdem wir jetzt die letzten Überreste ausgegraben haben, sind wir gezwungen, aus der Unterwelt der gespeicherten Sonne zurückzuklettern in das natürliche Sonnenlicht der vertrauten Welt.

Das Ende des Zeitalters der fossilen Brennstoffe ist ein Vorspiel zum Ende des industriellen Zeitalters, das aus jenem erst Gestalt gewonnen hat. Das ist die herbe Wirklichkeit, die wir so schwer fassen können. Das große industrielle Zeitalter entschwindet schon unserem Blick. Seine Denkmäler aus Stahl und Stein, einst die Gegenstände staunender Bewunderung, sind heute altbacken und baufällig. Wenn die Weltwunder des industriellen Zeitalters auch noch hin und wieder unsere Neugierde erregen, so sind sie uns doch längst selbstverständlich, wenn nicht sogar gleichgültig geworden. Im besten Fall nehmen wir die Versatzstücke der industriellen Epoche hin wie die Luft, die wir atmen. Im schlimmsten Fall wächst unsere Bestürzung über den Alterungsprozeß des Systems, ein Umstand, der uns dazu zwingt, den vielen Mängeln, die mit jedem Tag deutlicher zutage treten, erhöhte Aufmerksamkeit zu schenken. Wie ein alter Verwandter, den man mehr als Last denn als Segen empfindet, löst das industrielle Zeitalter in uns eher versicherungstechnische Sorgen als von Zukunftsglauben getragene Aufbruchstimmung aus. Statt noch länger die unwiderstehliche Kraft zu beschwören, die uns in den materiellen Überfluß führen soll, äußern sich unsere politischen Führer heute sehr vorsichtig über die industrielle Maschinerie und beschränken ihre Hoffnungen auf die Möglichkeiten der Reparatur und der Erhaltung. Gestorben ist die große Vision von einer in metallischen Glanz gekleideten Welt, befahren von geräuschlos gleitenden Rädern. Heute verbringen wir weit weniger Zeit damit, die Zukunft zu planen, als damit, das zusammenzustückeln, was wir von der Vergangenheit übernommen haben.

Die industrielle Epoche ist das Endstadium des Zeitalters des Feuers, der Pyrotechnik. Ihr Ausklang markiert einen wichtigen Wendepunkt in der Geschichte der Menschheit. Nachdem man zehntausend Jahre lang lodernde Feuer an das Erz gelegt hat, brennt das Zeitalter der Pyrotechnik nun langsam aus. Selbst wenn wir tief hinabsteigen in die verborgensten Winkel und Höhlen der Erde, um die letzten Nester gespeicherter Sonne aufzuspüren, mit denen wir das erlöschende Feuer in unseren Öfen noch einmal aufflackern lassen können, spüren wir, wenn auch erst als leise Ahnung, eine neue Dämmerung heraufziehen, eine Dämmerung, wie unsere Augen sie noch nicht erblickt haben.

Merkmal des pyrotechnischen Zeitalters war die Umgestaltung der Erde: Aus einem Ort, dem die Menschen ausgesetzt waren, machten sie einen Ort, den sie nach Belieben veränderten und mit dem sie sich entsprechend ihren Bedürfnissen umgaben. Mit Hilfe des Feuers machten sich die Menschen die Erde zu eigen, ließen den Planeten zu einer Verlängerung ihrer selbst werden. Das Feuer prägte das gesamte Dasein der Menschheit. Im *‹Protagoras›* berichtet Platon, wie die Menschen in den Besitz des Feuers und der pyrotechnischen Künste gelangten. Als die Götter begannen, die Geschöpfe aus Erde und Feuer zu formen, heißt es im Mythos, seien Epimetheus und Prometheus aufgerufen worden, sie mit ihren besonderen Eigenschaften auszustatten. Als die Reihe an die Menschen kam, habe Prometheus bemerkt, daß Epimetheus bereits alle ihm zur Verfügung stehenden Eigenschaften an die anderen Tiere und Pflanzen verteilt hatte. Weil er nicht wollte, daß die Menschen völlig ohne Schutz seien, entwendete Prometheus den Göttern das Feuer und übergab es den Menschen. Damit gelangte die Menschheit in den Besitz von Kenntnissen, die ursprünglich den Göttern vorbehalten waren. Prometheus' Name bedeutet Voraussicht – es ist gerade der richtige Gott also, der Menschheit in ihrem Streben zu helfen, sich die Naturgewalten untertan zu machen.

Nach Lewis Mumford hat das Feuer die Menschen mit Licht, Energie und Wärme ausgestattet – drei Grundvoraussetzungen des Überlebens. Zur Rolle des Feuers in der Menschheitsentwicklung meint Mumford, es sei «des Menschen entscheidende technische Errungenschaft: Keine andere Art hat etwas Ähnliches vorzuweisen.»[1] Mit Feuer konnten die Menschen die unbelebte natürliche Welt einschmelzen und in eine nützliche, gebrauchsfertige Welt umformen. Der Historiker Theodore Wertime von der Smithsonian Institution schreibt: «. . . es gibt fast nichts, was sich mittels des Feuers nicht in einen vollendeten Zustand versetzen läßt. Das Feuer erfaßt diesen oder jenen Sand und schmilzt ihn je nach den örtlichen Gegebenheiten um in Glas, Silber, Zinnober, Blei der einen oder anderen Art, Farbstoffe und Arzneimittel. Mit Feuer wird das Erz in Kupfer verwandelt, dank des Feuers entsteht das Eisen und wird es gehärtet, im Feuer wird das Gold geläutert und der Stein [Zement] gebrannt, der die Gebäude zusammenhält.»[2]

So richtig begann das pyrotechnische Zeitalter um 3000 v. Chr. im Mittelmeerraum und im Nahen Osten, als sich die Menschen in ihrem Bestreben, die unbelebte Natur zu ihren Zwecken umzugestalten, nicht mehr ausschließlich auf ihre Muskelkraft verließen, sondern anfingen, sich dazu auch des Feuers zu bedienen. Stampfen, Pressen, Brechen, Zerstoßen und Mahlen verloren an Bedeutung gegenüber Schmelzen, Gießen, Löten, Schmieden und Brennen. Durch Verfeuern der kalten Überreste dessen, was einst selbst ein Feuerball war, begannen die Menschen in einem gigantischen Recycling-Prozeß die Kruste ihres Planeten in eine neue Heimstatt für sich selbst umzuwandeln.

Nun, da die Menschheit die Aufbauphase abgeschlossen hat, werden Rohenergie und Ressourcen knapp, die zur Erhaltung dieser Heimstatt erforderlich sind. Zu allem Überfluß wird das Problem dadurch kompliziert, daß die neue Heimstatt sich als zunehmend ungastlich für die übrige lebendige Welt erweist, die immer weniger in der Lage ist, sich dieser fremden, von Menschenhand geschaffenen Umwelt anzupassen. Um eine Vorstellung von der Größenordnung des Problems zu geben: Man schätzt, daß der Artenverlust zur Zeit der Dinosaurier ungefähr bei einer Tierspezies pro tausend Jahren lag. Zu Anfang des industriellen Zeitalters betrug diese Rate im Durchschnitt eins pro zehn Jahren. Heute, da wir in die Endphase des langen pyrotechnischen Zeitalters eintreten, sterben die Tier- und Pflanzenarten mit einer Rate von eins pro sechzig Minuten aus. Laut Thomas Lovejoy vom World Wildlife Fund werden bis zum Jahr 2000 nahezu 17 Prozent aller noch auf der Erde vorhandenen Tier- und Pflanzenarten ausgestorben sein.[3]

Die Menschheit sieht sich zwei Krisen gleichzeitig gegenüber. Auf der Erde wird nicht nur der Vorrat an energiereichen Brennstoffen knapp, sondern auch die lebenden Ressourcen. Wir befinden uns an einem Wendepunkt in der Geschichte unserer Zivilisation, und ausgerechnet in dieser entscheidenden Phase beginnt sich ein revolutionäres neues Verfahren zur Umgestaltung der Erde abzuzeichnen, ein Verfahren von so weitreichender Bedeutung, daß es die Beziehung der Menschheit zu ihrem Planeten von Grund auf verändern wird.

Nachdem die Menschen seit Jahrtausenden die kalten Überreste der Erde zu ihrem Nutz und Frommen umgestalteten, schicken sie sich nun an, die inneren biologischen Strukturen lebender Organismen umzukonstruieren, in der Hoffnung, so die globale Krise abzuwenden und die Voraussetzungen für ein neues Weltzeitalter zu schaffen. Aus dem Zeitalter der Pyrotechnik treten wir ein in das der Biotechnik. Ein Übergang, der wahrhaftig schwindelerregend ist.

Jahrtausendelang verlieh die Menschheit der Erdkruste mit Hilfe des Feuers Gestalten und Formen, wie es sie nie zuvor in der Natur gegeben hatte. Nun hat die Menschheit zum erstenmal in der Geschichte einen Weg entdeckt, auch lebender Materie Gestalten und Formen zu verleihen, wie es sie in der Natur noch nie zuvor gegeben hat. 1973 gelang amerikanischen Wissenschaftlern ein Eingriff in lebende Materie, der sich in seiner Bedeutung mit der Domestizierung des Feuers messen kann. Die Biologen Stanley Cohen von der Stanford University und Herbert Boyen von der University of California berichteten, sie hätten an zwei ganz verschiedenen Organismen, die sich in der Natur nie verbinden würden, je ein Stück DNS isoliert und diese beiden Teile des genetischen Materials zusammengefügt. Das Ergebnis war eine neue Lebensform, wie es sie auf der Erde noch nicht gegeben hat.

Nach fast dreißig Jahren Forschung, deren Höhepunkte eine Reihe rasch aufeinanderfolgender Entdeckungen Ende der sechziger und während der siebziger Jahre waren, steht uns mit der In-vitro-Neukombination von DNS eine Art Nähmaschine zur Verfügung, die das genetische Material nicht verwandter Organismen verbinden kann. Cohen unterteilt die auf In-vitro-Neukombination beruhende DNS-Chirurgie in vier Phasen. Zunächst werden mit einem chemischen Skalpell, Restriktionsenzym genannt, die DNS-Moleküle der einen Quelle, etwa eines Menschen, gespalten. Sobald die DNS in Stücke geschnitten ist, wird ein kleines Segment des genetischen Materials – vielleicht ein oder einige wenige Gene lang – isoliert. Anschließend schneidet man mit dem Restriktionsenzym ein Segment aus einem Plasmid, einem kleinen, in Bakterien vorkommenden DNS-Molekül, heraus. Sowohl das Stück menschlicher DNS wie auch die verbleibende Plasmid-DNS entwickeln infolge der Zerschneidung «klebrige Enden». Nun werden die Enden beider DNS-Segmente verhakt und bilden ein genetisches Ganzes aus Material verschiedenen Ursprungs. Schließlich benutzt man das veränderte Plasmid als Vektor, als Überträger, um die DNS in die Wirtszelle, gewöhnlich ein Bakterium, zu befördern. Nach der Aufnahme wird das Plasmid vom Bakterium endlos kopiert, und es entstehen identische Abbilder der neuen Chimäre, Klone genannt.

Der Prozeß der In-vitro-Neukombination von DNS ist das sensationellste Werkzeug im wachsenden biotechnischen Arsenal. Der Biologe lernt, wie sich durch Manipulation, Neukombination und Reorganisation lebenden Gewebes neue Formen und Gestalten schaffen lassen, genauso wie seine Vorfahren als Handwerker lernten, der unbelebten Materie mit dem Feuer zu Leibe zu rücken. Das Tempo der Entdeckungen ist wahrhaft atemberaubend. Man schätzt, daß sich das biologische Wissen gegenwärtig alle fünf Jahre verdoppelt, das genetische Wissen sogar alle vierundzwanzig Monate. Wir katapultieren uns förmlich in das Zeitalter der Biotechnik hinein.

Betrachten wir – als Beispiele – nur zehn der wichtigsten Etappen in der Entwicklungsgeschichte der letzten zehn Jahre.

1. Wir haben herausgefunden, wie die DNS sich selbst reproduziert. 1957 stellte der Biochemiker Arthur Kornberg von der Stanford University fest, daß sich die DNS-Struktur repliziert, indem sie sich wie ein Reißverschluß teilt. Jeder Strang zieht daraufhin aus der ihn umgebenden Zelle neue chemische Stoffe und fertigt ein genaues Duplikat der Originalstruktur an. Inzwischen haben wir gelernt, künstliche DNS-Kopien herzustellen, die in ihrer Form klarer und stabiler sind als das Original.[4]

2. Wir haben den DNS-Code entschlüsselt. Die Basiseinheiten entlang

der Doppelhelix bilden die sogenannten DNS-Tripletts, eine Reihe von Drei-Buchstaben-Wörtern. Es gibt vierundsechzig mögliche Kombinationen solcher Wörter, wobei jedes Triplett die Anweisungen zur Herstellung eines bestimmten Proteins kodiert. Große Mengen von Proteinen sorgen in unterschiedlichen Zusammenstellungen für die Formenvielfalt der Organismen. 1961 gelang dem Nobelpreisträger Marshall W. Nirenberg das biologische Pendant zur Dechiffrierung des «Rosetta-Steins»*, als er ein DNS-Triplett isolierte und feststellte, welches Protein von ihm produziert wird. In der Folgezeit gelang es anderen Biologen, den Vierundsechzig-Wörter-Code der DNS zu enträtseln.[5]

3. Wir haben in Erfahrung gebracht, wie die DNS ihre Anweisungen an die Zelle übermittelt. Auch als James D. Watson und Francis H. Crick die Struktur der DNS entdeckt hatten, war der Wissenschaft noch immer nicht bekannt, wie ein Gen in einem DNS-Molekül seine chemischen Anweisungen zum Aufbau von Proteinen aussendet. Anfang der sechziger Jahre wurde dann von verschiedenen Forscherteams in den Vereinigten Staaten und in Frankreich die Messenger-RNS isoliert, jener Mechanismus, der als Überträger der DNS-Information fungiert.[6] Inzwischen hat man weitere RNS-Typen entdeckt und herausgefunden, welchen Zwecken sie dienen. Im April 1977 berichtete ein Team von Wissenschaftlern an der University of California in San Francisco, es habe einer Messenger-RNS mit Erfolg «befohlen», einen Strang der DNS zu reproduzieren, von dem es originär ausgesandt worden sei.[7]

4. Wir können durch Analyse von Chromosomen genetische Funktionen bestimmen. 1956 fand man heraus, daß die menschliche Zelle sechsundvierzig Chromosomen enthält, DNS-Packungen, auf denen die Gene lokalisiert werden. Heute kann man von einem drei Monate alten Fötus eine Chromosomenprobe entnehmen und mittels chromatographischer Analyse das mögliche Vorkommen von ungefähr sechzig Erbkrankheiten vorhersagen.[8]

5. Wir haben eine Zelle synthetisiert. James F. Danielli, Professor für theoretische Biologie am Worcester Polytechnic Institute, leitete die Arbeitsgruppe, der als erster der Aufbau einer Zelle gelang. Die Wissenschaftler vollbrachten dieses erstaunliche Kunststück, indem sie die Teile von drei verschiedenen Amöben zu einer funktionalen Ganzheit vereinigten.[9] Wissenschaftler haben auch «Riesenzellen» hergestellt, die fünfhun-

* Der Rosetta-Stein, hier als Metapher für die Entschlüsselung des DNS-Codes gebraucht, wurde 1799 in der ägyptischen Stadt Rosetta gefunden. Auf Grund seiner dreisprachigen Inschrift konnte die Hieroglyphenschrift entschlüsselt werden (*R. H.*).

dert- bis tausendmal größer als normale Zellen werden können. Entsprechend hat man Minizellen produziert.[10]

6. Wir haben Zellen verschiedener Spezies vereinigt. Wir können heute Zellen von zwei verschiedenen Organismen nehmen – etwa von einer Maus und einem Menschen – und sie miteinander verschmelzen, so daß eine Hybridzelle entsteht, die Eigenschaften beider Ursprungszellen aufweist. Zellfusionen sind auch bei menschlichen und pflanzlichen Zellen gelungen, bei den roten Blutkörperchen des Huhns und Hefezellen sowie Mohrrübenzellen und Zellen, die von einem menschlichen Krebsopfer stammten.[11]

7. Wir haben reine menschliche Gene isoliert. 1969 berichteten Jonathan Beckwith und eine Forschungsgruppe an der Harvard University von der ersten Isolierung eines reinen Bakteriengens.[12] 1973 gelang die erste Reinigung eines menschlichen Gens. Wenn man das Gen von den vielen in der Zelle stattfindenden chemischen Reaktionen isoliert, kann der Biologe es im Reagenzglas untersuchen. Unter anderem hat man dadurch immer klarer erkannt, welcher Mechanismus die Gene an- und abschaltet.[13]

8. Wir haben Gene «kartiert». Die Gene, die für verschiedene Körpermerkmale wie zum Beispiel die Haarfarbe verantwortlich sind, sind an bestimmten Orten auf bestimmten Chromosomen lokalisiert worden. Wissenschaftler lernen heute, Gene auf dem Chromosom zu lokalisieren oder zu kartieren. Der Kartierungsprozeß begann Anfang der siebziger Jahre. Heute hat man weit über zweihundert Gene kartiert.[14]

9. Wir haben ein Gen synthetisiert. In den letzten zehn Jahren hat Har Gobind Khorana vom Massachusetts Institute of Technology bahnbrechende Leistungen auf dem Gebiet der Synthese genetischen Materials vollbracht. 1970 gelang Khorana die Synthese des Gens einer Hefezelle, und 1976 vollbrachte er ein noch verblüffenderes Kunststück, als er praktisch aus dem Nichts, nur mit den vier grundlegenden Nukleotiden, ein menschliches Gen mit einer Sequenz von zweihundert Nukleotiden aufbaute. Obendrein stattete Khorana seine Schöpfung noch mit dem Start- und Stoppmechanismus aus, der ihre Funktion reguliert. Nachdem das synthetische Gen einer menschlichen Zelle eingesetzt worden war, begann es einwandfrei zu arbeiten.[15]

10. Wir haben die Erbanlage einer Zelle verändert. 1971 übertrug eine Arbeitsgruppe das Gen eines Bakteriums auf eine menschliche Zelle, wo es, funktionierend, die ursprünglichen Anweisungen veränderte, die die Zelle erhalten hatte.[16] In einem weiteren für die Zellvererbung äußerst wichtigen Experiment wurden die Zellen einer Maus mehreren Mäuseföten injiziert. Das genetische Material der ersten Maus zeigte sich nicht nur

in den neugeborenen Mäusen, sondern die fremden Gene wurden auch an die nächste Generation weitergegeben, als diese Mäuse sich paarten und Nachwuchs hatten. Damit war die genetische Veränderung der Keimbahn eines Säugetiers auf Dauer einverleibt worden, eine Entwicklung, die uns nach Auffassung des Biologen Ethan Singer vom Massachusetts Institute of Technology «der Möglichkeit einer genetischen Manipulation des Menschen um zehn Jahre näher bringt».[17]

Während alle diese Leistungen ein bißchen esoterisch und undurchsichtig erscheinen mögen, wird das ganze Ausmaß ihrer Bedeutung rasch begreiflich, sobald sie auf lebensgroße Organismen im Tier- und Pflanzenreich angewendet werden. Im September 1981 erklärte ein Wissenschaftlerteam von der University of Ohio und vom Jackson Laboratory in Bar Habor, Maine, es habe ein Gen von einer Tierart auf eine andere übertragen. Thomas Wagner, der Leiter des Projekts, berichtete, daß man das Gen isoliert habe, das für den Aufbau eines Teil des Hämoglobins beim Kaninchen verantwortlich sei. Man habe das Kaninchengen auf die befruchtete Eizelle einer Maus übertragen und den Fötus ausreifen lassen. Die neugeborene Maus war mit keiner jemals existierenden Maus vergleichbar. Sie besaß nicht nur genetisches Material von einem Kaninchen, sondern das übertragene Gen stellte das Hämoglobin in der Maus ebenso präzise her wie im Kaninchen. Das aufgenommene Kaninchengen wurde durch den normalen Fortpflanzungsprozeß auch auf die folgenden Mäusegenerationen übertragen. Daraus schließen die Wissenschaftler, daß heute neue Tierzüchtungen möglich sind, indem man die genetische Information völlig verschiedener Arten zusammenbringt.

Obwohl alle diese Entdeckungen an sich schon spektakulär genug sind, bedeuten sie doch nur die ersten groben Werkzeuge des biotechnischen Zeitalters. Die Menschheit erlebt eine dramatische Veränderung ihrer Methoden, die Welt zu gestalten. Jahrtausendelang haben die Menschen die unbelebte Materie zu ihrem wirtschaftlichen Nutzen geschmolzen, gegossen, gelötet und gebrannt. Jetzt zerschneiden, rekombinieren, inserieren und spleißen sie lebendes Material für ihre wirtschaftlichen Zwecke. Die Möglichkeiten, so sagen die Wissenschaftler, seien nur beschränkt durch die Grenzen der menschlichen Vorstellungskraft und durch die Launen und Wechselfälle des Marktes.

Der englische Wissenschaftsautor Lord Ritchie-Calder bringt die biologische Revolution in einen angemessenen historischen Zusammenhang, wenn er schreibt: «Wie wir mit Plastik und Metall hantiert haben, so stellen wir jetzt lebende Stoffe her . . .»[18] Nach einer unlängst durchgeführten Untersuchung des der amerikanischen Regierung unterstellten

Office of Technology Assessment kann «die Biotechnik entscheidend für die Verbesserung der Entwicklung, Ertragfähigkeit und Produktivität ... biologischer Systeme sorgen».[19] Letztlich haben wir uns das Ziel gesetzt, die Wachstumskurve des industriellen Zeitalters zu wiederholen, indem wir lebende Materie viel rascher produzieren als die Natur und sie dann in wirtschaftlichen Überfluß verwandeln.

Im Juni 1980 verfügte der Oberste Gerichtshof der USA, daß im Labor erzeugte neue Lebensformen zum Patent angemeldet werden können. Sobald diese historische Entscheidung gefallen war, gab die Biotechnik ihre vornehme akademische Zurückhaltung auf und schickte sich an, den Markt zu erobern, wo sie von vielen cleveren Propheten als das wissenschaftliche Gottesgeschenk begrüßt wurde, das endlich Ersatz schaffen würde für die sterbende industrielle Ordnung. Die Wall Street-Strategen waren so begierig, die biotechnische Revolution zu finanzieren, daß bei den Anlegern eine regelrechte Kaufhysterie ausbrach, als die erste private gentechnische Firma ihre Aktien öffentlich feilbot. Am 14. Oktober 1980 – nur einige Monate nachdem der Oberste Gerichtshof den Weg für die wirtschaftliche Nutzung der biotechnischen Möglichkeiten freigegeben hatte – bot die Firma Genentech mehr als eine Million Aktien zu einem Kurs von 35 Dollar an. Nach zwanzig Minuten war der Kurs auf 89 Dollar geklettert – eine Steigerung von 54 Punkten. Bei Börsenschluß am Spätnachmittag hatte die frischgebackene biotechnische Firma 36 Millionen Dollar aufgebracht und wurde auf 532 Millionen Dollar geschätzt. Das Erstaunliche daran war, daß Genentech noch nicht ein einziges Produkt auf den Markt gebracht hatte. Dazu meinte ein Finanzfachmann von Merrill Lynch: «In den zweiundzwanzig jahren, die ich bei der Firma bin, habe ich etwas Derartiges noch nicht erlebt.»[20]

Genentech ist nur eines aus einer ganzen Reihe von Biotechnik-Unternehmen, die das Tempo der biotechnischen Revolution zu bestimmen beginnen. Diese Firmen, wie etwa Biogen, Cetus und Genex, sind Wegbereiter einer Entwicklung, die einige Finanzexperten für die zweite große technologische Revolution in der Weltgeschichte halten. Hören wir Nelson Sneider, einen Anlageberater bei E. F. Hutton, einer Firma, die das Interesse an der jungen Disziplin stark gefördert hat: «Wir stehen an der Schwelle eines technischen Durchbruchs, der sich als ebenso wichtig herausstellen könnte ... wie die Entdeckung des Feuers.»[21] Davon sind offensichtlich auch viele Großunternehmen überzeugt. Dutzende der führenden multinationalen Gesellschaften investieren in die biotechnische Forschung – unter anderem Du Pont, General Electric, Upjohn, Exxon, Allied Corporation, Phillips Petroleum, Kodak und Dow Chemical.

In allen Wirtschaftsbereichen werden langfristige Entwicklungspläne aufgestellt, Fertigungsstätten umgerüstet, neue Mitarbeiter angeworben – und all das, um die Biowissenschaften möglichst schnell in die Wirtschaft einzugliedern, auf daß die Zivilisation bald von den ersten Früchten des biotechnischen Zeitalters kosten möge. Allein der Umfang der sich abzeichnenden technologischen Revolution ist gewaltig. Noch einmal Nelson Sneider von E. F. Hutton: «Zählt man alle Industriezweige zusammen, auf die sich der Einfluß der Biotechnik erstrecken könnte, so hat man es [im Jahre 2010] mit 70 Prozent des Bruttosozialprodukts zu tun.»[22]

Fachleute prognostizieren, daß die Biotechnik in der pharmazeutischen Industrie zu einer Revolution in der Herstellung von Antibiotika, Enzymen, Antikörpern, Impfstoffen und Hormonen führen wird.

Im Bergbau experimentiert man mit der Entwicklung neuer Mikroorganismen, die den Bergmann und seine Maschine bei der Erzgewinnung ersetzen können. Man erprobt Organismen, die Metalle wie Kobalt, Eisen, Nickel und Mangan fressen. Von einer Gesellschaft ist zu hören, sie habe bereits mit Erfolg ein bestimmtes Bakterium «in Erze mit relativ niedrigem Kupfergehalt eingeblasen, wo es ein Enzym hervorbringt, das die Salze im Erz auffrißt und das Kupfer in fast reiner Form zurückläßt».[23] Für Erze mit niedrigem Metallgehalt, bei denen konventionelle Gewinnungstechniken kaum rentabel sind, könnten Mikroorganismen wirtschaftlichere Formen des Abbaus und der Verarbeitung ermöglichen.

In der Energieindustrie beginnen die Ölgesellschaften mit erneuerbaren Ressourcen als Ersatz für Öl und Gas zu experimentieren. Die Wissenschaftler hoffen auf Verbesserungen an vorhandenen Feldfrüchten, wie zum Beispiel dem Zuckerrohr, aus dem man schon jetzt Alkohol als Brennstoff für Autos gewinnt. Wir werden wahrscheinlich die biotechnische Herstellung von «Brennstoffpflanzen» erleben, deren einzige Aufgabe darin bestehen wird, unserer Gesellschaft Energie zu liefern.

In der chemischen Industrie ist die Rede davon, das Erdöl, jahrelang der wichtigste Rohstoff für die Herstellung chemischer Produkte, durch Biomasse zu ersetzen, eine erneuerbare Rohstoffquelle aus pflanzlichen und tierischen Substanzen.

In der Landwirtschaft erwartet man, daß die Biotechnik die petrochemischen Düngemittel überflüssig machen wird. Die Biotechnologen arbeiten intensiv an der Entwicklung neuer Nutzpflanzen, die den Stickstoff direkt aus der Luft aufnehmen können, so daß man nicht mehr, so wie jetzt, auf den kostspieligen Kunstdünger angewiesen wäre. Ferner ist man bestrebt, das Photosynthesevermögen bestimmter Pflanzen zu erhöhen, um den Erntecrtrag zu steigern. Außerdem ist man dabei, experimentell besonders vorteilhafte genetische Merkmale von einer Spezies auf die andere zu übertragen, um die Produktivität zu erhöhen. Wissenschaftler versuchen, Gene zu lokalisieren, die zur Abwehr von Viren und Schädlingen beitragen und die einer Pflanze bei der Anpassung an salzige oder trockene Standorte helfen – auch dies ist Teil des Bestrebens, die Umwandlung lebender Materie in wirtschaftlichen Nutzen zu beschleunigen.

In der Viehwirtschaft kann der Mensch dank der neuen Biotechnologie den langsamen und häufig unberechenbaren Prozeß der natürlichen Züchtung umgehen. Neue genetische Merkmale können jetzt direkt in den Fötus einprogrammiert werden. Selbst Artgrenzen vermögen die Wissenschaft nicht mehr aufzuhalten. In Zukunft wird die Übertragung genetischer Eigenschaften von einer Spezies auf die andere eine Selbstverständlichkeit sein. Man wird versuchen, auf genetischem Weg neue Tierarten herzustellen, die der Befriedigung bestimmter wirtschaftlicher Bedürfnisse dienen. So meint Thomas Wagner zum Beispiel, es könnte kostengünstiger sein, mit Hilfe der neuen Methoden Rinder zu produzieren, die sich ebensogut von Gras und Heu ernähren können wie von dem teureren Futtergetreide. Da Büffel an solche einfache Kost gewöhnt sind, schlägt Wagner vor, «man könnte dieses Merkmal von einem Büffel auf eine Kuh übertragen und alle anderen Eigenschaften des Büffels bei diesem belassen».[24] Eine andere Möglichkeit bietet das Klonen. Viele Wissenschaftler sind der Überzeugung, daß schon am Ende dieses Jahrzehnts ganze Herden von Haustieren geklont sein werden, um eine gleichbleibende Qualität des Fleisches und der Fleischprodukte zu garantieren.

Bleibt schließlich die Frage der biotechnischen Veränderung der menschlichen Anatomie. Viele biotechnische Verfahren, die sich an Pflanzen und Tieren bewährt haben, lassen sich in gewissem Umfang auf den Menschen übertragen. Wissenschaftler sehen bereits den Tag voraus, da «schädliche» genetische Merkmale schon im Fötus zum Zeitpunkt der Empfängnis eliminiert werden können. Die Beseitigung bestimmter Gene, die viele gefürchtete Krankheiten verursachen, ist nur ein winziger Ausschnitt der vor uns liegenden Möglichkeiten. In der Forschung wird die Auffassung vertreten, daß die Babys von heute, wenn sie alt genug sind, um selber Kinder zu bekommen, aus einer langen Reihe genetischer Merkmale diejenigen auswählen können, die sie ihren Kindern im Fetalstadium direkt einprogrammieren lassen möchten – von der Rechtshändigkeit bis zur verbesserten Gedächtnisleistung.

In wenigen Jahren dürfte auch die Genchirurgie medizinische Wirklichkeit geworden sein. Man meint, daß man speziell manipulierte Gene direkt in den menschlichen Körper einsetzen kann, um Wirkstoffe zu erzeugen, die ihn gegen bestimmte Krankheiten immunisieren. Mit Hilfe anderer Gene wird man das Wachstum beschleunigen oder bremsen, Glieder regenerieren und viele andere medizinisch nützliche Dinge verrichten.

Die Vorstellung, lebendes Material zu einer unendlichen Zahl neuer Kombinationen anordnen zu können, ist so ungeheuerlich, daß die menschliche Phantasie der Größenordnung des bevorstehenden Wandels kaum gewachsen ist. Die ersten Prozesse und Produkte, die wir vorzuweisen haben, sind die biotechnischen Entsprechungen der ersten Töpfe und Becher, die von unseren Vorfahren vor Zehntausenden von Jahren gebrannt wurden, als sie gerade anfingen, die pyrotechnischen Verfahren zu entwickeln. Von dem Augenblick an, da unsere Steinzeitahnen das erste Mal die Stoffe der Erde ins Feuer warfen, um aus ihnen neue Formen zu gewinnen, begab sich die Menschheit auf eine Reise ohne Wiederkehr, die sie schließlich ins Industriezeitalter beförderte. Unsere Welt, die Welt des 20. Jahrhunderts, ist im Feuer geschmiedet worden. Ihre Wolkenkratzer und Satelliten, ihre Nähmaschinen und Kabel, ihre Autobahnen und Fertighäuser, der ganze technische Komfort, über den wir verfügen, sind letztlich Produkte der pyrotechnischen Revolution, die vor Urzeiten begann, als ein paar unternehmungslustige Urahnen beschlossen, ein Stück Erz über dem Feuer zu erhitzen.

Jetzt hat die Menschheit ihr Augenmerk auf die lebende Welt gerichtet, entschlossen, ihr durch neue Zusammenstellungen eine andere Gestalt zu verleihen, und die fernen Zielpunkte dieser neuen Reise sind für die Biotechniker heutiger Zeit sowenig vorhersagbar, wie es das Schreckbild der Industriegesellschaft für die ersten Pyrotechniker war.

Dieser fundamentale technologische Wandel ist von einem nicht minder bedeutenden Wandel des Denkens begleitet. Die Menschheit ist im Begriff, die Auffassung von ihrem Dasein radikal zu verändern, um der sich anbahnenden neuen Beziehung zur Erde und zur Natur Rechnung zu tragen.

Am besten läßt sich diese weltanschauliche Revolution anhand des Vergleichs zweier Metaphern verstehen. Das Zeitalter der Pyrotechnik läßt sich am treffendsten durch den Begriff der Alchimie symbolisieren. Die entsprechende Metapher für das biotechnische Zeitalter ist der Begriff Algenie.

Wenn wir heute an «Alchimie» denken, fällt uns zunächst die vergebliche Suche nach einem Verfahren ein, Blei in Gold zu verwandeln. Doch die Alchimie war weit mehr, wie Morris Berman in seinem Buch ‹*Wiederverzauberung der Welt*› zeigt. Laut Berman war sie «die Wissenschaft von der Materie, der Versuch, die Geheimnisse der Natur zu enträtseln, eine

Reihe von Verfahren, die im Bergbau, zur Gewinnung von Färbemitteln, zur Glasherstellung und bei der Zubereitung von Arzneimitteln verwendet wurden, und zugleich eine Art Yoga, eine Wissenschaft von den Wandlungen des menschlichen Geistes».[25]

Man nimmt an, daß sich die Alchimie als formales philosophisches und technisches Verfahren im 4. Jahrhundert v. Chr. in Ägypten entwickelt hat, obwohl viele Historiker glauben, daß ihre Wurzeln viel weiter, bis in die ersten sumerischen Stadtstaaten zurückreichen.

Die Überzeugung des Alchimisten lautete: «Alle Metalle sind auf dem Weg, zu Gold zu werden.»[26] Mit anderen Worten: Sie sind Gold *in potentia*. Nach alchimistischer Auffassung ist jedes Metall fortwährend bestrebt, sich zu verwandeln, über seinen ursprünglichen Zustand hinauszugelangen und sein wahres Wesen zu entdecken, das des Goldes eben. Meister Eckhart, der Mystiker aus dem 13. Jahrhundert, schrieb einmal, Kupfer sei so lange ruhelos, bis es zu Gold werde.[27] Die Alchimisten waren fest davon überzeugt, man könne diesen «natürlichen Umwandlungsprozeß» durch eine genau festgelegte Folge von Laborverfahren beschleunigen.

Der alchimistische Prozeß begann mit der Verschmelzung mehrerer Metalle zu einer Masse oder Legierung, die als eine Art universeller Ausgangsstoff für die verschiedenen Transmutationen galt. Das Feuer war natürlich eine unentbehrliche Voraussetzung für den ganzen Verwandlungsprozeß. Dank seiner konnte der Alchimist den Ausgangsstoff schmelzen, gießen, reinigen, verunreinigen, destillieren und zur Gerinnung bringen, immer neue Verbindungen und Formen erzeugend, deren jede dem Idealzustand des Goldes näher kam.

Die Alchimie war also gleichzeitig eine philosophische und technische Beschäftigung. Für den Alchimisten war die Natur ein Prozeß, der danach strebt, sich selbst zu vervollkommnen. Laut Morris Berman verstand sich der Alchimist als Hebamme, die den natürlichen Prozeß «beschleunigt», die der physischen Welt Beine macht auf ihrem Weg zum vollkommenen Zustand. Etymologisch leitet man Alchimie von dem arabischen Wort für Vollkommenheit ab. Die Alchimisten sahen die Aufgabe der Menschheit darin, der Natur in ihrem Bemühen zu helfen, «sich selbst zu vervollkommnen». Das Gold beschwor infolge seiner vermeintlichen Dauerhaftigkeit und Feuerbeständigkeit die Vorstellung von Unsterblichkeit und Vollkommenheit.

Die Alchimie verlieh den pyrotechnischen Fertigkeiten den Status einer sakralen Kunst. Die Verwendung von Feuer und Wärme zur Verwandlung der Stoffe von einem Zustand in den anderen verband sich mit einem höheren Zweck: der Vollendung und Vervollkommnung des natürlichen Prozesses.

Die Anthropologen sind der Meinung, die alchimistische Tradition sei aus dem Färben von Stoffen und aus dem Bronzieren und Kolorieren von Metallen hervorgegangen, Künsten, die im alten Alexandria ihre Blütezeit hatten. Die Vorläufer der Alchimisten waren Handwerker, die nach billigen Ersatzmetallen für Gold suchten. Was als Nachahmung der Natur begann, verwandelte sich im Spätmittelalter in eine allumfassende Erklärung der Zwecke und Ziele der natürlichen Ordnung. In der festen Überzeugung, daß das, was sie in ihren Laboratorien verrichteten, fester Bestandteil des Naturprozesses sei, glaubten die Alchimisten, das «Gold», das sie schufen, sei nicht eine bloße Nachahmung, sondern eine höhere Form des Golds, eine Form, die jenen vollkommenen Zustand darstelle, nach dem das natürliche Gold strebe. Schließlich wurde aus der Alchimie als Philosophie und Methode die moderne wissenschaftliche Weltanschauung, die bis auf den heutigen Tag an der Vorstellung festhält, daß die Natur durch Nachahmung zu vervollkommnen sei.

Nun, da wir uns anschicken, die pyrotechnische durch eine biotechnische Beziehung zur Natur zu ersetzen, taucht ein neuer metaphorischer Begriff auf. Algenie ist das Wort, das Sinn und Ziel des biotechnischen Zeitalters umreißt. Geprägt wurde der Begriff von dem Biologen und Nobelpreisträger Joshua Lederberg, der heute Präsident der Rockefeller University ist. Algenie heißt, das Wesen eines lebendigen Geschöpfes dadurch zu verändern, daß man seinen Zustand verändert, genauer, die Veredelung existierender Organismen und die Entwicklung völlig neuer mit dem Ziel, ihre Leistung zu «vervollkommnen». Doch Algenie ist noch viel mehr. Algenie ist eine bestimmte Auffassung von der Natur, eine Denkweise, die die Voraussetzung für die nächste große geschichtliche Epoche schafft.

Für den Algenisten ist die lebendige Welt *in potentia*. Das Leben wird als ein Prozeß verstanden, in dem jeder Organismus bestrebt ist, sich selbst zu vervollkommnen. Insofern sieht der Algenist einen Organismus nicht als gesonderte Einheit, sondern als ein vorläufiges Bündel von Beziehungen in einer vorläufigen Situation, auf dem Weg, etwas anderes zu werden. Für den Algenisten sind Artgrenzen lediglich praktische Etiketts, um eine vertraute biologische Situation oder Beziehung zu definieren, keinesfalls aber unüberwindliche Mauern, welche die verschiedenen Pflanzen und Tiere voneinander trennen. Der Algenist behauptet, alle Lebewesen seien auf eine biologische Grundsubstanz rückführbar, die DNS, die man mit Hilfe einer Reihe von komplizierten Laborverfahren isolieren, manipulieren, organisieren, kombinieren und in einer unbegrenzten Anzahl von Kombinationen programmieren kann. Durch technische Manipulation des biologischen Materials kann der Algenist «Nachahmungen» existierender biologischer Organismen schaffen, die in seinen Augen den kopierten Originalen überlegen sind.

Letztes Ziel des Algenisten ist die Konstruktion des perfekten Organismus. Das «goldene Stadium» ist der Zustand optimaler Leistungsfähigkeit. Die Natur wird verstanden als eine hierarchische Ordnung von immer leistungsfähigeren Lebenssystemen. Der Algenist ist die höchste Verkörperung des Ingenieurs. Seine Aufgabe ist es, die natürlichen Prozesse zu «beschleunigen», indem er neue Geschöpfe programmiert, «leistungsfähigere», als sie im Naturzustand vorkommen.

Algenie ist eine Philosophie und ein Verfahren. Sie ist eine bestimmte Art, die Natur zu verstehen, und zugleich eine bestimmte Art, auf die Natur einzuwirken. Sie ist als Revolution des Denkens genauso bedeutend wie die technische Revolution, die sich abzeichnet. Wir erleben den Übergang von den alchimistischen zur algenischen Metapher.

Bislang war die Fähigkeit der Menschen, Lebewesen zu manipulieren, immer von ihrer Fähigkeit abhängig, die Umwelt dieser Lebewesen zu manipulieren. Man konnte entscheiden, wo Pflanzen, Tiere oder andere Menschen leben sollten, was und wieviel sie essen und mit wem sie sich paaren sollten. Die Menschen konnten Lebewesen einschließlich ihrer selbst domestizieren, und sie konnten ihr Aussehen, ihr Gewicht und andere sekundäre Merkmale durch sorgfältige Züchtung verändern. Doch eine fundamentale Veränderung der vorhandenen Struktur von Pflanzen, Tieren und Menschen oder die Schaffung völlig neuer Strukturen lag nicht im Bereich ihrer Möglichkeiten. Die Menschen mußten mit den Einschränkungen leben, die ihnen von den existierenden biologischen Formen auferlegt wurden. Die Menschen konnten züchten, aber nicht herstellen oder neuschöpfen.

In der ganzen bisherigen Menschheitsgeschichte nahmen die Lebewesen einen besonderen, unverwechselbaren Platz in der natürlichen Ordnung ein. Stets gab es Kaninchen und Krähen, Pappeln und Papageien. Die Menschen konnten zwar kleinere Veränderungen an ihrer Oberfläche vornehmen, aber nicht in ihr Inneres vordringen. Mit dem Übergang vom pyrotechnischen Zeitalter zu dem der Biotechnik lernen die Menschen allmählich, Lebewesen von innen nach außen umzugestalten. Das «Redesign», der Neuentwurf existierender und die Herstellung völlig neuer Organismen bezeichnen einen grundsätzlichen qualitativen Bruch in der Beziehung der Menschheit zur lebendigen Welt. Die Naturvorstellung der Menschen ist im Begriff, eine ebenso radikale Veränderung zu erleiden wie ihre Naturgestaltung.

Die Konstruktion neuer Lebensformen macht einen grundlegenden

Wandel unserer Denkmuster erforderlich. Vergessen wir nicht, daß die Art und Weise, wie wir unsere Vorstellung von der Welt formulieren, in uns eingebrannt wurde von den Feuern des pyrotechnischen Zeitalters. Wir löschen die prometheische Flamme, und die neue Welt, in die wir eintreten, hat nichts mehr zu tun mit allen Visionen der großen Theologen, Philosophen und Metaphysiker der Vergangenheit. Seit wir nicht nur totes Erz erhitzen, sondern auch in lebende Gewebe eindringen, seit wir uns das Innere lebender Organismen mit den Mitteln der Ingenieurskunst erobern, seit wir Pläne zur Neukonstruktion des Lebens selbst entwerfen, sind die Stimmen vergangener Seher verstummt. Sie konnten nichts ahnen von dieser neuen Epoche, von dieser neuen Wirklichkeit, die sich abzuzeichnen beginnt.

Es scheint bereits zu einem großen Schisma zwischen der letzten Generation des pyrotechnischen und der ersten Generation des biotechnischen Zeitalters zu kommen. Unsere Kinder entwickeln eine Weltanschauung, die von unseren Vorstellungen so grundverschieden ist, daß jene prinzipielle Gemeinsamkeit, die herkömmlicherweise die Generationen umgreift und die Vergangenheit mit der Zukunft vereinigt, unwiederbringlich verloren scheint – daher der Eindruck, daß eine große historische Lebenslinie endet und eine andere plötzlich beginnt. Unsere Kinder sind die ersten Angehörigen der zweiten großen Wirtschaftsepoche. Zwar schleppen sie noch vieles aus dem Begriffsarsenal der Feuerepoche mit sich herum, doch beginnen sie, die Welt von einem zutiefst veränderten Bezugssystem her zu begreifen.

Der wichtigste Faktor: Ihre Sprache ist die des Computers. Ihre Kommunikationswelt besteht aus Computerprogrammen, Elektronikspielen, Sprachprozessoren, Videobändern. Das amerikanische Durchschnittskind verbringt heute annähernd achtundzwanzig Stunden pro Woche mit elektronischen und nur noch fünfundzwanzig Stunden mit gedruckten Lernmitteln. Das elektronische Bild und der Computerausdruck treten mehr und mehr an die Stelle des gesprochenen und geschriebenen Wortes. In einem Artikel der *New York Times* wird der Mathematiker Seymour Papert vom Massachusetts Institute of Technology zitiert: «Der Computer nimmt in seiner Auswirkung auf das Lernen und Denken den gleichen Rang ein wie die Erfindung der Schrift.»[28]

Alan Newall von der Carnegie-Mellon University ist ein Experte auf dem neuen Gebiet der künstlichen Intelligenz und der Computerwissenschaften. Er meint, die eigentliche Bedeutung des Computers liege darin, daß er das Denken von Schülern auf eine «völlig neue Sprache zum Beschreiben von Verhalten» vorbereite.[29] Diese neue Sprache führt bei unseren Kindern zu einer radikalen Wahrnehmungsveränderung. Viele

Pädagogen sind heute der Meinung, daß junge Menschen die Welt in den gleichen Begriffen erfassen, mit denen Computersysteme gespeist werden.

Joseph Weizenbaum, Professor für Computerwissenschaft am Massachusetts Institute of Technology, bringt die Begriffsrevolution am besten zum Ausdruck, wenn er erklärt: «Demjenigen, der nur seinen Computer hat, erscheint die Welt als Domäne des Computers.»[30] Die Welt, aus der Perspektive des Computers betrachtet, erscheint ganz anders, als wir sie bisher erlebt haben. In dieser neuen Welt werden alle Phänomene der Wirklichkeit dergestalt reduziert, reorganisiert und neu definiert, daß sie der Arbeitsweise des Computers gerecht werden. Der Computer gestaltet die Welt nach seinem Bilde um, verwandelt die gesamte Natur in Informationsbits, die sich verarbeiten und programmieren lassen. Tatsächlich schafft der Computer einen neuen Kontext für die Organisation der Welt, einen Kontext, der das industrielle Bezugssystem ablöst. Auf diesen neuen «Kontext» wird die erste Generation der Computerbabys vorbereitet.

Die meisten Futurologen haben die Bedeutung der Computerrevolution in ihrem vollen Ausmaß noch gar nicht erkannt. Zwar haben sie gebührend auf die Auswirkungen des Computers und der Informationswissenschaften hingewiesen, dabei aber nicht begriffen, welche Rolle diese Technologie für die Zukunft unserer Zivilisation spielen wird. Die meisten Zukunftsforscher sehen in der Computerrevolution ein neues Verfahren für die Organisation des industriellen Zeitalters. Gewiß hat man den Computer erfolgreich an die industriellen Prozesse angepaßt, doch dürfen wir darüber nicht vergessen, daß seine Ausbreitung mit den letzten Stadien des industriellen Zeitalters zusammenfällt. Das Industriezeitalter erreichte seinen Höhepunkt Anfang der siebziger Jahre. Seither ist man weltweit auf immer größere Schwierigkeiten gestoßen, die schwindenden Vorkommen an nichterneuerbarer Energie zu entdecken und abzubauen. Da die nichterneuerbare Energie die Grundsubstanz des Industriezeitalters ist, markiert ihre Ausschöpfung das Ende einer Wirtschaftsepoche, die auf dieser Energie basiert und von ihr am Leben gehalten wird.

Den weitaus größten Teil seiner Geschichte kam das industrielle Zeitalter ohne Hilfe des Computers aus. Der neue Organisationsmechanismus setzte sich erst Mitte der sechziger Jahre durch. Entscheidend bemerkbar machte er sich Anfang der achtziger Jahre. Der Computer hat gerade noch das Schlußlicht des industriellen Zeitalters erwischt. Zwar wird man ihn sicherlich auf unzählige Arten dazu benutzen, die Agonie der industriellen Epoche zu verlängern, doch seine wirkliche Bedeutung wartet noch auf die Beschreibung durch die Zukunftsforscher.

Der Computer ist der Organisationsmechanismus für das Zeitalter der Biotechnik, wie die Maschine der Organisationsmechanismus der industriellen Revolution war. Während die Maschine nichterneuerbare Ressourcen in wirtschaftlichen Nutzen umwandelte, wird der Computer biologisches Material zu Wirtschaftsprodukten und -prozessen umgestalten.

Der Computer liefert zugleich die Sprache des biotechnischen Zeitalters. Jede große Wirtschaftsepoche wird von einer besonderen Kommunikationsweise begleitet. Gesellschaften von Jägern und Sammlern verständigten sich durch Zeichen und gesprochene Worte, während jede höher entwickelte Ackerbaugesellschaft über irgendeine Form von Schriftsprache verfügte. Die Presse kam in den ersten Stadien der industriellen Revolution auf. Trotzdem würde kein Anthropologe, der auf sich hält, von der Altsteinzeit als einer mündlichen Wirtschaft, der Jungsteinzeit als einer schriftlichen und dem industriellen Zeitalter als einer Druck- oder Pressewirtschaft sprechen. Indes, die Futurologen von heute glauben, daß uns die EDV-Wirtschaft bevorsteht. Sie übersehen dabei allerdings, daß der Computer und die Informatik noch nicht an sich eine neue Wirtschaft sind, sondern nur deren Organisationssprache. Sie liefern das Kommunikationsmittel, mit dessen Hilfe die Menschheit das lebende Material im biotechnischen Zeitalter ihrem Willen unterwerfen wird.

1981 wurde die erste computergesteuerte Genmaschine vorgestellt. Man braucht der Computertastatur nur den genetischen Code für ein bestimmtes Gen einzugeben, und innerhalb weniger Stunden «liefert die Maschine eine Anzahl synthetischer Genfragmente, die sich zusammenspleißen und in die DNS lebender Organismen einsetzen lassen».[31] Mit Hilfe der Genmaschine kann man die Umwandlung lebenden Materials zu neuen Formen und Produkten so rasch und in so großem Maßstab vornehmen, daß sich damit ein kostengünstiger Ausgangspunkt für die biotechnische Wirtschaft bietet. Damit befinden wir uns jedoch erst in der Anfangsphase der kommenden Wirtschaftsrevolution. Letztlich hofft man in der Wissenschaft, das lebende Material und den Computer in einem einzigen Produktionsprozeß verknüpfen zu können. Schon heute werden mit Mitteln aus der Wirtschaft Forschungsvorhaben finanziert, deren Ziel es ist, den Mikrochip durch den Biochip und den Mikrocomputer durch den Biocomputer zu ersetzen. Dazu James McAlear, Präsident von EMV, einer der Firmen, die sich dem neuen Forschungsgebiet besonders intensiv widmen: «Wir wollen einen Computer bauen, der sich unter Nutzung der allen Lebewesen gemeinsamen Mechanismen selbst entwerfen und montieren kann. Dieser Mechanismus ist die Kodierung der genetischen Information in der sich selbst replizierenden DNS-Doppelhelix und die Übersetzung dieses chemischen Codes in Proteinstruktur.»[32]

Man rechnet damit, daß sich im kommenden Jahrzehnt Computerindustrie und Biowissenschaften zu einer neuen Disziplin, der Molekularelektronik, zusammenschließen. Unternehmen wie die japanische Mitsui-Gesellschaft bereiten sich bereits auf diesen Tag vor, indem sie sich «große Anteile sowohl in der Biotechnik als auch in der Mikroelektronik sichern».[33] Das große Ziel ist, lebendes Material in Biocomputer zu verwandeln und diese Biocomputer zur weiteren Herstellung lebenden Materials zu benutzen. In Zukunft wird man Biocomputer direkt in lebende Systeme einbauen, so wie Mikrocomputer heute in mechanische Systeme eingebaut werden. Sie werden das Verhalten überwachen, die Leistung den Erfordernissen anpassen, den Stoffwechsel ankurbeln oder bremsen, lebendes Material in Produkte umwandeln und eine Vielzahl anderer Steuerfunktionen übernehmen. Die Wissenschaft prophezeit schon den Tag, da sich Computer aus lebendem Material automatisch reproduzieren und damit die letzten Unterschiede zwischen lebendigen und mechanischen Prozessen verwischen.

Laut Zsolt Harsanyi, dem Vizepräsidenten von DNA-Science, ist der Tag des Biocomputers schon in Sichtweite. Er kündigt an, daß zu dem Zeitpunkt, da die heutigen Babys ins Erwachsenenalter kommen, Biocomputer eine Selbstverständlichkeit sein werden. Der Biocomputer ist die höchste Verkörperung des biotechnischen Zeitalters. Durch den erfolgreichen Einbau lebenden Materials in einen organischen Computer, der denken, sich reproduzieren und anderes lebendes Material in rentable Gebrauchsgüter verwandeln kann, wird der Mensch im kommenden Zeitalter zum Architekten des Lebens.

Obwohl der Biocomputer noch Zukunftsmusik ist, werden unsere Kinder schon auf den Tag vorbereitet, da lebende Systeme vom Computer programmiert werden. Wie gesagt, die nächste Generation wird völlig in der Computerwelt aufgehen. Der Computer wird aus keinem Lebensbereich unserer Kinder mehr fortzudenken sein, so daß sie alle ihre Umweltbeziehungen über den Computer abwickeln werden. Wenn sich unsere Kinder erst einmal angewöhnt haben, die Natur als «Informationssystem» zu sehen, werden sie auch bald bereit sein, die Natur im Computer zu entwerfen.

Für unsere Kinder wird die Natur dann nicht mehr etwas sein, in das sie hineingeboren werden, sondern etwas, das sie programmieren. Schon heute sind Wissenschaftler fieberhaft damit beschäftigt, diesen biotechnischen Prozeß mittels der neuen Computergraphik vorzubereiten. In ihrem Buch ‹*Life for Sale*› erörtern die Wissenschaftsautoren Sharon und Kathleen McAuliffe die Hypothese, daß man eines Tages «die Computergraphik mit der Technologie der In-vitro-Neukombination von DNS verbinden und so die Herstellung von genetischen Entwürfen erleichtern kann, die Phantasiemolekülen entsprechen. Auf diese Weise lassen sich die Abbildungen auf einem Videosichtschirm leicht in ihre wirklich lebenden Pendants verwandeln».[34]

Mit der Programmierung lebender Systeme im Computer gehört die Vorstellung von einer Natur, die sich aus gesonderten Spezies zusammensetzt, eine jede mit ihrer eigenen, unverletzlichen Identität, der Vergangenheit an. Sie wird zum Relikt des präbiotechnischen Zeitalters. Durch die bloße Betätigung einer Computertastatur wird man Artgrenzen überschreiten und völlig neue Organismen programmieren können. Unsere Erben werden ihre Welt mit ihren eigenen Geschöpfen gestalten und bevölkern. Man stelle sich vor, wie verschieden ihr Naturbegriff von unserem und dem unserer Vorfahren wird sein müssen. Der Bewußtseinswandel von einer Generation zur nächsten wird größer sein als je zuvor in der Geschichte.

Denn die nächste Generation wird ein ganz neues Bild von der Natur und der Beziehung des Menschen zu ihr haben – ein Bild, das sich mit der biotechnischen Herstellung lebender Systeme mittels Computerplanung verträgt. Wenn wir die Dimensionen des kommenden Zeitalters verstehen wollen, müssen wir ein Verständnis für den Naturbegriff der ersten Generation entwickeln, die mit der Sprache des Computers und den biotechnischen Verfahren aufgewachsen ist.

Jedes Zeitalter hat sein besonderes Naturverständnis, legt die Welt auf eigene Art aus. Kennt man den Naturbegriff einer Kultur, weiß man auch, wie sie denkt und handelt. Unser Jahrhundert verdankt Darwins Evolutionstheorie das Kernstück seiner kosmologischen Ordnung. Fünf Generationen haben sich Darwins Auffassung von den Naturvorgängen zu eigen gemacht. Wir denken uns die Welt nach Darwinscher Weise. Unser Handeln in der Welt ist von Darwin geprägt. Wollen wir die Frage beantworten, inwiefern sich das Denken und Handeln noch nicht geborener Generationen von dem unseren unterscheiden wird, so müssen wir wissen, was für einen Naturbegriff sich unsere Kinder zurechtschneidern werden und in welcher Hinsicht er sich von dem unseren unterscheidet.

Das ist dann die Geschichte des neuen Naturverständnisses, welches die Darwinsche Evolutionstheorie ersetzen und ein Bezugssystem für die erste Generation des biotechnischen Zeitalters liefern wird. Es ist auch die Geschichte dieser Geschichte: ein Bericht über den Prozeß, der zu dem neuen Naturbegriff geführt hat. Um diesen Prozeß zu verstehen, müssen wir zunächst untersuchen, was Naturbegriffe für eine Zivilisation bedeuten.

TEIL ZWEI

Entscheiden, was natürlich ist

Die größte Täuschung unseres Lebens

Naturbegriffe laufen immer auf die großen Fragen hinaus: Woher kommen wir? Warum sind wir hier? Wohin gehen wir? Das war schon so, als sich unsere Vorfahren das erste Mal aus den Wäldern hervorwagten, um sich am warmen Sonnenlicht der offenen Savannen zu erfreuen. Natürlich beschäftigen wir uns nicht jeden Augenblick unseres wachen Daseins mit diesen Fragen. Meistens gehen wir unseren täglichen Geschäften nach, ohne uns weiter um die großen Fragen zu kümmern. Doch es gibt Augenblicke, da werden wir plötzlich aus den gewohnten Denkbahnen herausgerissen. Das kann in einer unruhigen Nacht geschehen, wenn wir uns hin- und herwerfen, wenn unser Bewußtsein zwischen Schlafen und Wachen schwebt und dabei in Bereiche gerät, die besser unerforscht blieben. Oder sie überfallen uns nach einem Gefahrenmoment, wenn der erste Adrenalinstoß gerade abebbt, wir aber noch betroffen und verwirrt sind. Es kann aber auch einer der vielen Augenblicke sein, da wir uns mit einem schrecklichen Erlebnis konfrontiert sehen, für das es einfach keine befriedigenden Erklärungen oder Vernunftgründe gibt. Das sind die verwirrendsten Situationen unseres Lebens. Sie zwingen uns zur Auseinandersetzung mit den Grundfragen der Existenz, die die Menschheit seit Urzeiten beunruhigen.

Zu unserem Glück besteht unser Leben nur zu einem kleinen Teil aus Fragen. Meistens leben wir mit Antworten, und mit ihnen muß jede grundsätzliche Bewertung unseres Lebens und Daseins beginnen. Denn soweit wir in die Geschichte der Menschheit zurückblicken können, hat es immer eine Reihe leicht verfügbarer und verständlicher Antworten auf die Fragen nach dem Sinn von Natur und Leben gegeben. Woher kommen diese Antworten? Wie zuverlässig sind sie? Warum sind Antworten, die uns lange Zeit absolut legitim erschienen sind, plötzlich der Lächerlichkeit und Verachtung preisgegeben? Werden sich die Antworten, die an ihre Stelle treten, als dauerhafter erweisen, oder wartet ein ebenso schimpfliches Ende auf sie?

Jedenfalls können wir Menschen nicht ohne eine allgemein anerkannte Vorstellung vom Sinn der Natur und des Lebens sein. Wenn wir darüber nachdenken, welches Schicksal uns nach dem letzten Atemzug erwartet, oder wenn wir uns auszumalen versuchen, was vor der Geburt war, dürften die meisten von uns nichts als lähmende Zweifel verspüren. Mit Hilfe unseres Naturbegriffs gelingt es uns, diese letzten Ängste zu überwinden. Er liefert uns einige Antworten, genug jedenfalls, um zurechtzukommen. Der Naturbegriff ist also mehr als nur eine Erklärung der Art und Weise, wie Lebewesen aufeinander einwirken. Er dient auch als Bezugspunkt, um den Sinn des Daseins zu entschlüsseln.

Naturbegriffe sind schon lange die Fenster, aus denen die Menschheit ins Universum blickt. Seit unvordenklichen Zeiten beschäftigen sich die Menschen mit den innersten Vorgängen in der Natur, weil sie hoffen, dadurch die Geheimnisse ihres Daseins zu lüften. Immer nahm man an, daß Natur und Universum im Rahmen eines einheitlichen Entwurfs zusammenhängen. Kein Wunder also, daß die Menschen während des größten Teils der uns bekannten Geschichte keinen Unterschied zwischen den Vorgängen der Natur und des Kosmos machten. Naturbegriff und Kosmologie beschäftigen sich beide mit Sinn und Wesen des Daseins. Die Trennung beider begann erst mit den Griechen. Heute sind für die Wissenschaft Kosmologie und Natur zwei völlig unabhängige Phänomene. Hier sind die Naturgesetze und dort die Gesetze des Universums.

Während die Wissenschaft eine Mauer errichtet hat, um beide zu trennen, bietet die Philosophie noch immer ein Feld, auf dem Phänomene aus beiden Bereichen miteinander in Berührung kommen können. In philosophischen Erörterungen, in denen es um die Grundfragen unserer Existenz geht, können «Kosmologie» und «Naturbegriff» durchaus austauschbar verwendet werden. Doch auch hier sind die Bezeichnungen unterschiedlich gewichtet. Die Kosmologie ist ein erhöhter und geläuterter Naturbegriff. Wenn wir den Naturbegriff in kosmologischen Formulierungen darlegen, so wollen wir damit ein universelles Bezugssystem zur Deutung unseres Daseins liefern. Insofern kommt in der Kosmologie eine Grundeinstellung zur Welt zum Ausdruck, eine Weltanschauung.

Man wird kaum jemanden finden, der Darwins Kosmologie in Frage stellt. Es scheint nicht sehr sinnvoll, sich noch viele Gedanken über sie zu machen. Sie gibt sehr konkrete Antworten auf einige der großen Fragen. Nach Darwin hat sich alles aus dem Zufall entwickelt, wobei am Anfang eine chemische Umwandlung stand, der die ersten Lebensformen zu verdanken waren. Durch wiederholte Zufallsmutationen und Umstrukturierungen über Äonen von Jahren entwickelte sich das Leben und gipfelte schließlich in seiner komplexesten und interessantesten Spielart – in uns, den Menschen. Schwer läßt sich ein Wesen oder eine Kraft entdecken, dem oder der man für den ganzen Prozeß danken könnte, schwer auch läßt sich erkennen, wohin das Ganze einmal führen wird. Da ist es tröstlich, daß man wenigstens weiß, wie die Lebensvorgänge funktionieren. Dank der Evolutionstheorie können wir uns in der uns umgebenden Welt ziemlich sicher fühlen. Wenn wir geliebten Menschen in die Augen blicken, einen Baum im Park berühren, unseren Hund streicheln oder ein Spinnennetz in einer Schrankecke entdecken, braucht uns kein kalter Schauer den Rücken hinunterzulaufen, wie es der Fall wäre, wenn wir uns plötzlich in dem fremden Universum einer unbekannten Sternenkonstellation in einem verlassenen Winkel des Weltraums wiederfinden würden. Wir werden nicht hysterisch, weil wir ziemlich genau wissen, wie diese Dinge entstanden sind und, vor allem, welchen Platz sie in der Ordnung der Dinge einnehmen. Kurzum, wir haben einen Naturbegriff, an den wir glauben. Damit ist nicht gesagt, daß wir nicht ein paar Vorbehalte gegenüber der Evolutionstheorie hätten. Gewiß geben wir zu, daß bestimmte Aspekte der Theorie verbesserungsfähig sind. Doch wenn es um die prinzipielle Gültigkeit der Theorie geht, so erweist sich unsere Überzeugung wenn nicht als leidenschaftlich, so doch als unerschütterlich.

Die Probe aufs Exempel ist leicht zu machen. Wenn wir nach einer anderen Erklärung für den Ursprung und die Entwicklung des Lebens suchen, herrscht vollkommene Leere in unserem Kopf. Nicht einmal ein paar kümmerliche Fäden finden sich, die unsere Phantasie zu einer Alternativerklärung verknüpfen könnte. Daran erkennen wir, daß die Evolutionstheorie die korrekte Erklärung des Lebens liefert. Gäbe es eine bessere Erklärung, würden wir sie bestimmt entdecken.

Im Laufe der Geschichte haben sich die Menschen für viele Erklärungen der Schöpfung und der Natur begeistert. Interessanterweise glaubte man in allen diesen Fällen an die jeweils gültige Anschauung einer Kultur oder Epoche mit der gleichen Überzeugung, mit der wir an der Evolutionstheorie zu hängen scheinen. Wenn man unsere Vorfahren aufgefordert hätte, sich einen anderen Naturbegriff vorzustellen, wären sie angesichts eines so ketzerischen Ansinnens wahrscheinlich ebenso fassungslos gewesen wie wir heute. Hatten also alle Menschen vor Darwin unrecht? Lassen sich die zahlreichen Naturbegriffe als Phantastereien abtun, geboren aus Unwissenheit und Verblendung? Ist es denkbar, daß nur dieser Charles R. Darwin, geboren im englischen Shrewsbury zu Beginn des letzten Jahrhunderts, in das große Geheimnis des Lebens eingeweiht wurde? Schuldet die Menschheit diesem englischen Gentleman ewigen Dank dafür, daß er ihr den Weg zur unwandelbaren Wahrheit des Daseins gewiesen hat? Haben wir endgültig aus den vielen Irrtümern und Sackgassen herausgefunden, in die wir uns auf unserer jahrtausendelangen Suche nach dem Wie und Warum des Lebens verrannt hatten?

Halten wir einen Augenblick inne und denken wir über eine Bemerkung nach, die dem namhaften Philosophen und Wissenschaftler C. D. Broad von der Universität Cambridge zugeschrieben wird. «In gewissen Entwicklungsperioden der menschlichen Erkenntnis», so soll er gesagt haben, «kann es für die betreffenden Generationen einträglich und sogar wesentlich sein ... nach einer philosophisch völlig lächerlichen Theorie zu handeln.»[1] Das Schlüsselwort ist «einträglich», das Broad hier nicht nur pekuniär meint. Theorien sind nützlich. Wären sie es nicht, bräuchten wir sie nicht. Sie sind nützlich, eben weil sie uns auf die eine oder andere Weise helfen, mit der alltäglichen Wirklichkeit zurechtzukommen, mit der wir befaßt sind. Gäbe es keine unmittelbare Beziehung zwischen einer Theorie und unserer unmittelbaren Erfahrung, wäre der Theorie keine sehr lange Lebensdauer beschieden. Doch genau hier beginnt das Problem. Bekanntlich verändern sich unsere alltäglichen Handlungsweisen, manchmal sogar qualitativ. Die Art und Weise, wie wir die Umwelt verarbeiten, wie wir unsere sozialen Beziehungen regeln, um miteinander leben zu können, wie wir mit Hilfe bestimmter Mechanismen unser wirtschaftliches Überleben sichern – alle diese Handlungsweisen haben nur eine kurze Lebensdauer. Geschichte ist der Prozeß einer ständigen Veränderung der Umwelt und unserer Beziehung zu ihr. Eine Theorie, die sich in einem bestimmten Rahmen als nützlich erwiesen hat, verliert unter Umständen erheblich an Wert, wenn die alten Handlungsweisen durch neue ersetzt werden. Das mag ziemlich selbstverständlich klingen, wenn es um politische, soziale oder auch wirtschaftliche Theorien geht; doch was ist, wenn wir die Grenze zur Naturwissenschaft überschreiten? Haben Naturbegriffe eine rein instrumentelle Funktion für die alltäglichen Situationen, in denen die Menschen sich befinden? Wenn dies zutrifft, haben wir kein Recht, die Evolutionstheorie oder ein anderes Naturkonzept als eherne Wahrheit auszugeben. Werkzeuge sind sie vielleicht, aber keine Wahrheiten.

Unsere Akademikerzunft reagiert ziemlich schizophren, wenn es um die Frage wissenschaftlicher Wahrheiten geht. Seit langem erkennt sie an, daß «spezielle Gedanken- und Erkenntnisgebäude, wie etwa ästhetische, moralische und philosophische Systeme, religiöse Überzeugungen und politische Prinzipien, von den gesellschaftlichen und kulturellen Zusammenhängen beeinflußt werden, deren Schöpfungen sie sind».[2] Bis dahin scheint es keine Probleme zu geben. Erst wenn die Behauptung aufgestellt wird, daß auch wissenschaftliche Hypothesen, Theorien, Wahrheiten und Grundsätze kulturellen Einflüssen unterliegen, ist es mit der Eintracht vorbei, verhärten sich die Fronten und erhitzen sich die Gemüter.

Denn wenn unsere Wissenschaft dem Einfluß der Zeit, des Ortes und der Umstände unterworfen ist, dann sind wir in großen Schwierigkeiten. Woran sollen wir uns dann halten? Welche Kriterien bleiben uns? Was geschieht mit unseren Überzeugungen und unserer Lebensweise? Die Aussicht auf eine letzte und nicht auszuräumende Ungewißheit hinsichtlich der Prozesse, die die Welt in Gang halten, ist unerträglich für den menschlichen Geist. Deshalb ziehen wir es auch weiterhin vor, unser sich wandelndes Wissen von der Natur für endgültig zu halten, ihm seine Bedingtheit abzusprechen. Es herrscht der Konsens, daß es dort draußen eine objektive Welt gibt, die durch Beobachtung entdeckt werden kann, und daß die Geschichte durch eine allmähliche Akkumulation von immer genaueren Erkenntnissen über ihren Ursprung, ihre Entwicklung und Zweckmäßigkeit charakterisiert ist.

Laut Michael Mulkay, einem Soziologen an der englischen York University, stellen die meisten Wissenschaftler «die Möglichkeit grundsätzlich in Abrede, daß Form und Inhalt wissenschaftlicher Erkenntnis, im Gegensatz zu ihrem Auftreten und ihrer Rezeption, in irgendeiner Weise gesellschaftlich bedingt sein könnten. Vielmehr vertreten sie nachdrücklich die Auffassung . . . die Substanz wissenschaftlicher Erkenntnis sei unabhängig von sozialen Einflüssen, und versuchen, diese Behauptung mit philosophischen Argumenten zu belegen.»[3]

Diese traditionelle Auffassung, nach der naturwissenschaftliche Erkenntnis und Wahrheit kontextunabhängig seien, wird heute von einer neuen Generation von Wissenschaftlern in Frage gestellt. Eifrig unterwerfen sie dieses letzte Heiligtum intellektueller Reinheit einer strengen Prüfung in Hinblick auf seine sozialen Entstehungsbedingungen, und sollten sich ihre Bemühungen als erfolgreich erweisen, müßten wir eine ganz neue Einstellung zu den großen Fragen gewinnen, die den menschlichen Geist bewegen.

Otto Rank, einer der großen Psychoanalytiker des 20. Jahrhunderts, meint, daß unsere Naturbegriffe äußerst anthropomorph seien und unseren Wunsch widerspiegeln, alles unserem jeweiligen Selbstbild anzugleichen. Rank ist davon überzeugt, daß uns unsere Naturbegriffe stets mehr über uns selbst als über die Natur mitteilen. Der Wissenschaftshistoriker Robert Young von der Cambridge University kommt zum selben Ergebnis. Er meint, es gebe keine neutrale Naturwissenschaft. Im Kern unserer wissenschaftlichen Glaubenssätze, so erklärt Young, entdecke er das gleiche Maß an kulturellen Einflüssen wie in allen anderen Glaubenssystemen. Noch deutlicher bringt der Anthropologe C. R. Hallpike von der kanadischen Dalhousie University diese Auffassung zum Ausdruck: «Die Vorstellungen, die wir . . . uns von der Natur machen», seien eine Konsequenz «unserer Interaktion mit der materiellen Umwelt und unseren Artgenossen».[4] Mit einem Wort: Unsere Naturbegriffe sind absolut, unverfroren, geradezu peinlich anthropozentrisch.

Versuchen wir doch, uns eine Gesellschaft vorzustellen, die überzeugt an einem Naturbegriff festhält, der sich nicht mit ihren alltäglichen Handlungsweisen verträgt. Offensichtlich darf ein Naturbegriff, wenn er akzeptabel sein soll, nicht mit dem Verhaltensrepertoire eines bestimmten kulturellen Milieus kollidieren. Das war immer so. Nehmen wir beispielsweise die kosmologische Basis einer der ersten Kulturen der Welt – der sumerischen Stadtstaaten. Um den sumerischen Naturbegriff zu verstehen, müssen wir wissen, wie sich die Sumerer mit «ihrer materiellen Umwelt auseinandersetzten».

Die Sumerer schufen eine der ersten großräumigen Wasserkulturen. Kanäle wurden ausgehoben, Deiche errichtet und Dämme gebaut, um den gewaltigen Hochwassern von Tigris und Euphrat Einhalt zu gebieten und das Wasser in die niedriger gelegenen Gebiete zu leiten. Das sumerische Bewässerungssystem war eine technologische Glanzleistung – kompliziert, anfällig und sehr schwer zu betreiben. Es versorgte das trockene Land mit einem steten Zufluß an kostbarem Naß, doch forderte das seinen Preis. Zum Bau und zur Instandhaltung war eine Eliteschicht von Aufsichtsbeamten erforderlich, während man ein Ameisenheer von Bauern und Sklaven brauchte, um das kilometerlange Bauwerk zu errichten, zu flicken und auszubessern. Das ausgedehnte öffentliche Bauwesen führte zu einer komplizierten politischen Hierarchie, einem aufgeblähten Verwaltungsapparat, privilegierten Minderheiten und ausgebeuteten Mehrheiten. Eine Schrift wurde erfunden, Gesetze wurden niedergeschrieben, und zum erstenmal in der Geschichte wurden politische Zwangsmittel zur Unterdrückung großer Massen eingesetzt. Mit Sumer begann die Zivilisation.

Die Beziehung zwischen sumerischem Naturbegriff und sumerischer Gesellschaftsordnung läßt sich in einem Wort zusammenfassen: Sie waren identisch. Darin gleicht die sumerische Erfahrung den Erfahrungen aller anderen Hochkulturen. Die sumerische Kosmologie beginnt mit dem Urmeer. Bezeichnenderweise sahen die Sumerer im Meer «eine Art erster Ursache und ersten Beweger»[5], und von Samuel Noah Kramer, Professor für Orientalistik an der University of Pennsylvania, hören wir, daß sie nie danach gefragt haben, was vor dem Wasser war. Aus dem Meer entstand das Universum, wie Sumer aus den fruchtbaren Überschwemmungen entstand. Beherrscht wurde das Universum von einem Pantheon, in dem jede Gottheit eine bestimmte Aufgabe innerhalb einer großen kosmischen Hierarchie wahrnahm. Verwaltet wurde dieser Apparat, so Kramer, ganz ähnlich wie der politische Apparat der sumerischen Stadtstaaten, von einem Gremium aus fünfzig Untergottheiten unter Führung von sieben höheren Gottheiten und einer nominellen Obergottheit an der Spitze der Hierarchie. Daraus schließt Kramer, daß der sumerische Theologe «von der ihm bekannten menschlichen Gesellschaft ausgegangen ist und vom Bekannten auf das Unbekannte schloß».[6]

In der sumerischen Sprache ist das Wort für Wasser gleichzeitig das Wort für Samen. Enki, der Wassergott, ist auch verantwortlich für die «Zeugung» des Lebens. Nach sumerischem Mythos wird das Land «buchstäblich mit Samen bespült».[7] Der Kulturhistoriker William Irwin Thompson berichtet von einer alten sumerischen Ode an den «Großen Vater», in der das Wasser über die Ufer tritt und auf seinem Weg alles besät. «Die Landschaft Sumers», schreibt Thompson, «mit ihren Sümpfen, Deichen und Kanälen ist deshalb eine männliche Landschaft, geprägt von Bewässerungstechnik, militärischer Gesellschaftsorganisation und männlicher Zeugungskraft.»[8] Dieser Schöpfungsmythos ist Lichtjahre entfernt von den jungsteinzeitlichen Kosmologien, in denen alles Leben von der Großen Mutter gezeugt wurde. In Sumer indessen ist Mutter Erde passive Materie, die erst durch die mächtige Zeugungsfähigkeit Enkis, des männlichen Gottes, zum Leben erweckt wird.

Zu den Dingen, die Enki vollbrachte, um für die «Fruchtbarkeit und Ertragsfähigkeit» der Erde zu sorgen, gehörte auch, daß er den Tigris mit frischem, klarem Wasser füllte. Dann zähmte er den Strom, indem er sich mit dem Wasser paarte. Nachdem er ein ausgeklügeltes Bewässerungssystem geschaffen hatte, ernannte er die Untergottheit Enbilulu gar zum «Kanalinspektor», der für das Funktionieren des komplizierten Systems zu sorgen hatte. Was konnte ein Sumerer noch mehr von seinen Göttern verlangen?

Wie am Beispiel Sumers deutlich zu erkennen ist, erweist sich der Naturbegriff einer Gesellschaft stets als geistesverwandt mit der Art und Weise, wie eine Gesellschaft sich und ihre Umwelt organisiert. Wie sollte es auch anders sein? Wer daran glaubt, daß wir lediglich neutrale Beobachter der Außenwelt seien und daß diejenigen unter uns, die zu besonderer Neutralität in der Lage seien, gelegentlich das Glück hätten, über eines der verborgenen Geheimnisse der Natur zu stolpern, der glaubt an das, was der Umweltpsychologe Bernard Kaplan «das Dogma der unbefleckten Erkenntnis» genannt hat.[9]

Rationalisierungen

Die Jäger und Sammler taten es. Die Bauern der Jungsteinzeit taten es. Die griechischen Politiker taten es. Die christlichen Mönche taten es. Der Unternehmer des 20. Jahrhunderts tut es. Man betrachte jede beliebige Gesellschaft zu jedem beliebigen historischen Zeitpunkt und man wird immer wieder auf das gleiche unwiderstehliche Bedürfnis stoßen, unsere alltäglichen Handlungsweisen zu universellen Naturprinzipien aufzublasen. Warum tun wir das? Was zwingt uns eigentlich dazu, die irdischen Trivialitäten des Lebens in zeitlose kosmische Wahrheiten zu verpacken? Es gibt zahllose Gründe dafür, von denen viele in anderen Abschnitten dieses Buches untersucht werden. An dieser Stelle wollen wir uns mit zweien beschäftigen.

Wenn eine Gesellschaft den Allgemeinplatz zur erhabenen Wahrheit überhöht, so verschafft sie sich damit ein kosmisches Grundprinzip, das ihre wirtschaftlichen, politischen und gesellschaftlichen Handlungsweisen legitimiert und ihr gleichzeitig alle Verantwortung für diese Handlungsweisen abnimmt.

Jede Kultur rechtfertigt ihr Verhalten, indem sie behauptet, die natürliche Ordnung auf ihrer Seite zu haben. In allen Fällen verläuft der Legitimierungsprozeß nach dem gleichen Muster. Zunächst organisiert eine Gesellschaft sich selbst und ihre Umwelt. Hierarchien werden errichtet, Beziehungen festgelegt, Aufgaben zugewiesen, Belohnungen verteilt. Doch woher sollen die Mitglieder dieser Gesellschaft wissen, daß sie ihre Tagesgeschäfte auf die richtige Art und Weise erledigen? Dies ist die alles entscheidende politische Frage, vor die sich jede Gesellschaft gestellt sieht. Die politische Antwort hat große Ähnlichkeit mit einem Taschenspielertrick. Da die Vorstellung von der Beschaffenheit der ganzen Welt, die in einer Gesellschaft vorherrscht, stark beeinflußt wird von der Art und Weise, wie sie ihre eigene unmittelbare Welt täglich organisiert, ist es nur «natürlich», wenn die betreffende Kultur zu dem Schluß kommt, daß die wirtschaftliche, politische und gesellschaftliche Wirklichkeit, die sie empfindet und erlebt, auch tatsächlich Wirklichkeit sein müsse. Deshalb ist es nur ein kleiner Schritt bis zur Bildung eines Naturmodells, welches der Welt, die die Gesellschaft geschaffen hat, verblüffend ähnlich ist. Daraufhin finden die Menschen natürlich, daß ihr Verhalten der natürlichen Ordnung entspricht, und gelangen aus diesem Grund zu dem Schluß, daß die vorhandene Gesellschaftsordnung die richtige, die einzig legitime ist und daß sich an ihr nicht rütteln läßt. Läßt sich eine bessere Legitimation für eine regierende Körperschaft denken? Einzelne regieren, und Institutionen herrschen, solange genügend Menschen davon überzeugt sind, daß sich in solchem Verhalten nur «die natürliche Ordnung der Dinge» widerspiegle. Naturbegriffe sind zu einem gut Teil verkappte Politik.

Naturbegriffe lassen sich durchaus als politische Instrumente benutzen, um breite «Zustimmung und Ergebenheit» hervorzurufen. Niemand, der bei klarem Verstand ist, würde auf den Gedanken verfallen, daß es richtig oder auch nur möglich sei, sich der natürlichen Ordnung zu widersetzen. Und wenn die Gesellschaftsordnung unglücklicherweise auf Ungerechtigkeit, Ausbeutung und Unterdrückung gebaut ist, was soll der einzelne dann tun? Wenn die Gesellschaft nur ein Spiegelbild der natürlichen Ordnung der Dinge ist oder zumindest in ihrem Aufbau dem großen Entwurf der Natur folgt, dann wäre es genauso töricht und nachteilig, die Gesellschaft in Frage zu stellen, wie wenn man die Natur selbst in Zweifel ziehen wollte.

Für die Gesellschaft insgesamt und für die herrschenden Eliten im besonderen erweist sich der Naturbegriff als zweischneidiges Schwert. Während der herrschende Naturbegriff einerseits eine legitime Verpackung für die vorhandene Gesellschaftsordnung liefert, erlaubt er den Herrschern andererseits, sich letztlich der Verantwortung für ihr Handeln zu entziehen. Legitimität ohne Verantwortung ist der Traum einer jeden politischen Elite, und er geht in Erfüllung durch die Verklärung eines bestimmten Naturbegriffs.

Das vielleicht beste zeitgenössische Beispiel für den Prozeß der «kosmologischen Rechtfertigung» liefert die öffentliche Diskussion um die Atombombe. In den zahllosen Debatten über das Pro und Contra der Nuklearrüstung kommt unweigerlich der Augenblick, da einer der Anwesenden die anderen daran erinnert, daß es nicht um die Frage gehe, ob wir die Bombe haben wollen oder nicht, sondern darum, wie wir am besten mit ihr leben können. Dabei wird im allgemeinen wie folgt argumentiert: Wenn Wissenschaftler in der Lage seien, die Atombombe und noch vernichtendere Waffen zu erfinden, dann gebe es keinen Weg, das zu verhindern. Wir sollten es noch nicht einmal versuchen. Schließlich sei die Tatsache, daß wir die Waffe entwerfen und bauen könnten, ein Teil des «Evolutionsprozesses». Diesem Gedankengang zufolge sei der menschliche Verstand im Zuge der Evolution offensichtlich an einen Punkt gelangt, an dem er eben eine Atombombe bauen könne, und deshalb sei die Bombe selbst ein Ergebnis der evolutionären Entwicklung. Wer ihre Entstehung verurteile, vergehe sich folglich nicht nur an der geheiligten Freiheit der Forschung oder des Fortschritts, sondern stelle auch viel grundsätzlicher die Naturgesetze in Frage, in diesem Falle die «Evolutionsgesetze», die für uns alle unverletzlich und unumstößlich seien. Wie oft haben wir schon gehört, daß es unmöglich sei, den Geist wieder in die Flasche zu bekommen, wenn er ihr einmal entwichen ist. Wenn wir es erdenken können und wenn wir es verwirklichen können, dann habe dieses «Es», was auch immer es sei, ein Recht auf seine Existenz, denn schließlich sei es ein Ergebnis der Evolution. So liefert die Evolutionstheorie eine bequeme Entschuldigung, um der Verantwortung für unser Handeln auszuweichen.

Das ist natürlich nichts Neues. Zwar gehen wir bei der Objektivierung unseres gegenwärtigen Naturbegriffs besonders listig zu Werke, doch zeigt sich diese Art kosmologischer Rechtfertigung in jedem Naturbegriff, dem die Menschheit sich bisher verschrieben hat.

Beispielsweise akzeptierten im Spätmittelalter die meisten Europäer die offizielle Auffassung der Kirche vom Ursprung der Arten, wie sie von dem großen Scholastiker Thomas von Aquin im 13. Jahrhundert niedergelegt worden war. Der heilige Thomas machte ausgiebige Anleihen beim hebräischen und hellenischen Denken und ergänzte sie durch einige eigene Gedanken. Das Ergebnis war eine Kosmologie, welche die vorhandene Gesellschaftsordnung legitimierte und gleichzeitig die Mächtigen der Welt von jeder Verantwortung für ihr Verhalten entband.

Am Anfang stellte Thomas von Aquin die Frage, warum die Ordnung der Schöpfung einer großen Kette ähnele, in der Myriaden von Tieren und Pflanzen in einer absteigenden Bedeutungshierarchie aneinandergereiht seien. Thomas gelangte zu dem Schluß, daß die besonderen Mechanismen der Natur aus einem Labyrinth von Beziehungen, Verpflichtungen und Abhängigkeiten zwischen Gottes Geschöpfen hervorgingen. Der Geograph Clarence J. Glacken von der University of California meint, für Thomas sei die Natur nach göttlichem Plan mit vielen Geschöpfen bevölkert, «die sich nach Intelligenzgrad, Form und Art unterscheiden».[10] Thomas von Aquin zufolge seien «Vielfalt und Ungleichheit»[11] die Garantie für ein reibungsloses Funktionieren des Systems. Wenn alle Geschöpfe gleich wären, argumentierte er, könnten sie nicht zu ihrem gegenseitigen Vorteil handeln.[12] Dadurch, daß Gott jedes Geschöpf anders geschaffen habe, habe er in der Natur für eine Hierarchie wechselseitiger Verpflichtungen und Abhängigkeiten gesorgt.

Thomas von Aquins Beschreibung der Natur weist eine auffällige Ähnlichkeit zur institutionellen Ordnung des mittelalterlichen Europas auf, dessen Gesellschaftsstruktur sehr festgelegt war, wobei das Überleben eines jeden von der peinlich genauen Erfüllung vielfältiger wechselseitiger Verpflichtungen innerhalb eines strengen hierarchischen Rahmens abhing. Vom Leibeigenen bis zum Ritter, vom Ritter bis zum Fürsten und vom Fürsten bis zum Papst waren sie alle nach Stand und Art ungleich, waren sie alle einander durch die mittelalterlichen Bande des Lehenswesens verpflichtet und waren sie alle zusammen ein Spiegel, in dem man, wenn auch nur verschwommen, die Vollkommenheit von Gottes Schöpfung zu erblicken vermochte. Hören wir den Historiker Robert Hoyt von der University of Minnesota: «Die Grundidee, daß das erschaffene Universum eine Hierarchie bilde, in dem allen Geschöpfen ihre besondere Stellung und ihr besonderer Ort zugewiesen sei, entsprach dem feudalen Staatsbegriff innerhalb der feudalen Hierarchie, in dem jedem Mitglied sein besonderer Platz mit den entsprechenden Rechten und Pflichten zukam.»[13]

In ähnlicher Weise stellte sich die Frage nach dem gebührenden Platz in der natürlichen Ordnung. Es wäre, so Thomas, mit der Vernunft der Gottesregierung nicht zu vereinbaren, würde sie den Geschöpfen nicht erlauben, gemäß der Art ihrer verschiedenen Naturen zu handeln.[14] Er glaubte, alles sei so beschaffen, daß es Gottes Absichten auf das genaueste entsprach, und deshalb sei die geringste Veränderung ein Verstoß gegen den göttlichen Plan. Auf die Frage, ob irgendeine Aussicht sei, die starren Beziehungen auf allen Ebenen der natürlichen Ordnung zu verändern, antwortet der heilige Thomas mit einem entschiedenen Nein. Weder kann die natürliche Ordnung als Ganzes verbessert werden, noch können es einzelne ihrer Teile. Da in der thomistischen Kosmologie die Gesellschaftsordnung als Teil der natürlichen Ordnung galt, war es nur logisch, die Beziehungshierarchie innerhalb der Gesellschaft für ebenso festgelegt und unwandelbar zu erklären. Man meinte, ein Priester sei von Natur aus zum Priester bestimmt, ein Fürst von Natur aus zum Fürsten und natürlich auch der Leibeigene zum Leibeigenen. Da der Kaufmannsstand an Einfluß gewann und die Monarchien das lange gültige Beziehungsmuster in Frage stellten, auf das sich die feudale Gesellschaftsordnung stützte und das die Vorherrschaft der Kirche in der europäischen Politik sicherte, ging es Thomas von Aquin zweifellos um die Erhaltung des Status quo.

Und falls doch noch jemand Zweifel hegte an seinem angestammten Platz in der Natur und in der Gesellschaft, so zerstreute ihn Thomas mit einem letzten Prinzip – dem der Kontinuität. Nach seiner Kosmologie gibt es keine weißen Flecken in der Natur, keine Vakanzen, keine Löcher, die zu füllen wären. Gott, der Schöpfer, hatte in seiner unendlichen Güte und Liebe jeden verfügbaren Raum in der großen Kette der Natur ausgefüllt. So war Thomas von Aquin der Meinung, daß das niedrigste Exemplar der höheren Gattung immer an das höhere Exemplar der niedrigeren Gattung grenzt.[15] Oder wie Albertus Magnus, der große Lehrmeister des Thomas von Aquin, schreibt: «Die Natur trennt die [Tier-]Arten nicht voneinander, ohne ein Bindeglied zwischen sie zu setzen, denn sie springt nicht von einem Extrem zum anderen . . .»[16]

Wenn die Natur keinen Spielraum für Auf- und Abwärtsbewegungen läßt, wenn alle Nischen ausgefüllt sind, wenn jedes Geschöpf «nach seiner Weise» verfährt, so darf man mit Gewißheit davon ausgehen, daß der feudalen Gesellschaftsordnung der gleiche Entwurf zugrunde lag.

Unter dem Druck neuer politischer und wirtschaftlicher Kräfte war das Papsttum angewiesen auf eine wirksame Verteidigung der Gesellschaftsordnung, die sich jahrhundertelang unter der Oberhoheit der Kirche behauptet hatte. Diese Verteidigung lieferte Thomas von Aquin. Er entwarf einen Naturbegriff, der statisch war und keinen Platz für Veränderung ließ. Voltaire bezeichnete ihn später satirisch als «die beste aller möglichen Welten».

Kurzum, der Naturbegriff des Thomas von Aquin erwies sich als das ideale kosmologische Pendant zur mittelalterlichen Gesellschaftsordnung. Vor allem der thomistischen Deutung der Naturmechanismen verdankte die herrschende institutionelle Ordnung ihre Legitimation. Wenn tatsächlich jedes Lebewesen in der großen Kette des Seins, wie Thomas behauptete, die ihm vom göttlichen Entwurf vorgeschriebene Rolle zu erfüllen hatte, dann konnten die Kirchenväter und lokalen Monarchen glaubhaft versichern, ihr Verhalten sei «vorherbestimmt» und lediglich ein Abbild der natürlichen Ordnung, wie Gott sie eingerichtet habe. Entsprechend ließ sich jeder grundsätzliche Zweifel am bestehenden institutionellen Rahmen überzeugend als Verstoß gegen die Naturgesetze anprangern.

Genauso wie die Beziehungen der Menschen zu ihrer Umwelt haben sich auch ihre Naturbegriffe gewandelt. Jede Kosmologie war von den besonderen Bedingungen geprägt, mit denen sich die Menschen an einem bestimmten Ort und zu einem bestimmten Zeitpunkt der Geschichte auseinanderzusetzen hatten. Allen Kosmologien ist indessen ein Leitmotiv gemeinsam. Sie alle dienen mehr oder weniger als ferne Spiegel für die alltäglichen Handlungsweisen ihrer Kulturen. Mittels der Kosmologien verleiht die Menschheit ihrem Verhalten universelle Bedeutung. Auf diese Weise überzeugen sich die Menschen davon, daß sie sich richtig verhalten, daß ihre Handlungsweisen in Einklang mit dem großen Entwurf des Universums stehen. Sie brauchen die Überzeugung, daß die Art, wie sie ihr Leben organisieren, sich nicht von der Art und Weise unterscheidet, wie die Natur sich selbst organisiert. Ihre Kosmologien liefern eine Begründung und Rechtfertigung für jede Handlung. Kosmologien geben Menschen die Zuversicht, die sie brauchen, um ihr Leben zu ertragen.

Die Menschen haben sich nie sehr heimisch in dieser Welt gefühlt. Ihre Kosmologien haben sie mit einem Firnis von Sicherheit überzogen. Dank ihrer Kosmologien konnten sie sich in einer feindlichen und beunruhigenden Umwelt einrichten und heimisch fühlen. Mit Kosmologien überzeugt sich die Menschheit, daß kein Grund zur Sorge besteht, daß die Welt, die sie kennt, die Welt, in der sie handelt und auf die sie einwirkt, nicht sonderlich verschieden von der Welt ist, die sich ihrem Zugriff entzieht. Kosmologien bringen das riesige Universum auf einen Nenner mit dem winzigen Ausschnitt, der sich den Menschen darbietet. Ohne Kosmologie könnten die Menschen nicht erkennen, ob das, was sie tun, richtig ist. Menschen schaffen Kosmologien, um ihr Verhalten zu sanktionieren. Das ist ihnen stets recht gut gelungen, weil sie sich über den Ursprung ihrer kosmologischen Konstruktionen nie ganz klar waren. Die Menschen haben immer geglaubt, ihre Kosmologien seien ihnen übermittelt worden oder sie hätten sie entdeckt. Nie sind sie auch nur von ferne auf den Gedanken gekommen, sie könnten in Wahrheit ihre eigenen Schöpfungen sein.

Damit soll nicht gesagt sein, daß Kosmologien bloße Erfindungen wären, wie «Sozialrelativisten» vielfach behaupten. Danach sollen unsere Kosmologien keine reale Grundlage in der Außenwelt haben. Dem Sozialrelativismus zufolge sind unsere Naturvorstellungen völlig subjektiv und bar jeder Ähnlichkeit mit der real existierenden Welt. Zwar haben die Sozialrelativisten recht, wenn sie meinen, daß unsere Naturvorstellungen gesellschaftlich verzerrt und von dem kulturellen Kontext, in dem wir leben, zutiefst beeinflußt sind, doch sie irren sich, wenn sie denken, daß solche Vorstellung unabhängig von der «realen» Welt zustande kämen. In Wahrheit beruhen unsere Kosmologien auf Vorgängen in der realen Welt, allerdings nur in jenem kleinen Ausschnitt von ihr, in dem Gesellschaft und Natur in Wechselbeziehung stehen. Die Menschen lernen etwas über die Natur, während sie sie zu gestalten versuchen. Die Dinge, die sie lernen, sind nützlich. Dank ihrer können die Menschen auf die Natur einwirken, sie manipulieren und sie sich aneignen. Das Problem besteht darin, daß die Menschen die Dinge, die sie über die Natur gelernt haben, zu einer allumfassenden Erklärung der kosmischen Vorgänge aufblähen. Insofern sind Kosmologien Verzerrungen. In ihnen überhöht die Gesellschaft ihre recht begrenzte Umweltbeziehung zur universellen Wahrheit. Kosmologien bestehen aus kleinen Bruchstücken der physischen Wirklichkeit, die die Gesellschaft zu gewaltigen kosmischen Illusionen umgewandelt hat.

Zwar sind Kosmologien seit unvordenklichen Zeiten ein wesentliches Merkmal menschlicher Gesellschaften, doch ist unbedingt zu unterscheiden zwischen der Naturauffassung prätechnologischer und technologischer Kulturen. Die Angehörigen prätechnologischer Kulturen stehen noch in einer teilnehmenden, vertrauten Beziehung zur Natur. Da sie kaum in der Lage sind, die Natur zu manipulieren und umzugestalten, sind sie vor allem damit beschäftigt, sich der Welt anzupassen, wie sie ist. Ihr Überleben hängt von der Fähigkeit ab, sich mit ihrem Verhalten auf die Natur einzustellen. In ihren Kosmologien spiegelt sich der Respekt gegenüber den überlegenen Kräften, die ihr Leben bestimmen. In den Kosmologien prätechnologischer Kulturen kommt im allgemeinen die Vorstellung einer Partnerschaft und Zusammenarbeit zwischen Mensch und Natur zum Ausdruck, weil dies haargenau die Art und Weise ist, wie sich die Menschen solcher Kulturen Tag für Tag mit ihrer Umwelt auseinandersetzen.

Wenn die Menschen beginnen, mechanische Gerätschaften zu entwickeln, verändert sich ihre Beziehung zur Natur – und damit verändern sich auch ihre Kosmologien. Je wichtiger die Technologie wird, desto stärker beginnt sich die Menschheit aus ihrer völligen Abhängigkeit von der Natur zu befreien. Mittels der Technologie kann die Menschheit einen Abstand zwischen sich und der Natur schaffen. Die Technologie gibt den Menschen die Macht, die Natur umzugestalten, ihre Kräfte in neue Kanäle zu leiten. Mit mechanischen Geräten kann die Menschheit die Natur nachahmen, sie sogar unterwerfen. Die teilnehmende, enge Einheit von Natur und Mensch zerfällt langsam, bis sie sich schließlich völlig aufgelöst hat. In wachsendem Maße tritt die Technologie als vermittelnde Kraft zwischen Gesellschaft und physische Welt. Dank ihrer Maschinen erschafft die Menschheit eine zweite Natur, eine, die immer mehr dem Bilde des Menschen gleicht. Infolgedessen weisen auch die Kosmologien immer größere Ähnlichkeit mit der neuen technologischen Welt auf, die sich die Menschheit erschafft.

Seit den ersten Anfängen der pyrotechnischen Revolution vor Tausenden von Jahren brachten die abendländischen Kosmologien die immer stärker technologisch geprägten Beziehungen zwischen Mensch und Natur zum Ausdruck. Heute kann man sagen, daß unsere Kosmologien zu einem Spiegelbild der technologischen Welt geworden sind, die wir erschaffen haben.

Betrachtet man, wie in den Kosmologien das Abbild der Partnerschaft zwischen Mensch und Natur allmählich dem Abbild der von uns geschaffenen technologischen Welt weicht, so stößt man auch auf die Entwicklung eines typischen psychologischen Musters, das mit jeder erfolgreichen Kosmologie deutlicher hervortritt und das die Art und Weise prägt, wie wir unsere Vorstellung von der Natur formulieren.

Dieses psychologische Muster ist aufs engste verwoben mit der menschlichen Technologie und zeigt sich um so ausgeprägter, je ausgeklügelter unsere technologische Naturbeherrschung wird. Der *Homo faber*, der «technisch begabte Mensch», hat den Wunsch, den Tod zu überwinden, völlig autark zu sein, sich von dem Rest der Natur zu distanzieren – und sein Verhalten in diesem Prozeß zu rechtfertigen. Diese psychologischen Antriebe stehen in einem Wirkungszusammenhang mit der technologischen Entwicklung. Je weiter die Technologie fortschreitet, desto stärker werden diese psychologischen Antriebe. Je stärker die psychologischen Antriebe werden, desto ausgeprägter wird das Bedürfnis nach technologischem Fortschritt. Die Verbindung von psychologischen und technologischen Antrieben wird deshalb immer enger, und von Zeit zu Zeit führt sie zu neuen kosmologischen Entwürfen, die sowohl die technologische Aktivität der Menschheit als auch ihre innersten Bedürfnisse und Wünsche widerspiegeln.

Es gibt also immer zwei Naturen: die Natur, so wie sie ist, und die Natur, so wie der Mensch sie haben möchte. Und stets wird die Aufmerksamkeit der Menschen von dieser zweiten Natur gefesselt. Wenn wir verstehen wollen, was für einen Naturbegriff die Generation unserer Kinder entwickelt, müssen wir deshalb zunächst die grundlegenden psychologischen Faktoren untersuchen, von denen alle kosmologischen Formulierungen beeinflußt werden, seit unsere Verwandlung von prätechnologischen zu technologischen Wesen begonnen hat.

Leben, Tod und Unsterblichkeit

Freud hat einmal gesagt, das Ziel allen Lebens sei der Tod.[17] Er hätte hinzufügen müssen: wenn wir es nicht ändern können. Erinnern wir uns daran, daß Gott, nachdem er Adam und Eva aus dem Garten Eden vertrieben hatte, einen Posten an seinem Ausgang aufstellte, der ihnen jede Rückkehr verwehrte. Gott fürchtete nämlich, daß das Menschenpaar, bereits mit der Erkenntnis von Gut und Böse versehen, auch noch von dem anderen wichtigen Baum im Paradies kosten könnte – dem Baum des ewigen Lebens. Wäre ihnen das gelungen, wären sie selbst zu Göttern geworden.

Jedes Tier zeigt Angst, wenn es in Gefahr ist, und wird um sein Leben kämpfen, wenn es sich unmittelbar vom Tod bedroht fühlt. Doch nur Menschen wissen um den unvermeidlichen eigenen Tod. In seinem Buch ‹*Escape from Evil*› schreibt Ernest Becker, daß «der Mensch wie jedes Tier und jeder primitive Organismus Dauer will, daß er das gleiche Verlangen spürt, Nahrung aufzunehmen, Energie umzuwandeln und die Erfahrung des Daseins fortzusetzen».[18] Nur im Unterschied zum Tier wisse der Mensch, «daß sein Ende unausweichlich ist, daß sein Magen sterben wird».[19] Dieses Bewußtsein bringt den Menschen in eine unangenehme Position gegenüber dem Rest der Natur. Die Gewißheit, daß uns der Tod vorherbestimmt ist, raubt uns die unmittelbare Verbundenheit mit der Natur. Nie können wir uns, wie die anderen Tiere und die Pflanzen, unbefangen dem Prozeß des Werdens überlassen, denn nie verläßt uns die Angst angesichts des unvermeidlichen Ausgangs dieses Prozesses.

Unser Bewußtsein gestattet uns, vorauszuschauen, doch wir zahlen einen hohen Preis für diese besondere Fähigkeit. Dank des erweiterten zeitlichen Horizonts können wir den Gang der Ereignisse in unserer Welt vorhersagen und beeinflussen, aber je besser unsere prophetische Gabe ist, desto deutlicher wird uns der ferne Schatten unseres eigenen Untergangs vor Augen stehen. Jeder, der schon einmal zu einer Wahrsagerin gegangen ist, kennt die Ungeduld, mit der man alles in Erfahrung bringen möchte, was vor einem liegt, nur nicht Zeit und Ort der letzten Stunde. Wenn der Hellseherin unversehens entschlüpft, wann uns nach ihrer Meinung der Sensenmann aufsuchen wird, dann fühlen wir uns betrogen. Alles, was wir zuvor über unsere Zukunft gehört haben, und mag es noch so rosig sein, hat jäh seinen Glanz eingebüßt.

Mit dem Tod hat sich noch keine Generation abfinden können. Er ist das einzige im Leben, dessen wir uns wirklich sicher sein können, und doch lebt in uns die Hoffnung, daß er uns nie ereilen wird. Diese gähnende Kluft zwischen unserem höchsten Wunsch und der letzten, unausweichlichen Realität der Natur ist die Grundlage, auf der Kulturen errichtet und Kosmologien ersonnen werden. In beiden Fällen sind es die gleichen Eckpfeiler.

Zuerst bauen wir Menschen immer bessere Fallen, um immer mehr Leben aus unserer Umwelt einzufangen, als brächte uns das ein bißchen mehr Atem für ein längeres Leben. Ein gut Teil menschlichen Tuns ist die Suche nach neuen Wegen, Leben einzufangen und uns die Natur einzuverleiben, die uns umgibt. Wir tun es nicht, um leben zu können, sondern um den Tod zu überwinden. Wäre es anders, wären wir nie über die allerprimitivsten Überlebensstrategien hinausgelangt, die sicherlich ausreichten, uns am Leben zu erhalten. Doch lange zu leben heißt nicht, ewig zu leben.

Unser Bestreben, uns trotz des Unvermeidlichen Dauer zu verleihen, hat einen maßlosen Appetit geweckt, die Lust, uns anderes Leben einzuverleiben. Wie der Fallensteller vergangener Zeiten hat die Menschheit gelernt, auf der Lauer zu liegen, die Bewegungen des Lebens vorherzusehen, das Kommen und Gehen der Jahreszeiten und Geschöpfe vorherzusagen – all das in dem Bestreben, mehr von der natürlichen Welt einzufangen. Mit jeder neuen Zivilisation entstehen größere Fallen, dazu bestimmt, sich der Natur zu bemächtigen und sie dem menschlichen Tier einzuverleiben. Bei Becker heißt es dazu: «Der Mensch transzendiert den Tod . . . indem er seine Begierden befriedigt»[20], und dieses unstillbare Bedürfnis findet in jede Kosmologie Eingang.

Der Fallensteller Mensch braucht den Glauben an einen nie versiegenden Strom des Lebens, den er sich zur Beute machen kann. Deshalb wird in seinen Kosmologien die Natur stets als unerschöpfliches Füllhorn dargestellt. Dies galt für den altsteinzeitlichen Jäger, der trächtige Tiere malte, auf der Jagd von Speeren durchbohrt, für den neusteinzeitlichen Bauern, dessen Göttinnen stets blühend und fruchtbar waren, für die Sumerer, deren Land vom Wassergott Enki mit Samen überschwemmt und befruchtet wurde, und es galt für die Griechen und Christen, deren Schöpfungsordnung bis in den letzten Winkel mit einer großen Vielfalt von Geschöpfen erfüllt war. Die Menschen waren lange Zeit besessen von der Vorstellung, daß die Natur robust und unerschöpflich sei, denn anders hätten sie sich nicht davon überzeugen können, daß für ihre unersättlichen Bedürfnisse ein unbegrenzter Vorrat an Leben zur Verfügung stehe. Der Gedanke an Grenzen und Endlichkeit in der Natur widerstrebt uns, würde er uns doch an unsere eigene Endlichkeit und Vergänglichkeit erinnern.

Indes, wir Menschen können nicht von Brot allein leben, deshalb brechen wir mit der Morgensonne auf und bauen Burgen in den nassen Sand, den die ablaufende Flut zurückläßt. Wir bauen und gestalten mit einer fast verzweifelten Hingabe, als wüßten wir nicht, daß die Abendflut unser Werk fortwaschen wird. Dann werden wir den Strand längst verlassen haben, getröstet von der Illusion, daß wir eine Spur hinterlassen haben, eine Welt aus der Welt erschaffen haben, etwas zurückgelassen haben, dem Dauer beschieden ist. Die Menschheit versucht, den Tod zu überwinden, indem sie Denkmäler ihrer eigenen Unsterblichkeit errichtet. Was wir Kultur nennen, ist ein Museum voller Nippes und Symbole, die die Namen ihrer längst vergangenen Erfinder verkünden. Die Menschen haben das geschriebene Wort erfunden, das endlos fortlebt. Für die Ewigkeit haben sie ihre Pyramiden errichtet. Sie haben Unternehmen und Staaten gegründet, die die begrenzte Spanne menschlichen Lebens überdauern. Sie haben sogar das Erbrecht eingeführt, um dafür zu sorgen, daß den Früchten ihrer Arbeit dank ihrer Erben eine unendliche Zukunft beschieden ist.

In Anlehnung an Nietzsche meint Becker: «Die Menschen aller Epochen möchten auf die eine oder andere Weise ihr körperliches Schicksal transzendieren, sich irgendeine Art unendlicher Dauer sichern, und die Kultur versorgt sie mit den erforderlichen Unsterblichkeitssymbolen oder -ideologien. Insofern lassen sich Gesellschaften verstehen als Systeme, die die Macht der Unsterblichkeit verleihen.»[21]

Menschen brauchen den Glauben, daß es eine dauerhafte Welt gibt neben, über oder unter der vergänglichen Welt, in der sie leben. So erbauen wir, gewissermaßen als Initiationsriten und Trostspender, die verschiedensten Denkmäler unserer Unsterblichkeit. Je mehr Werke wir für die Ewigkeit hinterlassen, desto fester wird unser Glaube, daß auch wir ewig leben werden. Durch Denkmäler dokumentieren wir immer aufs neue unseren Glauben, daß uns in der künftigen Welt Unsterblichkeit erwartet. All die wichtigen Beschäftigungen des Menschen, alle Regeln und Vorschriften, die Organisationen und Hierarchien, die Kunst- und Bauwerke, alles das, was wir Kultur nennen, ist in irgendeiner Weise ein Übergangsritus, der uns den Weg in die Welt des ewigen Lebens bahnen soll.

Einem Geschöpf, das allerorten die Dauer sucht, muß die Erde kalt und abweisend erscheinen. Überall in dieser Welt sehen die Menschen, wie die Dinge vergehen. Leben geht über in Tod und Wachstum in Zerfall in einer Welt, in der alles im Fluß, alles in einer Bewegung stromabwärts ist. Ihre Unwiderruflichkeit erinnert uns schmerzlich daran, daß «wir geboren werden, um zu sterben». Deshalb haben wir immer wieder versucht, der widrigen Strömung durch kosmologische Dämme Einhalt zu gebieten. Jedesmal wenn es uns gelingt, eines größeren Brockens Natur habhaft zu werden, versuchen wir, ihn in Zeitlosigkeit zu verpacken. Zu diesem Zweck reden wir uns ein, unsere neue Art der Naturausbeutung stehe in irgendeinem Zusammenhang mit der ewigen Ordnung der Dinge. Die tagtägliche Manipulation der Natur verklären wir mittels unserer Kosmologie. Sie überzeugt uns davon, daß unser Verhalten mit den Abläufen im Universum in Einklang steht. Diese Verbindung verleiht unserem Tun den Anschein von Dauer. Wir gelangen zu der Überzeugung, daß wir mit unseren alltäglichen Handlungsweisen auf eine, wenn auch begrenzte Weise teilhaben an der ewigen Ordnung. Dank dieses Anspruchs können wir uns einreden, wir könnten mit unserem Tun ewig auf die gleiche Weise fortfahren, ohne fürchten zu müssen, daß es uns zum Nachteil gereicht, hat es doch gewissermaßen am großen Entwurf des Universums teil.

Wir verhalten uns ein bißchen wie das Kind, das einen schönen Schmetterling fängt und ihn in einen Schuhkarton sperrt, weil es hofft, seine Schönheit so auf ewig zu bewahren. Jedesmal wenn wir ein weiteres Stück der Natur einfangen, sperren wir es in einen kosmologischen Schuhkarton, weil wir hoffen, es so auf ewig zu bewahren.

Autarkie oder gegenseitige Abhängigkeit

Die Menschheit ist unbeirrbar in ihrer Entschlossenheit, durchzuhalten, es zu schaffen, sich zu verewigen. Wir wollen leben und sind bereit, jeden Preis dafür zu zahlen, solange gewährleistet ist, daß wir weitermachen können wie bisher.

Zur Sicherung unseres Erfolgs führen wir einen immerwährenden Krieg, das Werden der natürlichen Welt zu überwinden und einzufangen. Doch inmitten der Leichen und des Verwesungsgeruchs, die unseren Weg zur Unsterblichkeit säumen, mahnt uns eine innere Stimme unablässig an den Tribut, den wir für einen stets außer Reichweite bleibenden Sieg verlangen. Die Stimme ist unser steter Begleiter inmitten des Gemetzels und erinnert uns daran, woher auch wir kommen und wo auch wir enden werden, während sie uns unaufhörlich das Leid und den Schmerz zum Vorwurf macht, Ergebnis einer Reise, die niemals hätte angetreten zu werden brauchen, weil sie stets dort endet, wo sie begonnen hat. «Denn du bist Erde und sollst zu Erde werden.»

Der Menschheit geht es um die Frage von Ordnung oder Unordnung. Sie ist bestrebt, alles ihrem Einfluß zu unterwerfen. In der Natur geht es um die Frage von Einheit und Trennung. Sie verlangt von uns, uns in das Einssein zu fügen, dem wir angehören. Die Natur bietet uns den erhabenen Verzicht, den die rückhaltlose Teilhabe an der uns umgebenden Welt bedeutet.

Dieser Zwiespalt ist das Schicksal der abendländischen Kultur. Die Menschen wollen Unabhängigkeit, während die Natur nach Beziehung verlangt. Die Menschen wollen unverwundbar sein, doch die Natur erinnert sie daran, wie sie mit allen Dingen zusammenhängen. Nie tritt diese fundamentale Spannung deutlicher zutage als bei der Begegnung mit einem Bettler auf der Straße. Jedesmal sind wir gezwungen, uns zu entscheiden zwischen dem Bestreben, unser Fortbestehen um jeden Preis zu sichern, und dem Bewußtsein, daß unser Überleben von der Gesamtheit des übrigen Lebens abhängt. Ein Teil unserer selbst empfindet nur

Verachtung. Der Bettler erinnert uns an alles, was schwach und krank und gescheitert ist. Wir nehmen es ihm übel, daß er uns dies vorführt. Der Dramatiker Eugène Ionesco sagt: Solange wir nicht von unserer Unsterblichkeit überzeugt sind, werden wir niemals Erfüllung finden, sondern damit fortfahren, uns zu hassen.[22] Ernest Becker meint wohl das gleiche, wenn er erklärt: «Im weitesten Sinne läßt sich behaupten, daß zumindest jeder von dem anderen in irgendeiner Weise Besitz ergreift, um sich selbst Dauer zu verleihen.»[23]

Doch ein anderer Teil unserer selbst ruft uns ins Gedächtnis, daß dieser Bettler in Wahrheit das Opfer unseres Sieges ist. Wir sind ihm verpflichtet, weil wir unser Leben auf seine Kosten gewonnen haben. Wir haben Gewissensbisse und Mitleid mit ihm, weil wir wissen, daß das, was er nicht mehr ist, auf die eine oder andere Weise in uns eingegangen ist. Ein Teil von ihm ist jetzt ein Teil von uns. Und wir fühlen uns verpflichtet, ihn für das zu entschädigen, was wir uns angeeignet haben. Psychologen und Anthropologen nennen diese komplizierte Seelenlage «Schuldgefühl». Schuldgefühle lassen sich am besten beschreiben als der große menschliche Konflikt zwischen Groll und Dankbarkeit.

Wir verleihen uns Dauer, indem wir andere in Besitz nehmen – unsere Artgenossen und andere Lebewesen. Die häßliche Wirklichkeit ist, daß einige Wesen sterben, damit andere leben können. Hören wir Elias Canetti, den Nobelpreisträger für Literatur: «Jeder hat Appetit und jeder steht als König auf unermeßlichen Leichenfeldern von Tieren.»[24]

Für uns alle steht ganz oben auf der Dringlichkeitsliste der Menschheitsfragen die Entscheidung: Wieviel Inbesitznahme ist genug? Die Geschichte des menschlichen Tieres und seiner unersättlichen Begierde nach Unsterblichkeit vor Augen, kommt der Philosoph David Hume zu dem Schluß: «Es gibt keinen Grund, warum ich mir lieber in den eigenen Finger stechen lassen sollte, als den Tod von hundert Menschen hinzunehmen.» Statt uns selbst zu opfern, nehmen wir sehr viel lieber den Tod anderer in Kauf – dennoch regt sich unser Gewissen, wenn wir fremdes Leben vernichten.

Der Ursprung dieses Dilemmas geht darauf zurück, daß wir im gesamten Tierreich die einzigen sind, die distanziert töten. Wir können uns beim Tötungsakt beobachten. Von allen Tieren sind nur wir uns unserer selbst bewußt. Andere Tiere haben teil an dem Tod, den sie bringen. Opfer und Raubtier verschmelzen, wenn das unterlegene Tier vom Sieger verschlungen wird. Nur der *Homo sapiens* tötet aus der Entfernung. Wenn Distanz einerseits von der Teilhabe ausschließt, so bedeutet sie andererseits Überblick. Aus der Distanz können Menschen Beziehungen zwischen Dingen in Zeit und Raum erkennen, und weil wir das können, sind wir in einem

Paradox gefangen. Wir bleiben lieber auf Distanz und wissen doch, daß wir mit anderem Leben unauflöslich verbunden sind. Wir wünschen uns Selbständigkeit und sind uns doch unserer Abhängigkeit bewußt. Wir töten, um zu leben, wissen aber, daß wir damit Hand an uns selbst legen. Zu diesem menschlichen Dilemma schreibt der Ökologe Donald Worster: «Wenn der Mensch mit allen anderen Geschöpfen tatsächlich zu einem großen Organismus verbunden ist, dann begeht er Selbstmord, wenn er ein einziges tötet.»[25]

Wir bilden uns gern ein, völlig selbständig zu sein, doch wenn wir uns fremdes Leben aneignen, um uns selber Dauer zu verleihen, werden wir uns unserer extremen Abhängigkeit bewußt. Der Tod anderer Lebewesen erinnert uns schmerzlich daran, welche Schuld wir auf uns laden, um den nächsten Atemzug tun zu können.

Entheiligung

Der Anthropologe Paul Radin hat einmal gesagt: «Die Geschichte der menschlichen Kultur [stellt] weitgehend die Versuche des Menschen dar, seine Wandlung vom Tier zum Menschen zu vergessen.»[26] Doch gelingt uns das nie ganz, weil wir unser Schuldgefühl nicht abschütteln können. Ein solches Gefühl wäre nicht möglich, würden wir nicht noch in irgendeiner Weise mit dem Rest der lebendigen Schöpfung fühlen. Dazu bedarf es eines Empfindens der Gegenseitigkeit, der Verbundenheit, der gegenseitigen Abhängigkeit. Doch diese Verpflichtung macht uns zornig. Sie ist eine unangenehme Erinnerung an unsere Abhängigkeit und Verletzlichkeit. Wir lösen das Dilemma, indem wir jede gefühlsmäßige Bindung zur übrigen lebendigen Welt abbrechen, auf deren Kosten wir leben. Man nennt diesen Prozeß Entheiligung. Er ist in allen Naturbegriffen enthalten, die der Abendländer ersann, seit er vor Tausenden von Jahren die Verehrung von Pflanzen und Tieren verwarf.

Der Psychologe Abraham Maslow berichtet, wie er als junger Medizinstudent das erste Mal mit diesem Vorgang der Entheiligung in Berührung kam. Einer Frau mußte eine Brust entfernt werden. Als sich das elektrische Skalpell durch das Fleisch brannte, da habe, so erinnert sich Maslow, «der köstliche Geruch von gegrilltem Steak die Luft erfüllt».[27] Während der ganzen Operation «kommentierte der Chirurg seine Arbeit betont unbeteiligt und schnoddrig . . . um das entfernte Gewebe schließlich durch die Luft auf den Tisch zu werfen, wo es klatschend landete. Aus einem geweihten Körperteil hatte es sich in einen überflüssigen Fettklumpen verwandelt ... Das alles wurde vollkommen geschäftsmäßig gehandhabt – sachlich, ruhig, sogar mit einer Spur von Prahlerei.»[28]

In seinem Buch ‹*Where the Wasteland Ends*› berichtet der Historiker Theodore Roszak von einem ähnlichen Trauma seiner kleinen Tochter, als sie das erste Mal einen Schlachterladen betrat. Sie war entsetzt beim Anblick eines toten Tieres, das von einem Haken an der Decke herabhing. Fleisch kannte sie zu sauberen rechteckigen Formen geschnitten, in Zellophan verpackt und aufgereiht in einer offenen Gefriertruhe des Supermarktes. Da an dem Fleisch, das sie im Supermarkt zu Gesicht bekam, nichts darauf schließen ließ, daß es in irgendeiner Weise mit Tieren zu tun hatte, war sie völlig verstört, als sie feststellen mußte, daß die Speisen, die sie so gern mochte, aus totem Fleisch waren, das man aus Tierkadavern herausschnitt.

Die Menschheit kann es sich nicht leisten, die Schuld auf sich zu nehmen für all das Blut, das sie in ihrem Drang nach Unsterblichkeit vergießt, und für das Verderben, das sie über die Welt bringt. Durch Entheiligung können wir jede Verbundenheit aufheben, die wir möglicherweise zu anderen Lebewesen empfinden. Wir können vorgeben, daß unsere Einflußnahme und Manipulation wenig Folgen hat, indem wir den Dingen um uns herum alles Leben absprechen. Der Fallensteller Mensch wird zum Tierpräparator, der die Natur ausweidet, ihr alle Spontaneität und Bewegung entnimmt und sie mit bleierner Unbelebtheit ausstopft.

Wir unterteilen die Natur in zwei Kategorien – die Dinge, die wir unter Kontrolle haben, und die Dinge, die sich unserer Kontrolle entziehen. Und wir neigen dazu, die Dinge, die wir nicht unter Kontrolle haben, als heilig zu betrachten. Jacques Ellul schreibt, daß Menschen die Dinge verehren, die sie nicht ihrer Einflußnahme unterwerfen können.[29] In dem Maße, wie wir die Natur unter Kontrolle bringen, entheiligen wir sie und verwandeln sie in einen Gebrauchsgegenstand. Mit anderen Worten: Jener Teil des natürlichen Werdens, den wir nicht vorhersehen und manipulieren können, bleibt im Bereich des Heiligen, während der Teil, den wir prognostizieren und unseren Zwecken unterwerfen können, profan wird. Ob eine Naturerscheinung als Wunder gilt oder nicht, hängt davon ab, ob sie sich dem Zugriff des Menschen entzieht oder nicht.

Man hört oft, daß uns Dinge, die wir nicht beherrschen können, mit Ehrfurcht, Angst, Verehrung und Staunen erfüllen. Sie sind uns heilig, eben weil wir uns ihnen gegenüber machtlos und ausgeliefert fühlen. Richtig ist auch, daß Vertrautheit Geringschätzung und Gleichgültigkeit hervorbringt. In dem Maße, wie wir die Dinge unserer Einflußnahme unterwerfen, verlieren sie für uns ihre Faszination. In dem Maße, wie wir sie uns einverleiben, werden sie uns selbstverständlich. Was einst Gegenstand unserer Angst und Ehrfurcht war, wird zu einer profanen Erscheinung, die uns nicht mehr Staunen abverlangt als unser Herzschlag. Unsere Verehrung für die Natur verringert sich, wenn wir sie unserer Einflußnahme unterwerfen.

Der Anblick eines wilden Hengstes, der über die offene Tundra galoppiert, muß unsere altsteinzeitlichen Vorfahren mit einem Gefühl der Ehrfurcht erfüllt haben. Viele der frühen Kosmologien haben das Pferd mit den verschiedensten übernatürlichen Eigenschaften ausgestattet. Heute, da wir gelernt haben, auf dem Pferd zu sitzen, es vor einen Pflug oder eine Kutsche zu spannen und sogar Hundefutter und Leim aus ihm zu machen, vermögen wir kaum noch etwas Heiliges an ihm zu entdecken.

Mit jeder Spezies, die die Menschheit ihrem Einfluß unterworfen hat, hat sie ein Stück mehr der Natur aus der Rubrik «heilig» in die Rubrik «profan» gebracht. Unsere Kosmologien lesen sich wie die Aufstellungen eines Buchhalters. Jede führt die Aspekte der Natur auf, denen *wir* Achtung und Verehrung «schulden», und jene anderen, die *uns* Achtung und Verehrung «schulden». Mit jeder neuen Kosmologie zeigt die Rubrik «heilig» weniger Posten und die Rubrik «profan» mehr. Schiller nannte diesen Prozeß die «Entgöttlichung» der Natur.

Für die Jäger und Sammler der Altsteinzeit waren Pflanzen und Tiere durchdrungen von heiligen Eigenschaften. Da sie weder die einen noch die anderen domestiziert hatten, knieten sie verehrungsvoll vor all den Dingen in der Natur, von denen sie abhängig waren, ohne sie ihrem Einfluß unterwerfen zu können. Mit der Domestizierung und dem Übergang zum Ackerbau begann die Menschheit mit dem langen Prozeß, in dessen Verlauf die Natur ihrer geheiligten Eigenschaften entkleidet wurde.

Die hebräische Kosmologie bezeichnet einen markanten Wendepunkt in der Geschichte der Entheiligung der Natur. In der Schöpfungsgeschichte heißt Gott Adam, die Tiere zu «nennen». Die Menschheit brannte den Mitgeschöpfen ihr Zeichen ein und trat damit die Herrschaft über sie an. Ja, die hebräischen Propheten untersagten ihrem Volk auf immer die Rückkehr zur Anbetung von Tieren. Bei A. M. Hocart heißt es zum Kampf des Menschen um die Entheiligung des Tiers: «Als seine Überlegenheit gegenüber der übrigen lebendigen Welt immer deutlicher zutage trat, war er zunehmend bestrebt, seine Verwandtschaft zum Tier in Abrede zu stellen, vor allem als Kultus dann mit Ehrerbietung einherging . . . Der Mensch ist nicht bereit, sich vor einem Tier zu erniedrigen.»[30]

Nach jüdischer Kosmologie haben Pflanzen und Tiere keine Seele. Der Geist, der einst die Natur beseelte, ist ihr nun völlig entzogen und lebt fort als Schöpfungskraft, die für die Natur verantwortlich ist. Die Heiligkeit dieser geistigen Kraft konzentriert sich auf einen einzigen Gott über und jenseits der Natur und wird – in begrenztem Maße – nur von einem lebendigen Geschöpf geteilt, dem Menschen, den Gott nach seinem Bilde schuf.

Die Griechen dagegen verstanden alle Naturerscheinungen nur als blasse Abbilder bestimmter präexistenter Formen. Da es in der irdischen Welt nur Nachbildungen der wirklichen Dinge gab, die in der Welt der reinen Ideen existierten, durfte man diese irdischen Dinge auch ohne Bedenken menschlicher Manipulation unterwerfen.

Entheiligung ist nur ein anderes Wort für Abtöten. Erst nachdem ein Lebewesen gründlich abgetötet worden ist, läßt es sich assimilieren. Im Unterschied zu anderen Tieren schlagen die Menschen ihre Zähne nicht gern ins lebendige Fleisch. Lieber trennen wir den Prozeß des Tötens von dem des Essens. Wir sondern uns von der Natur ab, nicht nur um sie zu jagen, sondern auch um sie zu verzehren. Ganz gleich in welcher Phase des Assimilationsprozesses – von der Jagd bis hin zum Verzehr – wir uns befinden, wir legen Wert auf Distanz. Unbeirrbar bestehen wir auf der Position des Subjekts und degradieren alles andere zum Objekt. Je größer die Absonderung von der Natur, desto leichter und unbedenklicher läßt sie sich einfangen, verstümmeln und töten. In Vietnam warfen B-52-Piloten ihre Bomben auf Ziele ab, ohne je die Folgen zu Gesicht zu bekommen. Die Bodensoldaten dagegen mußten sich die qualvollen Schreie der feindlichen Soldaten und der eigenen Kameraden anhören. Die Bomberpiloten haben heute weit weniger Alpträume. Distanz und Entheiligung gehen Hand in Hand.

Kurzum, Entheiligung ist der seelische Prozeß, mittels dessen die Menschheit ihrer Beute die Lebendigkeit entzieht, um sie genießbar zu machen. Auf diese Weise überzeugen wir uns davon, daß es keine grundlegende Ähnlichkeit zwischen uns und anderen Lebewesen gibt. Denn es ist stets schwerer, Wesen zu töten und sich einzuverleiben, mit denen man sich identifiziert. Der Entheiligungsvorgang ermöglicht es uns, die enge Verwandtschaft und Ähnlichkeit zu bestreiten, die zwischen uns und allen übrigen Lebewesen besteht.

Moral

Wenn die Menschen die Welt fortlaufend entheiligen, welche Rolle spielen dann Moral und Ethik in diesem Prozeß? Betrachtet man die lange Reihe der Kosmologien, so drängt sich ein beunruhigender Gedanke auf: Möglicherweise dient die Moral ganz anderen Zwecken als denen, die ihr normalerweise zugeschrieben werden. Tatsächlich gibt es gute Gründe, die Moral anzuklagen, daß sie wichtigster Komplize der Menschheit ist bei dem Versuch, die Natur in Besitz zu nehmen.

Wenn wir von Moral und Ethik sprechen, so meinen wir die Regeln, deren Befolgung vom Menschen beim künftigen Handeln erwartet wird. Wir sagen, daß jemand «dies tun soll» oder «jenes nicht tun soll». Sollen und Nichtsollen beziehen sich stets auf künftiges Handeln. Durch eine Moral in Form von Sollen und Nichtsollen verpflichtet eine soziale Gruppe ihre Mitglieder auf ein vorgeschriebenes Verhaltensmuster. Durch die Moral bestimmen Menschen ihr eigenes künftiges Verhalten.

Damit jeder bereit ist, den jeweils gegebenen Moralkodex zu akzeptieren, muß man behaupten, sein Ursprung sei menschlicher Kritik entzogen und spiegele irgendwelche letzten Wahrheiten wider, die auch die natürliche Ordnung der Dinge regierten. In jeder Gesellschaft bedeutet gut zu sein, daß man sich an diese Ordnung hält, und böse zu sein, daß man sich der natürlichen Ordnung widersetzt oder sie in Frage stellt. Das führt zu einigen recht heiklen Fragen über die Rolle von Moral und Ethik sowie über die wahren Zwecke, denen sie dienen. Denn wenn gut zu sein bedeutet, daß man sich an die natürliche Ordnung der Dinge hält, und wenn diese Ordnung ihrerseits nur eine symbolische Überhöhung der alltäglichen Handlungsweisen der betreffenden Kultur ist, dann heißt «gut sein» kaum mehr, als sich gesellschaftskonform zu verhalten. So ergibt sich für das gesamte Verhaltensspektrum, das zum orthodoxen Handlungsrepertoire einer Kultur gehört, nie die Notwendigkeit, das eigene Handeln in Frage zu stellen, haben die kulturellen Normen doch dadurch höhere Weihen empfangen, daß ihre Kongruenz mit der natürlichen Ordnung der Dinge nachgewiesen wurde. Zweifel werden erst laut, wenn individuelles Verhalten in irgendeiner grundsätzlichen Weise von der gesellschaftlichen Verhaltensnorm abweicht.

In Wahrheit sollen sich ethische Systeme also mit der Art und Weise vertragen, wie Menschen die sie umgebende Welt organisieren. Moralkodizes bringen das künftige Verhalten der Menschen mit den Methoden zur Deckung, die eine Gesellschaft anwendet, um ihre Umwelt zu organisieren und zu assimilieren. Sandwichartig bekräftigen sie und schränken zugleich ein. Wenn ein Moralkodex «sollen» sagt, so wird vom einzelnen ein Verhalten erwartet, das die von der sozialen Gruppe bereits angelegten Handlungsmuster verstärkt, und wenn ein Moralkodex «nicht sollen» sagt, so wird vom einzelnen erwartet, keinen Schritt von diesem Muster abzuweichen.

Die Moral dient der Menschheit dazu, sich in jenem kleinen Ausschnitt der Welt zu organisieren, den sie isoliert, entheiligt und in Besitz genommen hat. Die Moral verwandelt ungeordnetes Handeln, das leicht zu einem Krieg aller gegen alle ausarten könnte, in ein konzertiertes Gruppenverhalten, das sich einem von allen akzeptierten Zweck unterordnet. Moralkodizes sind gewissermaßen Verträge, in denen sich die Parteien verpflichten, ihr künftiges Verhalten in übereinstimmender Weise zu organisieren. So betrachtet kann nichts utilitaristischer sein als die Moral. Herbert Spencer, ein englischer Philosoph des 19. Jahrhunderts, hat die These vertreten, daß sich Moralkodizes aus Nützlichkeitserfahrungen entwickeln, die in allen folgenden Generationen systematisiert und formalisiert werden.

An sich bieten Moralkodizes eine höchst schwache Grundlage für die innere Stabilität einer Gesellschaft. Es ist praktisch, wenn sich alle über die richtige Art einig sind, die Zukunft zu organisieren, doch die rauhe Wirklichkeit zeigt, daß sich das oft nur für jene Handvoll Menschen auszahlt, die sich und ihren Erben dank ihrer Macht und ihres Ansehens den Löwenanteil an den künftigen Erträgen sichern können. Für die übrigen muß es irgendeinen zwingenden Grund geben, «gut» zu sein. Es gibt ihn, und dieser Grund beeinflußt jede von Menschen ersonnene Kosmologie. Wieder stoßen wir auf den Gedanken der Fülle, der Selbstverewigung, der Unsterblichkeit. «Tue Gutes, und du wirst belohnt werden, wenn nicht in dieser Welt, so doch in der nächsten.» In Anlehnung an Nietzsche hat Ernest Becker einmal geschrieben: «Jede Moral ist im Grunde eine Frage der Macht, der Macht des Organismus, seine Existenz dadurch fortzusetzen, daß er um übermenschliche Reinheit ringt ... Das Sammeln religiöser Pluspunkte ist der ursprüngliche Antrieb des Strebens nach Reinheit, mögen einige edle Seelen diesem Streben auch eine noch so selbstlose Richtung geben.»[31]

Dadurch daß wir gut sind, sichern wir uns einen Platz im Jenseits. Wir streichen Punkte ein, wir erwerben Privilegien, wir sammeln Macht. Wir verschreiben uns mit Leib und Seele der Aufgabe, die unmittelbare Zukunft zu organisieren, weil wir uns davon eine Belohnung für die ferne Zukunft versprechen. Diese Belohnung ist das ewige Leben. Hören wir, wie Ernest Becker das Bedürfnis der Menschheit nach Moral zusammenfaßt: «Reinheit, Gutsein, Rechtschaffenheit – so verschafft man sich die Macht, dem Tod ein Schnippchen zu schlagen. Durch das Streben nach Vollkommenheit erwirbt man sich das Recht auf besondere Privilegien, nicht nur in dieser, sondern auch in künftigen Welten.»[32]

Das Gute wird in jeder Kultur zur Ewigkeit in Beziehung gesetzt. Da ewiges Leben unser höchster Wunsch ist, ist es nur konsequent, daß wir es mit dem Guten in höchster Vollendung verbinden. Wir wollen gut sein, weil wir ein Teil der Ewigkeit werden wollen. Das Böse als den Gegensatz des Guten verknüpft man mit Vergänglichkeit, Weltlichkeit, Krankheit, Verfall und Tod: mit all den Dingen, die wir zu überwinden hoffen. In jeder Gesellschaft ist der Kampf zwischen Gut und Böse der Kampf zwischen Unsterblichkeit und Sterblichkeit. Das Gute ist die äußerste Waffe der Menschheit in ihrem Kampf um die Überwindung der Natur und der Grenzen, die diese setzt. Die Endlichkeit der Natur ist eine ständig quälende Erinnerung an unsere eigene Gefährdung. Kein Wunder, daß uns über lange Strecken der menschlichen Geschichte die Natur ein Gefühl großer Furcht eingeflößt hat und daß wir in der Natur eine Vielfalt böser Kräfte erblickt haben, die uns mit Schaden und Leid drohen. Eben durch ihre Vergänglichkeit und Endlichkeit weckt die Natur den Wunsch in uns, sie zu überwinden, sie zu besiegen. Sie wird zum Feind. Infolgedessen wird der Kampf zwischen Gut und Böse gleichbedeutend mit dem Kampf zwischen Mensch und Natur. Im Extremfall wird der höchste Triumph des Guten über das Böse zur vollständigen und totalen Überwindung dieser irdischen Welt. Um uns für das Unendliche zu reinigen und vorzubereiten, müssen wir unbedingt alle Spuren des Endlichen auslöschen. Deshalb fallen wir über unsere Umwelt her, verschlingen unsere Mitgeschöpfe und die Schätze der Erde – und das alles mit dem Anspruch, Gutes zu tun, die Welt von dem Bösen zu befreien. In Wahrheit indessen befreien wir die Welt vom Leben. Das Gute dient unserem Nihilismus als Maske. Es hat den Anschein, als seien wir entschlossen, auch noch die letzte Erinnerung an diese endliche Welt zu tilgen, in der Hoffnung, das schmerzliche Bewußtsein unserer eigenen Vergänglichkeit abzuschütteln. Moral ist der Triumphwagen, der die Menschheit in den Himmel entführt und eine Staubwolke der Zerstörung zurückläßt.

An dieser Stelle ist noch eine Bemerkung zu Naturbegriffen, vielleicht die verwirrendste von allen, nachzutragen. Unsere Kosmologien stellen die Natur weniger dar, als daß sie sie ablehnen. Dies ist so, seit der Abendländer begonnen hat, sich der «mechanischen Verfahren» zu bedienen, um die Welt nach seinem Bilde umzugestalten. Jede Kosmologie gibt sich als Erklärung des Naturgeschehens aus. In Wahrheit ist jede Kosmologie Ausdruck des übermächtigen menschlichen Verlangens, alles zu leugnen, was lebendig und endlich ist. Denn unsere Naturauffassung wird stark von unseren psychischen Bedürfnissen bestimmt, und diese Bedürfnisse verschwören sich gegen die Natur. Wir streben nach Unsterblichkeit, während die Natur sterblich ist. Uns verlangt nach Autarkie, während Beziehung das Wesen der Natur ausmacht. Wir bemühen uns um Distanz, während die Natur Teilhabe ist. Naturbegriffe teilen weniger über die Natur mit als über den zwanghaften Wunsch, ihren Klauen zu entkommen.

Wie sollte es auch anders sein? Wir erkennen Natur durch die Art und Weise, wie wir uns mit ihr auseinandersetzen, und wir setzen uns mit ihr auseinander, um sie in Besitz zu nehmen. Deswegen erfahren wir aus Kosmologien mehr darüber, wie Menschen die Natur «benutzen», als über die Natur selbst. Da unsere Beziehung zur Natur nach wie vor auf Ausbeutung beruht, werden unsere Kosmologien die Natur auch weiterhin in einer Weise zeichnen, die der Art entspricht, wie wir sie verschlingen.

Obwohl jede Kosmologie zu ihrer Zeit für unwandelbar erklärt wird, läßt man sie doch eines Tages entweder ganz fallen oder verändert sie so gründlich, daß sie sich den veränderten gesellschaftlichen Verhältnissen anpaßt. Deshalb sind Naturbegriffe so eng mit den alltäglichen Handlungsweisen einer Kultur verknüpft. Doch bekanntlich können qualitative oder gar katastrophale Veränderungen in der Umwelt das vorhandene Beziehungsmuster zwischen Menschen und ihrer Umgebung außer Kraft setzen. Dann bilden sich völlig neue Lebensformen aus. Über Nacht wird der alte Naturbegriff zum Gegenstand der Kritik, so daß er am Ende recht merkwürdig erscheint. Wenn sich dann ein neuer Begriff, der besser zu den veränderten Verhältnissen paßt, durchzusetzen beginnt, wird der alte Begriff zur Zielscheibe von Hohn und Spott, bis er schließlich völlig in Ungnade gefallen und nahezu vergessen ist.

Darwins Evolutionstheorie hat sich im großen und ganzen als sehr verträglich mit dem Industriezeitalter erwiesen. Sie hätte – auch in ihrer abgewandelten Form – kaum überleben und sich eines solchen Ansehens erfreuen können, wenn ihre Auffassungen in einem entschiedenen Widerspruch zu den Grundprinzipien des Industrialismus gestanden hätten. Doch was nun? Das Industriezeitalter hat seine Blütejahre hinter sich, wenn es nicht gar schon ins Greisenalter eingetreten ist. Wir schicken uns an, von einer Umwelt mit nichterneuerbaren Energieressourcen auf eine mit erneuerbaren umzusteigen. Dieser revolutionäre Wechsel der Umwelten führt bereits zur Entstehung neuer Technologien, neuer Institutionen und einer Neuordnung der sozialen Beziehungen. Wir treten aus dem Zeitalter der Pyrotechnik in das der Biotechnik ein. Zum erstenmal in der Geschichte sind die Menschen im Begriff, Einfluß auf das biologische Grundmuster des Lebens zu nehmen. Nicht zufällig beginnt die Debatte über Darwins Evolutionstheorie just in dem Augenblick zu schwelen, da wir die Schwelle zu einer neuen Epoche überschreiten – und es droht ein Feuersturm der Kontroversen, Beschuldigungen und Umwertungen.

Gegenwärtig gerät Darwins Theorie unter zunehmenden Beschuß sowohl innerhalb wie außerhalb des wissenschaftlichen Lagers. Kaum eine Woche vergeht, in der sich nicht eine Wissenschafts- oder Publikumszeitschrift zu Wort meldet, um ebenfalls zu zeigen, wo Darwin irrte. Während sich die Naturwissenschaftler und Soziologen auf die ziemlich trockene Debatte beschränken, die sich an der Darwinschen Evolutionstheorie entzündet hat, entgeht ihnen die wahre Bedeutung der Schlacht, deren Vorhutgefechte wir gerade erleben. Darwins Theorie in Frage zu stellen heißt, weit mehr in Zweifel zu ziehen als nur eine Theorie über den Ursprung und die Entwicklung der Arten. Tatsächlich geht es in der gegenwärtigen Debatte über Darwins Theorie um eine Lebensweise, um eine bestimmte Weise, sich zur Welt in Beziehung zu setzen.

Noch bevor wir alt genug sind, uns eine eigene Meinung zu bilden, bekommen wir einen Katechismus voller Darwinscher Sinnsprüche eingetrichtert. Man bringt uns bei, daß die Welt draußen ein gefährlicher und feindseliger Dschungel sei. Man erklärt uns, daß es eine Welt ist, in der «die Großen die Kleinen fressen», und daß unsere Existenz davon abhängt, besser als unseresgleichen für den Kampf ums Überleben gerüstet zu sein. Man macht uns glauben, daß ein bißchen Habgier natürlich sei und daß wir, wenn wir uns um unseren Eigennutz kümmern, zum Allgemeinwohl beitrügen. Man weist uns darauf hin, daß Veränderung unvermeidlich sei, daß sie aber kleinen, gemessenen Schrittes daherkommen müsse, nicht plötzlich und unerwartet. Man erzählt uns, daß der Zufall seine Hand überall im Spiel habe, daß aber der Erfolg nur denen gehöre, die die Gelegenheiten nutzten, wo sie sich böten. Bei dem geringsten Versuch, diese grundlegenden darwinistischen Dogmen in Frage zu stellen, schlägt man uns die vermeintliche Binsenweisheit um die Ohren, daß gegen die «menschliche Natur» nichts auszurichten sei.

Wir sind so daran gewöhnt, die Welt mit Darwins Augen zu sehen, daß es uns zutiefst widerstrebt, auch nur die Möglichkeit in Betracht zu ziehen, seine Vorstellungen könnten falsch sein. Aus diesem Grund werden Angriffe auf den Darwinismus, ganz gleich aus welcher Ecke sie kommen, im allgemeinen ungläubig, wenn nicht gar mit offener Feindseligkeit aufgenommen. Indessen werden solche Angriffe in den kommenden Jahren zweifellos immer häufiger erfolgen und schließlich den Sieg davontragen. Und Darwin wird nur noch ein Relikt, eine ferne Erinnerung an eine untergegangene Epoche sein. Um zu verstehen, warum das der Fall ist, müssen wir ein Stück detektivischer Arbeit leisten, das, was in der Wissenschaft soziale Rekonstruktion genannt wird. Wir müssen exakt herausfinden, warum diese Theorie zuerst von Darwin vorgebracht worden ist. Dabei werden wir feststellen, daß seine Eingebung der Eingebung, die andere große Denker seines Zeitalters beeinflußt hat, gar nicht so unähnlich war. Darwin hat nicht so sehr Wahrheiten der Natur entdeckt als allgemein akzeptierte Voraussetzungen der industriellen Ordnung, die er dann in die Natur projizierte. Ist es unter diesen Umständen überraschend, daß mit dem Untergang des Industriezeitalters auch der darwinistische Naturbegriff verschwinden soll? Unsere Lebensweise ist im Begriff, sich radikal zu verändern. Nicht anders ergeht es unserer Weltanschauung. Doch bevor wir uns mit dem befassen, was uns bevorsteht, müssen wir besser verstehen, was hinter uns liegt.

TEIL DREI

Darwins Vision

Ein Spiegelbild industriellen Bewußtseins

Es ist kein Geheimnis, daß Darwins Theorie immer wieder zur Rechtfertigung der verschiedensten politischen und wirtschaftlichen Ideologien und Interessen benutzt worden ist. Der Sozialdarwinismus wird seit mehr als hundert Jahren untersucht, analysiert und kontrovers diskutiert. In fast allen Auseinandersetzungen über ihn gilt die unausgesprochene Voraussetzung, daß die Theorie an sich eine uneigennützige, objektive und unparteiische Beschreibung von Naturvorgängen sei und durch keinerlei gesellschaftliche oder kulturelle Vorurteile verzerrt werde. Man geht davon aus, daß Darwin ein Naturgesetz entdeckt habe, daß nur von der Gesellschaft für politische Zwecke mißbraucht worden sei. Indessen beginnt jetzt eine neue Generation von Wissenschaftlern die Theorie selbst in Frage zu stellen, indem sie behauptet, sie sei ebenso von gesellschaftlichen Vorurteilen geprägt wie die Zwecke, für die man sie später benutzt habe.

Otto Rank meint, Darwins Theorie, das sei das englische Bürgertum, das in den Spiegel der Natur schaue und dort nichts als das eigene Verhalten entdecke.[1] Obwohl solche griffigen Parolen kaum das Vorwort eines Biologiewerks zieren werden, besteht kein Zweifel daran, daß auch Darwin ein Produkt seiner Zeit war und unter dem Einfluß der Vorstellungen und Gedanken stand, welche die viktorianische Landschaft bevölkerten. John C. Greene, ein Historiker der University of Connecticut, meint, natürlich habe «Darwin wie jeder andere Wissenschaftler die Natur, die menschliche Natur und die Gesellschaft mit den Vorstellungen betrachtet, die er von seiner kulturellen Epoche übernommen hat . . .»[2] In diesem Fall muß man, um Darwins Theorie der biologischen Evolution zu verstehen, die wirtschaftliche, gesellschaftliche und politische Umwelt verstehen, aus der er die Begriffe bezog, mit denen er seine «Schöpfung» so kunstvoll umrissen hat.

Darwins Leben fiel genau in die Jahre, in denen sich der Übergang von der Agrarwirtschaft zum industriellen Zeitalter des Kapitalismus vollzog. England befand sich an der vordersten Front der revolutionären Veränderungen, die einen Wandel des europäischen Wirtschaftslebens herbeiführten. Mit dem Vorsprung, den England gegenüber den kontinentalen Nachbarn hatte, hatte es auch ein besonders dringliches Bedürfnis nach einer neuen Kosmologie. Die verwirrende Fülle wirtschaftlicher Veränderungen, die Merry Old England, ein Land der Felder und Wiesen, in ein Land der Fabriken und Schlote verwandelte, verlangte nach einer Kosmologie, die ihr einen Sinn gab und ihr entsprach. John C. Greene fragt scherzhaft, warum «fast die Hälfte der Leute, die in den ersten Jahrzehnten des 19. Jahrhunderts den Gedanken der natürlichen Auslese vertraten, Engländer waren».[3] «Bedenkt man, wie international die Wissenschaft ist», schreibt Greene, so finde er es mehr als nur ein bißchen «merkwürdig, daß die Natur eines ihrer verborgensten Geheimnisse nur den Einwohnern Großbritanniens enthüllt haben soll.»[4] Natürlich ist Greene in Wahrheit keineswegs überrascht. Vielmehr teilt er die Auffassung des Biologen Alexander Sandow, der im *Quarterly Review of Biology* schreibt: «Der Darwinismus entstand zu dem Zeitpunkt und an dem Ort der stärksten Ausbreitung des Kapitalismus.»[5] Zwar werden solche Bemerkungen den meisten standesbewußten Naturwissenschaftlern erheblich gegen den Strich gehen, doch viele Historiker können sich schwer vorstellen, daß Entstehung und Anerkennung der Evolutionstheorie und der Aufstieg des Industriekapitalismus nur zufällig zeitlich und geographisch zusammenfallen. Da erscheint ihnen Greenes Schlußfolgerung wahrscheinlicher, daß nämlich «die englische Volkswirtschaft mit ihrem Grundsatz vom wirtschaftlichen Überleben des Stärkeren und das allgemeine englische Konkurrenzethos die Neigung schufen, alle Theorien am Wettbewerbsprinzip auszurichten, ganz gleich ob es um Pflanzen und Tiere oder um Menschen ging».[6]

Die wirtschaftlichen Veränderungen, die in der ersten Hälfte des 19. Jahrhunderts in England und auf dem Kontinent stattfanden, waren umwälzender und weiterreichend als irgendein anderer Wandel, den die Menschheit seit Aufkommen einer systematisch betriebenen Landwirtschaft und seit Entstehen der sumerischen Stadtstaaten erlebt hatte. Nach Jahrtausenden bäuerlicher Existenz brach die Menschheit zu neuen Ufern auf. Millionen verließen die Pflüge und die Felder, die seit unvordenklichen Zeiten im Besitz ihrer Familien waren. Sie rafften ihre kümmerliche Habe zusammen und zogen aus dem Sonnenlicht in die düsteren Fabrikhallen, wo sie sich an das neue Werkzeug, die Industriemaschine, ketteten. Nachdem sie Tausende von Jahren auf offenen Feldern unter der Sonne gearbeitet hatten, geduldig darauf wartend, daß sie sie in ihrer magischen Energie bade, schaufelten sie nun mit gekrümmten Rücken gespeicherte Sonne in gigantische Hochöfen, die Gesichter rotglühend im Widerschein der Energie, die aus den kleinen Päckchen gespeicherter Sonne freigesetzt wurde. Nun, da die Menschen sich der Kohle bedienten, brauchten sie nicht mehr zu warten. Ihre Sonne kam nun von tief unten aus der Erde. Zum erstenmal in der Geschichte wartete die Sonne auf die Menschen, damit man sie heraushole, umwandle und nutzbar mache.

Der Übergang von der Agrarwirtschaft zum Industriekapitalismus ist gleichbedeutend mit dem Wandel unserer Energiebasis vom Sonnenlicht zum Sonnenspeicher. Bis zu diesem Zeitpunkt war das menschliche Dasein bestimmt von der Sonnenbahn. Biologisch programmiert, in Einklang mit den Zyklen der Natur zu leben, konnten sich die Menschen nie sehr weit von dem gleichmäßigen und unveränderlichen Rhythmus der Sonne lösen. Mit der Entdeckung und Nutzbarmachung gespeicherter Sonne überwand die Menschheit diese Schranken. Die Menschen konnten nun auf einen Vorrat gespeicherten Feuers zurückgreifen und mit ihm das Erdinnere erhitzen, so daß sich der Stoff unseres Planeten in ein Füllhorn wirtschaftlichen Nutzens verwandelte. Durch Abbau und Verwertung jenes Vorrats an Sonnenenergie, der in Jahrmillionen gespeichert wurde, beschleunigte die Menschheit das Tempo ihres Wirtschaftslebens erheblich.

Die Sonne ist der Quell allen Lebens. Sie ist der Energielieferant, der die Materie zum Leben erweckt. Sie sorgt für Mutation und Veränderung. Die Sonneneinstrahlung ist praktisch konstant. Ihre Regelmäßigkeit gewährleistet eine stetige Bewegung in der Natur. Die Verwendung gespeicherter Sonne hat hingegen ganz andere Folgen. Sie wird vom Menschen konzentriert und selektiv genutzt. Sie kann auf einem begrenzten Gebiet alle Abläufe in einer Weise beschleunigen, die bei steter Sonnenstrahlung allein nie möglich wäre. Gespeicherte Sonne kann also dazu verwendet werden, Bewegung jeder Art beträchtlich zu beschleunigen. Und genau das geschah, als man sie mit Hilfe einer neuen Maschine, der Dampfmaschine, umzuwandeln begann. Das Industriezeitalter ist gekennzeichnet durch eine rasante Beschleunigung der Bewegung und raschere Abläufe in allen Lebensbereichen. Diese allgemeine Beschleunigung führte zu einem steten Zustrom an Neuem, der ein höheres Maß an Voraussicht und Planung erforderte, als der Menschheit jemals zuvor abverlangt worden war. In dem Maße, wie der Mensch die Kräfte seines Verstandes anstrengte, um diese neue Wirklichkeit zu verarbeiten, dehnte er auch seine Naturbegriffe aus, um sie dem erweiterten zeitlichen Horizont anzugleichen, für den sie jetzt zu gelten hatten. Diese fundamentale Veränderung von Zeit und Raum bestimmte die neue wirtschaftliche Umwelt und führte zum allmählichen Verfall der thomistischen Kette des Seins und ihrer Verdrängung durch die Evolutionstheorie, die von Darwin und seinen Zeitgenossen entwickelt wurde. Robert Young von der Cambridge University schreibt: «Die erste [Kosmologie] war einer relativ statischen Landwirtschaft auf den Leib geschneidert, während die andere für eine sich rasch verändernde Industriegesellschaft entwickelt wurde.»[7] Bevor wir uns mit den veränderten kosmologischen Aspekten selbst beschäftigen, mag es nützlich sein, noch einen Blick auf die vielen äußerlichen Veränderungen des britischen Wirtschaftslebens zu werfen, die Darwin zu seinen Überlegungen anregten.

Darwin wurde am 12. Februar 1809 in Shrewsbury geboren. Den ersten Entwurf seiner Theorie der Evolution durch natürliche Auslese fertigte er im Jahre 1842 an. In den dazwischenliegenden Jahren erlebte er die radikale Umgestaltung des englischen Wirtschaftslebens. Es waren turbulente Zeiten. Der durchschnittliche Engländer mußte den Eindruck haben, daß die ganze Welt verrückt geworden war. Der alte agrarische Schoß gebar eine neue Wirtschaftsordnung, und die Wehen waren heftig. Zum Aufbau der industriellen Infrastruktur waren große Mengen an Kapital und billigen Arbeitskräften erforderlich. Ein paar machten mit der Geburtshilfe für das Maschinenzeitalter ein Vermögen. Für die meisten waren diese Jahrzehnte eine Zeit der Opfer und des entsetzlichen Leids. Während die Masse beim Bau der Fabriken, Maschinen und Eisenbahnen verschlissen wurde, wurden die Profite von der aufsteigenden bürgerlichen Klasse der Unternehmer in vorteilhafter Gemeinsamkeit mit der älteren, begüterten Klasse des englischen Adels eingestrichen. Eine Gestalt in Disraelis Roman *‹Sybil›* beschreibt das viktorianische England als «zwei Nationen, zwischen denen es keinen Verkehr und keine Sympathie gibt . . . die Reichen und die Armen».[8]

Der britische Historiker Richard D. Altick von der Ohio State University meint: «Die Kluft verbreiterte sich Jahr für Jahr, und die Suche nach Mitteln, sie zu verringern, war die größe Aufgabe der Zeit.»[9] Es gab einfach keinen Präzedenzfall für das, was sich dort zutrug, keine Möglichkeit, sich an die Tradition zu halten, denn das, was geschah, war aller bisherigen Menschheitserfahrung zutiefst fremd. Millionen von Männern, Frauen und Kindern wurden über Nacht obdachlos. Sie waren die Flüchtlinge einer Wirtschaftsordnung, die nach 1500 Jahren plötzlich zusammenbrach. Aus einer ländlichen Umwelt mit strohgedeckten Katen und kleinen Dörfern kommend, die noch eine verblüffende Ähnlichkeit mit ihren jungsteinzeitlichen Ursprüngen aufwies, sahen sie sich plötzlich von Teer und Beton umgeben, von den aneinandergedrängten Blöcken von Behelfsunterkünften, von qualmenden Schloten, die schwarzen Rauch in den Himmel spieen, dem betäubenden Lärm von Kolben und Rädern. Es war eine Welt, die durch Welten getrennt war von allem, was das menschliche Auge bis dahin erblickt hatte.

Die Menschenmassen strömten aus den ländlichen Gebieten herbei, um die Riesenmaschinen der Kapitalisten zu bauen und zu bedienen und um unter dem unaufhörlichen Zwang zur Produktionssteigerung Erniedrigung und Knechtschaft zu erleiden. «Schneller und schneller, unaufhörlich ... blind ... so setzte die industrielle Revolution der landwirtschaftlichen Ordnung des 18. Jahrhunderts ein Ende ... Arbeiter ballten sich wie Bienenschwärme in den Gebieten, in denen Eisen, Kohle und andere Bodenschätze unter der Erde lagerten ...»[10]

Diese Jahre waren auch die Epoche des Aufstiegs der modernen Großstadt. Wie Riesenmagneten zogen die neuen Städte aus Eisen und Stahl die verstreuten Trupps der Bauern und Landarbeiter an und versammelten sie dort in Mengen, die alle historischen Maßstäbe sprengten. Bei Richard Altick heißt es: «Die Bevölkerung der wichtigsten industriellen Ballungsgebiete Manchester, Leeds, Bradford, Birmingham, Liverpool und Sheffield nahm allein in dem Jahrzehnt von 1821 bis 1931 um fünfzig Prozent zu.»[11] A. F. Weber, ein anderer namhafter Historiker, kommt zu dem Ergebnis, daß die Bevölkerungskonzentration in den Großstädten «die bemerkenswerteste Erscheinung des Jahrhunderts war».[12]

Niemand hat das industrielle Zeitalter geplant. Es passierte einfach, und das mit einer so blitzartigen Geschwindigkeit, daß niemand recht wußte, wie darauf zu reagieren sei. Deshalb, so der Philosoph und Historiker Edward Manier, «war vielleicht kein Abschnitt in der englischen Geschichte so spannungsreich»[13] wie diese Periode von 1830 bis Ende der vierziger Jahre. Dazu Manier: «Das reale Pro-Kopf-Einkommen fiel zum erstenmal seit 1700. Die verschlechterte Ernährungssituation führte bei den Armen zu Hunger und Hoffnungslosigkeit.»[14]

Es ist schwer zu entscheiden, was schlimmer war: die neuen Arbeitsbedingungen in den Fabriken oder die Lebensbedingungen in den Großstadtslums – genauer: die Schlafbedingungen, denn die meisten Menschen verbrachten die Stunden, die sie wach waren, an den Maschinen. Männer, Frauen und Kinder waren gezwungen, sechzehn Stunden am Tag an sechs Tagen in der Woche zu arbeiten, und das unter schlechtesten, extrem gesundheitsgefährdenden Bedingungen. «Sie waren taub vom Lärm der Dampfmaschinen und der klappernden Mechanik, und sie waren einer Luft ausgesetzt, die nicht nur voller Staub war, sondern sich auch infolge fehlender Ventilation auf über dreißig Grad erhitzte. Die Arbeiter wurden von strengen Aufsehern zu maximaler Leistung angetrieben und mit Geldstrafen belegt, wenn sie Waren verdarben, eindösten, aus dem Fenster sahen oder sich andere Versäumnisse zuschulden kommen ließen, von der ständigen Gefährdung durch ungesicherte Wellen, Riemen oder Schwungräder ganz zu schweigen. Industriekrankheiten und Leiden, die einfach durch das enge Zusammenleben vieler ungewaschener, chronisch kranker menschlicher Leiber verursacht wurden, führten gemeinsam mit den Unfällen zu Invalidität und Tod.»[15]

Die Fabriksirenen brachten wenig Erleichterung für diese ersten Opfer des Industriezeitalters. Bis zur äußersten Grenze ihrer körperlichen Leistungsfähigkeit beansprucht, zogen sich die Arbeiter in die düsteren, fensterlosen Elendsquartiere zurück, in denen sich nicht selten sieben oder acht Menschen ein Bett teilten. Oft fehlten die einfachsten sanitären Einrichtungen. Abfälle und menschliche Exkremente wurden in offene Gräben gekippt, die in die Wohnbezirke sickerten. Häufig war der Gestank unerträglich. Die Verschmutzung durch Industrieabwässer und Privathaushalte bildete eine so dichte Schicht auf den Gräben, daß «Landvögel auf der Oberfläche sitzen konnten».[16] In all dem Schmutz schienen nur Krankheiten zu gedeihen. Laut Krankheitsstatistik sind in einem einzigen Jahr 16 437 Menschen an Typhus und Cholera gestorben. Die Jüngsten traf es am schlimmsten. «Jeder zweite in der Stadt geborene Säugling starb vor dem fünften Lebensjahr.»[17]

Das Elend der Großstadtslums stand in scharfem Kontrast zum Wohlstand der Unternehmerklasse. Es war eine Zeit, in der viele Vermögen anhäuften. Den offiziellen Verzeichnissen wichtiger Persönlichkeiten wurden neue Namen hinzugefügt, als das aufstrebende Bürgertum Anspruch auf Ansehen und Status in der englischen Gesellschaft erhob.

Der neue Typus des Selfmademan unterschied sich in einer sehr entscheidenden Hinsicht vom adligen Grundbesitzer, der lange Zeit das Wirtschaftsleben der Nation bestimmt hatte. Letzterer hatte vom Erbe seiner Väter gelebt und finanziellen Nutzen aus den Besitztümern gezogen, die seine weniger zart besaiteten Vorfahren erbeutet hatten. Er war Angehöriger einer Rentiersklasse, die tief verwurzelt war in der Tradition der Landbesitzer. Gestützt auf die Tradition und unterstützt von der Militärmacht der Monarchie, konnten sie von Generation zu Generation Steuern in Gestalt von Pacht erheben, wobei die Kleinbauern wenig Fragen stellten und schon gar nicht die Macht der Grundherren in Zweifel zogen. Der Wohlstand des Landadels stammte aus dem Grundbesitz, aus der Landwirtschaft und aus der schweren Arbeit der Kleinbauern, die einen Großteil ihrer Überschüsse für das «Vorrecht» abführten, Land pachten zu dürfen, um Feldfrüchte anzubauen und ihr Vieh zu weiden.

Auch der Wohlstand der neuen bürgerlichen Unternehmerklasse beruhte auf der Arbeit des Volkes. Doch ihre Arbeitskräfte waren die Angehörigen des Industrieproletariats. Statt Nahrungsmittel anzubauen, stellten sie dauerhafte Waren her. Dem Industrieunternehmer standen Kaufleute, Händler und Angehörige akademischer Berufe zur Seite. Zusammen schufen sie neue Märkte und neue Dienstleistungen.

Und wie so oft in der Geschichte sah die herrschende Klasse ihre Macht plötzlich in Frage gestellt. Das hatte zur Folge, so Altick, daß es «auf der einen Seite die eng verbundenen Aristokratie und Gentry gab, die wie seit Jahrhunderten von den Erträgen ihrer Güter lebten, und auf der anderen Seite eine aufstrebende Mittelschicht und eine zahlenmäßig überlegene Arbeiterklasse, deren Lebenshintergrund mehr und mehr von völlig neuen Produktionsweisen und Wirtschaftsformen geprägt wurde. Die Grundbesitzer waren natürlich bestrebt, an ihren ererbten Stellungen und Vorrechten festzuhalten. Ebenso verständlich war es, daß die Mittelschicht und die Arbeiter ein politisches Mitspracherecht verlangten, das ihrem wachsenden Beitrag zum nationalen Wohlstand entsprach.»[18]

Von links ertönte der Ruf nach Reformen und auf der anderen Seite die Forderung, am Althergebrachten festzuhalten. Die Lage spitzte sich zu, als 1840 eine verheerende Wirtschaftskrise die Gemüter in allen politischen Lagern erhitzte.

Von blutiger Revolution war die Rede. Die Menschen organisierten und bewaffneten sich, Fraktionen kämpften um Positionen, man ging neue Bündnisse ein – und plötzlich war alles wie ein böser Spuk vorbei. «Die Politik verfiel in einen Dornröschenschlaf», heißt es bei einem Historiker.[19] England hatte das heftigste politische Unwetter seiner Geschichte überstanden und glitt nun in ruhigere Gewässer. Die Wende hatte es allerdings keineswegs dem Geschick seiner Politiker zu verdanken. Nicht politische Vernunft hatte sich durchgesetzt, sondern der Kapitalismus war endlich flügge geworden. Nachdem er Jahrzehnte hindurch hochgepäppelt werden mußte, konnte der industrielle Kapitalismus nun auf eigenen Füßen stehen. Sein Appetit war unstillbar, und seine Großzügigkeit reichte zumindest aus, um die ausgestreckten Hände und leeren Mägen der englischen Bürger zu füllen. Das Geld lag auf der Straße.

Die fünfziger und sechziger Jahre des vorigen Jahrhunderts waren Jahrzehnte des Aufschwungs. Die englische Exportrate stieg zwischen 1850 und 1856 rascher als in irgendeinem anderen Zeitraum in der Geschichte des Landes.[20] Die Beschäftigung nahm zu, desgleichen die Löhne, wenn auch nicht so rasch wie die Profite. Doch die «Brotkrumen» vom Tisch der Reichen reichten aus, um die Arbeiterklasse zu beschwichtigen, zumindest zum damaligen Zeitpunkt. England wurde zum Symbol des industriellen Zeitalters und zum beneideten Vorbild aller europäischen Nationen. Und es war so weit gekommen ohne Bürgerkrieg oder gewaltsame Revolution. Die Arbeiter wurden einfach von dem neuen Wohlstand bestochen, so daß die Armen keine Bundesgenossen mehr hatten, die mit ihnen für ihre Rechte kämpften. Die Unternehmerklasse ihrerseits verzichtete auf einen Großteil ihrer politischen Zielsetzungen, als sie von der traditionellen Aristokratie akzeptiert wurde, die sie zuvor bekämpft hatte. Dies ist vielleicht der merkwürdigste Aspekt des englischen Wirtschaftswandels und verdient ein paar Worte der Erläuterung.

Zwar hatte die neue bürgerliche Klasse den adligen Grundbesitzern oft genug ihre unproduktive Lebensweise vorgeworfen, kannte aber dennoch keinen größeren Wunsch, als die elegante Lebensart des Adels nachzuahmen, die ein Teil seines ererbten Wohlstands war. Die Gentry ihrerseits hielt es nicht für unter ihrer Würde, einen schnellen Profit auf dem Markt zu machen und zog, wie der Historiker Martin J. Wiener darlegt, einen «wachsenden Anteil ihrer Einkommen aus Eisenbahnen, Bergwerken und städtischen Grundstücken»[21]. So übernahm die bürgerliche Klasse den kulturellen Stil der Gentry und diese die wirtschaftlichen Praktiken des Bürgertums. Das politische Ergebnis war, so Wiener, politische Annäherung statt gesellschaftliche Umwälzung.

Charles Darwin

Sechs lange Jahrzehnte hindurch erlebte Charles Darwin dieses historische Schauspiel als unbeteiligter Zuschauer. Als geborener Beobachter nahm er wahr, was geschah, machte sich Aufzeichnungen und dachte nach. Wie seine Zeitgenossen war er bestrebt, sich einen Reim auf die neu entstehende Welt zu machen.

Wo er hinsah, waren die Dinge im Fluß. Die Engländer veränderten ihre Umwelt und sich selbst in atemberaubendem Tempo. Wer hätte noch eine Generation zuvor geglaubt, daß man eines Tages Nachrichten über Drähte würde senden können, die Hunderte von Kilometern in Sekundenschnelle zurücklegen. Wenn schon der Telegraph ein Anlaß des Staunens war, die Eisenbahn war es in noch höherem Maße. Man stelle sich eine Maschine vor, die mit der Kraft des eigenen Dampfes einen eisernen Schienenstrang mit einer Geschwindigkeit entlangfährt, wie sie noch kein

Mensch erlebt hatte. Nach allem, was wir wissen, konnte ein Engländer durchaus den Eindruck gewinnen, daß sich die Menschheit zum erstenmal in ihrer Geschichte zur Eroberung von Zeit und Raum anschickte und die Kräfte der Natur ein für allemal unter ihre Kontrolle brachte.

Darwin war zweifellos beeindruckt. Englische Erfindungsgabe war in englische Technologie übersetzt worden, und gemeinsam waren sie dabei, die Welt neu zu erschaffen, wenn nicht in sechs Tagen, so doch zumindest in sechs Jahrzehnten. Auf die Frage, was England damals war, hätte sich Darwin wohl Samuel Smiles Beschreibung angeschlossen, der die Insel schilderte als eine gewaltige zischende, stampfende Maschine, die eine neue, dauerhaftere mechanische Welt ausspie. Überall war die Rede von mechanischen Erfindungen, und überall gaben mechanische Erfindungen der Welt ein neues Gesicht. Die Maschine beschäftigte Verstand und Phantasie der Menschen dieses Zeitalters. 1851 fand die erste Weltausstellung in London statt. Sie hieß *Great Exhibition of the Works of Industry of All Nations*, und in dem riesigen Kristallpalast aus Eisen und Glas waren mechanische Erfindungen aller Art ausgestellt. Die ganze Welt war eingeladen, die Symbole eines neuen Zeitalters zu betrachten und zu bestaunen.

Wenn die Maschine die materielle Verkörperung des Zeitalters war, so war der Kampf um das Überleben und den wirtschaftlichen Gewinn der Geist, von dem es bestimmt war. Jeder kämpfte um einen Zipfel des neuen Reichtums. Hinter dem literarischen Bild des korrekten englischen Gentleman und des einfachen, loyalen englischen Arbeiters verbargen sich Abgründe von Haß und Feindseligkeit. Alles hastete vorwärts, schlug aufeinander ein, kratzte und stieß sich, trampelte nieder, was sich in den Weg stellte, um mit dem immer rascheren Tempo der Maschinen Schritt zu halten und um einen Teil ihrer Erträge in die eigene Tasche zu wirtschaften. Die Errungenschaften und Erregungen des Zeitalters gingen an Darwin nicht spurlos vorüber – im Gegenteil: Die besondere Faszination der Darwinschen Kosmologie lag gerade darin, daß sie sich dem Zeitalter so reibungslos anpaßte, wie ein gutgeöltes Kugellager einem mechanischen Gelenk. Dazu der Biograph Geoffrey West: «Im Maschinenzeitalter entwarf er ein mechanisches Konzept des organischen Lebens. Er zog eine Parallele zwischen dem menschlichen Überlebenskampf und dem natürlichen Überlebenskampf. In einer auf Erwerb und Vererbung gegründeten Gesellschaft beschrieb er Erwerb und Vererbung als wichtigste Voraussetzungen des biologischen Überlebens.»[22]

Nach Durchsicht der vielen Darwinschen Notizhefte, Tagebücher und Veröffentlichungen gelangt der objektive Betrachter zu einem zwingenden Schluß: Darwin hat die Natur mit einem englischen Charakter ausgestattet, hat ihr englische Motive und Antriebe untergeschoben und sie sogar mit einem englischen Markt und der englischen Regierungsform ausgerüstet. Wie andere vor ihm hat er aus der Kultur seines Volkes die geeigneten Metaphern entliehen und sie auf die Natur übertragen, wodurch seine neue Kosmologie eine bemerkenswerte Ähnlichkeit mit den Verhältnissen bekam, in denen er sich tagtäglich bewegte. Rühmend sagte man ihm nach, daß er die Geheimnisse der Natur enthüllt habe – dabei wäre man der Wahrheit näher gekommen, hätte man ihn dafür gelobt, daß er ein satirisches Bild der englischen Geistesverfassung beim Eintritt ins Industriezeitalter entworfen habe. Ein Blick auf den Menschen und seine Theorie wird uns zeigen, wie dieser bislang letzte Beitrag zur Galerie der kosmologischen Porträts entstanden ist.

Sehr bürgerlich! So wird Charles Darwin von Historikern im allgemeinen charakterisiert. Über seine Herkunft schreibt West, daß die Familie mütterlicher- wie väterlicherseits «in der Mittelschicht verwurzelt war, sich umsichtig und stetig vom Bauernstand zum gehobenen Bürgertum emporgearbeitet hat, die Mitglieder in der Regel hartnäckige Individualisten, Menschen von ernsthafter, ja feierlicher Geistesart, unabhängig in ihrer Meinung, nicht uninteressiert an kulturellen und religiösen Fragen, aber entschlossen, ihren Weg auch unter widrigsten Bedingungen zu machen.»[23]

Nach eigenen Zeugnissen hat Darwin eine angenehme, wenn auch keineswegs auffällige Kindheit verbracht. Er war ein ziemlich durchschnittliches englisches Mittelschichtskind, das kaum darauf schließen ließ, daß es eines Tages die Welt umkrempeln würde. Es sind keinerlei auffällige geistige Anlagen bekannt – im Gegenteil: Er lernte durchschnittlich, wenn nicht gar langsam. Sein Vater war sogar eine Zeitlang besorgt, es könnte ihm an den intellektuellen Voraussetzungen fehlen, einen akademischen Beruf zu ergreifen. Als Junge bewies Darwin «wenig Bereitschaft und Fähigkeit, abstrakte Prinzipien zu erfassen»[24], und nach Meinung seiner zahlreichen Biographen «nahm er die Wertvorstellungen seiner Umgebung auf, wie er sich die Grundgedanken der ‹Zoonomie›* aneignete – unbewußt».[25]

In seiner Autobiographie erinnert sich Darwin an zwei interessante Dinge aus seiner Kindheit. Zunächst kommt er auf eine gewisse Neigung zu Schelmenstreichen zu sprechen: «Ich will hier auch bekennen, daß ich als kleiner Junge sehr geneigt war, unwahre Geschichten zu erfinden, und zwar geschah dies immer zu dem Zwecke, Aufregung hervorzurufen ... Ich erzählte [zum Beispiel] einem andern kleinen Jungen ... daß ich

* Buch des Großvaters, in dem einige Gedanken der Evolutionstheorie vorweggenommen sind *(A. d. Ü.)*.

verschieden gefärbte Polyanthus und Primeln dadurch hervorbringen könne, daß ich sie mit gewissen farbigen Flüssigkeiten begösse, was natürlich eine schauerliche Fabel und niemals von mir versucht worden war.»[26]

Außerdem habe er große Freude am «Sammeln» gefunden, und schon sehr früh sei dieser Hang deutlich hervorgetreten. Über dieses ausgeprägte Interesse schrieb Darwin später: «Die Leidenschaft für das Sammeln, welche den Menschen dazu führt, ein systematischer Naturforscher, ein Virtuose oder ein Geizhals zu werden, war sehr stark bei mir und war offenbar angeboren, da keines meiner Geschwister, weder mein Bruder noch meine Schwester, je diese Neigung gehabt hat.»[27]

Nach der Schulzeit an einer Public School, Studienjahren in Cambridge und der berühmten Seereise mit der *Beagle* heiratete Darwin und ließ sich in dem kleinen Dorf Downe nieder, wo er ein recht zurückgezogenes Leben führte. Zwischen etwa vierzig Landhäusern und einer winzigen Kirche lebte er dort friedlich mit seiner Familie. Darwin erklärte, er habe «nie an einem Ort von vollkommenerer Ruhe geweilt».[28] Hier, weitab vom geschäftigen Lärm Londons, inmitten der heiteren Stille der Bauerngärten, schrieb Darwin seine Version vom Anfang der Welt nieder. Eines der Paradoxa in Darwins Leben, so schreibt Geoffrey West, sei es gewesen, «daß er zwar in großer Zurückgezogenheit lebte, zumindest stets unbehelligt vom industriellen Kampf, der seine Zeit charakterisierte, daß seine Theorie indessen vom Geist des Jahrhunderts nicht zu trennen ist und ihn exemplarisch zum Ausdruck bringt».[29]

Doch das war nicht das einzige Paradox. Obwohl ein Kernstück seiner Theorie vom Ursprung und der Entwicklung der Arten das Überleben der am besten angepaßten, der lebenstüchtigsten Individuen war, wurde er derart von chronischer Krankheit geplagt, daß davon jeder Aspekt seines Lebens überschattet wurde. Die Historikerin Gertrude Himmelfarb resümiert: «Leiden war das Leitmotiv in Darwins Leben, so gewiß wie die Wissenschaft sein Leitprinzip war. Ein Grundzug seines Lebens war, wie sich sein Sohn später erinnerte, ‹daß er nahezu vierzig Jahre hindurch nicht einen Tag lang die Gesundheit gewöhnlicher Menschen kennenlernte und daß sein Leben infolgedessen ein ununterbrochener Kampf gegen die Mühsal und Last der Krankheit war›.»[30]

Die Ironie der eigenen Situation blieb Darwin durchaus nicht verborgen. Beim Nachsinnen über seine ständige Krankheit und Hinfälligkeit meinte er einmal: «Es hat mich eine bittere Entsagung gekostet, die Überzeugung zu gewinnen, daß der ‹Wettlauf nur für die Starken› ist und daß mir vermutlich nicht viel mehr bleibt, als die Fortschritte anderer in der Wissenschaft zu bewundern.»[31] Übelkeit, Magenverstimmungen,

Schwindelanfälle, Herzklopfen und allgemeine Erschöpfungszustände gehörten so sehr zu Darwins Leben, daß sie zu seiner normalen Verfassung wurden. «Viele meiner Freunde halten mich, glaube ich, für einen Hypochonder.»[32] Ob sie das taten oder nicht und ob es zutraf oder nicht – jedenfalls ist dies ein Aspekt seines Lebens, der Biographen und Psychologen gleichermaßen fasziniert. Über Darwins Gemüts- und Körperverfassung wird wohl auch die künftige Forschung keine weiteren Aufschlüsse geben. Doch sicherlich darf man, wie Darwin selbst, annehmen, daß seine Anschauung und bis zu einem gewissen Grad auch seine Vorstellungskraft nicht unbeeinflußt blieb von der ständigen Krankheit.

Eine nicht geringere Ironie lag darin, daß der Mann, der dem Gedanken vom Überlebenskampf in der Natur zu solcher Popularität verholfen hat, nie im entferntesten zu kämpfen hatte, um das eigene Überleben zu sichern. Darwin hat sich nie seinen Lebensunterhalt verdient, sondern hatte während seines ganzen Erwachsenendaseins ein recht bequemes Auskommen mit der Erbschaft, die ihm sein Vater hinterlassen hatte. Nach Himmelfarb verspürte Darwin «ein Schuldgefühl, weil er für seinen Unterhalt nicht durch eigene Arbeit aufkam, und ein heftiges Gefühl der Unzulänglichkeit, weil er nicht dazu in der Lage war».[33] Ja, schon die Vorstellung, sich seinen Lebensunterhalt verdienen zu müssen, «erschien ihm so entsetzlich, so abwegig, daß er es für undenkbar hielt, irgend jemand, der ihm nahestand, könnte dazu fähig sein, schon gar kein Darwin, der seine eigene konstitutionelle Schwäche geerbt haben mußte».[34] Offensichtlich war sein Bruder Erasmus der gleichen Meinung, denn er bemerkte einmal: «Die Aussichten stehen schlecht, daß irgend jemand in unserer unglücklichen Familie für eine ständige Arbeit tauglich ist.»[35]

Dies also ist der Mann, der einem Zeitalter den ihm gemäßen Ausdruck verlieh, der einen gewaltigen kosmologischen Entwurf lieferte, welcher der industriellen Kultur als Richtschnur (und Rationalisierung) diente. Ein Mann, der sich nie an dem von ihm beschriebenen Kampf beteiligte, dessen Gesundheitszustand so schlecht war, daß er für sein physisches Überleben aus eigener Kraft nicht zu sorgen vermochte. In gewissem Sinne könnte man behaupten, Darwin sei gerade aufgrund seiner Mängel am «tauglichsten» gewesen, den Gedanken von der natürlichen Auslese und vom Überleben der tauglichsten, das heißt der am besten angepaßten Individuen in der Natur vorzubringen. Das wäre überzeugend, würde man Kosmologien als Ausdruck der privatesten Hoffnungen, Erwartungen, Wünsche und Bedürfnisse von Menschen verstehen. Doch Darwin brachte die Überzeugungen seiner Zeit zum Ausdruck, und diese Überzeugungen hatten, wie wir sehen werden, weit weniger mit Naturvorgängen zu tun als mit den Vorgängen in der Gesellschaft und der Arbeitswelt seiner Zeit.

Künstliche und natürliche Zuchtwahl

Der Evolutionsgedanke lag seit Jahrzehnten in der Luft. Darwin ließ ihn konkrete Gestalt annehmen und machte durch ein paar sehr griffige Metaphern aus einer müßigen Spekulation eine ernstzunehmende Lehre.

Darwin beobachtete, wie die Menschen auf natürliche Vorgänge einwirkten, und schloß daraus auf die Vorgehensweise der Natur selbst. Ausgangspunkt seiner Beobachtungen waren die revolutionären Veränderungen der landwirtschaftlichen Techniken. In den fünfziger Jahren des 18. Jahrhunderts begannen die Engländer ihr Landwirtschaftssystem gründlich zu überholen. Unter dem Zwang, eine wachsende Bevölkerung zu ernähren, wurde eine Vielzahl struktureller und technischer Reformen durchgeführt. Die seit dem frühen Mittelalter herrschende Allmendewirtschaft wurde abgeschafft. Das Parlament verabschiedete eine Reihe von Gesetzen, in denen Gemeindeland in Privateigentum umgewandelt wurde. Im 18. und 19. Jahrhundert «wurden rund zweieinhalb Millionen Hektar englischer Landschaft in ein streng geometrisches Schachbrett quadratischer Felder verwandelt, die von Knicks aus Weißdorn und Esche eingefaßt wurden».[36] Die Landwirtschaftsreformer brachten ihre Begeisterung mit dem Motto «Laßt zwei Grashalme wachsen, wo vorher einer war» unter das Volk.[37] Parallel zu den großen Fortschritten in der Landwirtschaft zeigten sich neue Entwicklungen in der Viehzucht, und auf diese Entwicklungen richtete Darwin seine Aufmerksamkeit.

Vor 1750 gab es in der englischen Viehwirtschaft keine oder nur wenige gezielte Zuchtmaßnahmen. In den sechziger Jahren des 18. Jahrhunderts begann Robert Bakewell «mit der systematischen Verbesserung von Schafen, Ochsen und Pferden und konnte schon bald die berühmten Züchtungen des Leicesterschafes und des Dishleyrindes vorstellen».[38] Mit der Verfeinerung der Züchtungstechniken ging man von Tieren zu Pflanzen über, so daß die künstliche Zuchtwahl zu einem Kernstück des neuen, unter wirtschaftlichen Gesichtspunkten betriebenen Ackerbausystems wurde. Durch künstliche Zuchtwahl konnten die englischen Bauern die Qualität und Produktivität ihrer domestizierten Tiere und Pflanzen erheblich verbessern, und bessere Qualität drückte sich natürlich in größeren Gewinnen aus.

Darwin war von den Erfolgen der Züchter fasziniert. Überzeugt davon, daß ihren Techniken mancher Hinweis auf die Vorgänge in der Natur zu entnehmen sei, sammelte er Daten über jeden Aspekt dieser Kunst. Wie er später berichtete, hat er geahnt, daß «durch Sammeln aller Tatsachen, die in irgendeiner Weise mit der Variation der domestizierten Tiere und Pflanzen zu tun hatten . . . etwas Licht auf den gesamten Gegenstandsbereich [die Entstehung der Arten] geworfen werden könnte».[39] 1837 wurde er Mitglied verschiedener Züchterverbände. Während der folgenden fünfzehn Monate beobachtete er, führte Gespräche und machte sich umfangreiche Aufzeichnungen – all das in dem Bestreben, den Prozeß der künstlichen Selektion besser zu verstehen. Zwei Dinge fesselten seine Aufmerksamkeit. Erstens, die Domestikation begünstigte eine größere Variation innerhalb einer Art. Zweitens, einige Varietäten waren «nützlicher» als andere und wurden deshalb in Form bestimmter Züchtungen erhalten. Die weniger nützlichen Varietäten wurden in der weiteren Züchtung einfach nicht verwendet, so daß sie ihre Eigenschaften an keine Nachkommen vererben konnten. Laut Alexander Sandow gelangte Darwin deshalb zu folgendem Schluß: «Wenn Speziestypen vom Menschen durch künstliche Selektion verändert werden und wenn die Gesetze dieser Veränderungen aufgedeckt werden können, dann ist es nur logisch . . . diese Ergebnisse auch auf den Evolutionsprozeß in der Natur anzuwenden, und zwar auf den vergangenen wie den gegenwärtigen.»[40]

Doch noch hatte Darwin zwei gewaltige Hürden zu überwinden, bevor ihm der Sprung von der künstlichen zur natürlichen Zuchtwahl gelingen konnte. In Hinblick auf die künstliche Züchtung mußte Darwin einräumen, daß man zwar unendlich viele Varietäten einer gegebenen Art kreieren konnte, daß es aber noch niemandem gelungen war, mit Hilfe der künstlichen Selektion eine völlig neue Art zustande zu bringen. Mit anderen Worten: Es war zwar erwiesen, daß man Hunderte von Rindervarietäten züchten konnte, doch noch niemand hatte durch Paarung zweier Rinder etwas anderes als ein weiteres Rind hervorgebracht. Einerseits beklagte Darwin «das beschränkte Züchtungsvermögen des Menschen»[41], andererseits verbaute er sich nicht jede Hoffnung, indem er die Möglichkeit offenließ, daß es nicht immer so sei. Hier ist der entscheidende Punkt, an dem Darwin sich löste von dem, was sich durch schlichte Beobachtung beweisen ließ, und den Boden phantasievoller und fruchtbarer wissenschaftlicher Spekulation betrat. Konnte nicht in hinreichend langen Zeiträumen – weit längeren als sie der begrenzten historischen Beobachtung des Menschen zugänglich waren – der langsame Prozeß immer neuer Variationen zur Umwandlung einer Spezies in eine völlig neue führen, die keine Verwandtschaft mehr mit der ersten aufwies?

Möglich ist natürlich alles, und so konnte Darwin sich zumindest mit dem Gedanken trösten, daß seine Spekulation über die Verwandlung der Arten wenn schon nicht beweisbar, so doch auch nicht zu widerlegen war.

Als genauso schwierig erwies sich für Darwin die Frage, wie die natürliche Zuchtwahl stattfand. Bei der künstlichen Züchtung gab es keine Zweifel über die Beweggründe und Mechanismen: «Klingendes Geld, immer und immer wieder bezahlt, ist ein ausgezeichneter Prüfstein einer vererbten Superiorität.»[42] Durch Züchtung sollten diejenigen Varietäten ausgewählt werden, die sich auf dem Markt als besonders nützlich erwiesen. Das Ziel war bessere Milch, bessere Wolle, besseres Fleisch und besseres Getreide. Der ganze Prozeß wurde von Ertrag und Leistung bestimmt. Die Züchter selektierten die Eigenschaften, die am «nützlichsten» zur Erhöhung ihrer Gewinnspannen waren. Mit anderen Worten: «Adaptiv» waren Eigenschaften, die die rentabelsten Investitionen versprachen. Doch daraus folgt, wie Michael Mulkay zu Recht einwendet, «nicht notwendigerweise, daß die Variationen auch in der natürlichen Umwelt adaptiv sind».[43] Schließlich ist die Hypothese, daß auch die Natur dem Erwerbstrieb gehorcht, wenig überzeugend. Doch der Mensch in seinem Anthropozentrismus neigt nun einmal dazu, das eigene Verhalten dadurch zu rationalisieren, daß er es in die übrige Natur projiziert, und in dieser Hinsicht war Darwin weder besser noch schlechter als alle Schöpfer von Kosmologien vor ihm. Darwin ging davon aus, daß es eine Parallele zwischen künstlicher und natürlicher Zuchtwahl gibt.

Darwins erste Annahme lautete, daß ebenso, wie Züchter neue Eigenschaften nach dem Gesichtspunkt der «Nützlichkeit» selektierten, die Natur nach entsprechenden Kriterien vorgehen müsse. Er gewann rasch die Überzeugung, daß auch die Pflanzen und Tiere im Naturzustand «nach äußeren Erfordernissen selektiert»[44] würden, nicht anders, als es in der Viehzucht geschah. Natürlich war das Spekulation, doch, soweit es Darwin betraf, eine sehr überzeugende Spekulation. Schließlich sah er, wohin er auch blickte, die rasche Entstehung immer neuer, immer nützlicherer Varietäten von Pflanzen und Tieren. «Kann es uns daher wundernehmen, daß die Erzeugnisse der Natur ‹echter› in ihrem Charakter sind als die Erzeugnisse des Menschen, daß sie den höchst komplexen Lebensbedingungen unendlich viel besser angepaßt sind und viel vollkommener den Stempel höherer Meisterschaft tragen?»[45] Darwin war sich absolut sicher, daß die Art, wie die Menschen die Natur lenken, in gewisser Weise ein Abbild der Art sein müsse, wie die Natur sich selbst lenkt.

Doch damit stellte sich die Frage: Mittels welcher Mechanismen findet die Selektion in der Natur statt, und welche Eigenschaften werden selektiert? Darwin fand die Antwort, nur fünfzehn Monate nachdem er seine Arbeit über künstliche Zuchtwahl begonnen hatte. In seiner Autobiographie schreibt er, er habe im Oktober 1838 «zum Vergnügen ‹Malthus über Bevölkerungsfragen› gelesen . . . und mir ging sofort auf, daß . . . ich endlich eine Theorie gefunden hatte, mit der sich etwas anfangen ließ».[46]

Der Pfarrer Thomas Malthus, der 1798 seine Schrift *‹Über die Bedingungen und Folgen der Volksvermehrung›* veröffentlicht hatte, war sehr «bestürzt über die schweren Hungersnöte dieser Zeit, über die sozialen Umwälzungen infolge der raschen Industrialisierung und über die wachsende Zahl von Armen, die auf Unterstützung aus den Steuermitteln der Gemeinden angewiesen» waren.[47] Aus diesen Sorgen entstand sein berühmtes Gesetz über die Beziehung zwischen menschlicher Bevölkerung und Nahrungsmitteln. Malthus erklärte, daß die Bevölkerung in geometrischer Progression anwachse, während die Nahrungsmittelproduktion nur arithmetisch zunehme. Infolgedessen würden die Bevölkerungszahlen dem verfügbaren Nahrungsmittelangebot stets davonlaufen. Dieser ständige Druck auf die Bevölkerung werde ausgeglichen «durch die Beseitigung der ‹Armen und Unfähigen› infolge des erbarmungslosen Wirkens von Hunger und Armut, Laster und Verbrechen, Krankheit und Hunger, Revolution und Krieg».[48] Mit anderen Worten: Im Kampf ums Dasein sorgt die Natur dafür, daß der Starke triumphiert und der Schwache untergeht.

Malthus verdankt es die Volkswirtschaft, daß sie als «Elendswissenschaft» verschrien ist, was nicht bedeutet, daß er nicht ein Fünkchen Hoffnung ließ. Zwar erklärte er unmißverständlich, daß der Appetit der Menschen immer größer sein werde als das verfügbare Angebot, aber er behauptete auch, daß dieser Umstand ein natürlicher Teil des göttlichen Plans sei. Der ständige Kampf zwischen überschießender Reproduktionsfähigkeit und Nahrungsmittelknappheit liefere die Herausforderung, die der Mensch brauche, um seine Erfindungsgabe und sein Können weiterzuentwickeln. Malthus war überzeugt, «daß sich der Mensch ohne solch hartes Los längst der Trägheit der Wilden überlassen hätte. Nur der Stachel des Hungers trieb ihn an, alle seine Fähigkeiten aufzubieten und Kulturen zu erschaffen.»[49]

Für Malthus war die Natur gewissermaßen eine höchst zuverlässige Qualitätsprüfung. Sie sorgte dafür, daß sich der Starke, der Produktive und der Fleißige durchsetzten und daß der Schwache, der Faule und der Träge untergingen. Malthus brachte diese populäre Auffassung seiner Zeit in eine konkrete mathematische Form. In den Salons und Kontoren machte das Bürgertum keinen Hehl aus seiner Überzeugung, daß in der Natur wie in der Gesellschaft das gleiche Gesetz gelte, nämlich das vom

«Überleben des Tüchtigsten». Jeden staatlichen Eingriff in die Wirtschaft ablehnend, war die aufstrebende soziale Gruppe der Industriellen fest davon überzeugt, daß man den Markt nur sich selbst überlassen müsse, damit die Natur für den Erfolg des Fleißigen sorge sowie für den Untergang derer, die kein besseres Schicksal verdienten. Dieses von Malthus formulierte und für unumstößlich gehaltene Gesetz lieferte dem Bürgertum den Beweis, den es brauchte, um seinen Erfolg in der Laissez-faire-Wirtschaft der Zeit für angeborene Überlegenheit halten zu können.

Darwin machte sich die Thesen des Malthus rasch zu eigen. Bertrand Russell: «Nahegelegt von der malthusianischen Bevölkerungstheorie wird in Darwins Theorie das Prinzip der Laissez-faire-Wirtschaft auf die Welt der Tiere und Pflanzen übertragen.»[50] Darwin unterwarf die natürliche Welt einem Wirtschaftsgesetz, das Malthus für das Verhältnis von Bevölkerung und Nahrungsmitteln aufgestellt hatte, und gelangte zu dem Schluß, daß in beiden Bereichen die gleichen Kräfte am Werk seien. Mit diesem bescheidenen Kunstgriff erwarb sich Darwin eine historische Bedeutung, die ihn an die Seite von Platon, Thomas von Aquin und den anderen großen Naturphilosophen stellt.

Natürlich war sich Darwin über den fundamentalen Unterschied zwischen künstlicher Züchtung und natürlicher Paarung im klaren. Bei der künstlichen Züchtung werden die Tiere im voraus für die Paarung ausgewählt, wobei der Wunsch des Züchters ausschlaggebend ist, bestimmte Eigenschaften der Eltern an die Nachkommen weiterzugeben. In der Natur werden die Eltern nicht so planvoll zusammengeführt. Dort ist die Paarung weit mehr eine Frage des Zufalls, der Umstände und der Gelegenheit. Das Ergebnis sind Zufallsvariationen der Nachkommenschaft, das heißt der Ausdruck von Eigenschaften, die völlig unabsichtlich erhalten bleiben. Die Reproduktion in der Natur ist also wie eine riesenhafte Lotterie – dem Entschluß zweier Tiere, sich für einen flüchtigen Augenblick zu vereinigen, liegt nicht die mindeste intelligente Absicht zugrunde.

Wenn Darwin auch davon überzeugt war, daß der Paarungsprozeß in der Natur rein zufällig ist, so nahm er das vom Prozeß des Überlebens und der Reproduktion ganz und gar nicht an. Zur Frage, wo der Zufall aufhört und wo der Determinismus beginnt, meinte Darwin, es hänge alles von der Fähigkeit der Nachkommen ab, das eigene Überleben gegenüber der Konkurrenz durchzusetzen und mehr Nachkommen in die Welt zu setzen, dergestalt dafür sorgend, daß die eigenen Merkmale weiterbestehen. Genauer: Während neue Variationen zufällig entstehen, werden die Eigenschaften, die sich in irgendeiner Weise als «nützlicher» erweisen, um das Überleben eines Organismus im Vergleich zu anderen zu sichern, einfach deshalb erhalten, weil der lebenstüchtige Organismus mehr Nachkommen mit eben diesen Eigenschaften hervorbringen wird. Silvan Schweber faßt Darwins Theorie der natürlichen Zuchtwahl wie folgt zusammen: «Exemplare einer Art weisen Variationen auf ... Einige dieser Variationen sind erblich. Da in jeder Generation mehr Individuen gezeugt werden als überleben und sich reproduzieren können, gibt es einen Kampf ums Dasein. In diesem Kampf sorgen ... bestimmte erbliche Züge dafür, daß ein Organismus der Umwelt besser angepaßt ist als andere Exemplare der Art (die mit diesem Zug nicht ausgestattet oder mit anderen Zügen ausgestattet sind). Die lebenstüchtigeren Individuen – diejenigen, die besser an ihre Umwelt angepaßt sind – werden infolgedessen mehr Nachkommen (mit ähnlichen Zügen) hinterlassen.»[51]

Auf einen einfachen Nenner gebracht, beruht die Darwinsche Theorie also auf der im wesentlichen anthropozentrischen Annahme, «daß die bestangepaßten biologischen Formen den Kampf ums Dasein ebenso überleben, wie die tüchtigsten Individuen der allgemeinen Auffassung nach die Unbilden der Industrialisierung im Laissez-faire-England überlebten».[52]

Fortschritt durch Kampf

Jedes Zeitalter erklärt sich sein Schicksal mit ein paar gängigen Spruchweisheiten. Für den viktorianischen Gentleman war es die Epoche des Fortschritts. Die Mächtigen und Einflußreichen der Zeit schienen nie müde zu werden, das magische Wort in ihrem täglichen Umgang wieder und wieder zu beschwören. Da mußte aus der Kosmologie dieser Kultur natürlich ein ähnlicher Geist sprechen, und Darwins Entwurf wurde den Erwartungen der Zeit gerecht. Darwin erklärte, «Verbesserung» sei der Dreh- und Angelpunkt des evolutionären Prozesses: «Kontrastiert man natürliche Auslese und ‹Verbesserung›, so scheint man stets zu übersehen ... daß alle Etappen in der natürlichen Auslese einer jeden Art eine Verbesserung der Art oder der Lebensbedingungen bedeuten ... Verbesserung bedeutet, so nehme ich an, daß jede Form viele Teile oder Organe erhält, welche alle ihren Funktionen ausgezeichnet angepaßt sind. Da im Laufe des gesamten Zeitraums jede Art verbessert wird und die Zahl der Formen zunimmt, werden die organischen Lebensbedingungen für andere Formen komplizierter, so daß nun für diese die Notwendigkeit zur Verbesserung entsteht, wollen sie nicht aussterben: Und ich vermag für diesen Verbesserungsprozeß kein Ende abzusehen ...»[53]

Die Vorstellung, daß dem Verbesserungsprozeß «kein Ende» gesetzt sei, war nun keineswegs Darwins Erfindung. Die Aussicht auf unbegrenzte Verbesserung war ein Kernstück industrieller Weltanschauung seit den Tagen, da der französische Aristokrat Marquis de Condorcet verkündet hatte: «Keine Einschränkungen sind der Verbesserung der menschlichen Fähigkeiten auferlegt . . . die Vervollkommnung des Menschen ist absolut unendlich . . . der Fortschritt dieser Vervollkommnungsfähigkeit, hinfort der Kontrolle jeglicher Macht entzogen, die ihn zu behindern trachtet, kennt keine andere Grenze als die Lebensdauer des Globus, auf den die Natur uns gestellt hat.»[54]

Darwin blickte in die Natur und sah die gleichen Kräfte am Werke, die Condorcet und andere in Europa beobachteten. In einer Beurteilung des Darwinismus hundert Jahre nach dem Tod seines Schöpfers kommt der politische Kommentator Tom Bethell zu dem Schluß: «Was Darwin wirklich entdeckt hat, war nichts anderes als der viktorianische Hang, an den Fortschritt zu glauben.»[55]

Fortschritt gewiß, doch nicht umsonst. Ohne Zweifel glaubte Darwin, daß die natürliche Zuchtwahl auf lange Sicht der Vorstellung von einer stetigen Verbesserung entsprach. Sehr kurzfristig aber erschien die Natur als ein Dschungel, in dem Feindseligkeit, Gefahr und Gewalttätigkeit herrschen. Darwin meinte, daß von jedem Organismus, der in der Lage sei, über die ihn von allen Seiten bedrohenden Kräfte zu triumphieren und seine Erbanlage an seine Nachkommen weiterzugeben, mit Fug und Recht behauptet werden dürfe, er trage zur «Verbesserung» der Art als ganzer bei. Darwin ließ an seiner Auffassung zu dieser Frage keinen Zweifel aufkommen: «[Es gibt] ein allgemeines Gesetz, das für den Fortschritt aller organischen Wesen sorgt, nämlich vervielfältigen, verändern, den Stärksten leben und den Schwächsten sterben lassen.»[56] Kein Wunder, daß Darwin so dachte, war es doch genau die Vorstellung, die in jenen Jahrzehnten Mitte des 19. Jahrhunderts der durchschnittliche viktorianische Gentleman von sich selbst hatte.

In Südamerika und auf den Galápagos-Inseln gewann Darwin seine ersten Eindrücke von einer feindseligen Natur. Bei seiner Rückkehr nach Hause mit den noch frischen Eindrücken jener Gegenden vor Augen mußte er einfach Vergleiche anstellen zwischen dem, was er in den fernen, entlegenen Gebieten Südamerikas gesehen hatte, und dem Leben, das er auf den Straßen Londons beobachtete. Dazu Donald Worster: «Zweifellos schien sein Londoner Leben zu bestätigen, was er in Südamerika und auf den Galápagos erblickt hatte.»[57]

Die Galápagos waren alles andere als ein anheimelnder Ort. Ein anderer Besucher, Herman Melville, verglich sie mit dem Hades. «Nur in einer gefallenen Welt», schrieb er, «kann es solche Landstriche geben.»[58] Melville wie Darwin waren erschreckt über die Wildheit dieser Umwelt. Sie war in der Tat bedrückend. Hinter jedem Schatten lauerte Gefahr. «Darwin sah riesige Schwärme von Geiern und Kondoren am Himmel kreisen. Vampire, Jaguare und Schlangen verfolgten ihn bis in die Träume.»[59] Es war eine wilde, urzeitliche Landschaft, bedrohlich in jedem Detail. Überall floß Blut, überall tobte der grausame, erbarmungslose Kampf ums Dasein. Die Luft war dumpf und verpestet, und der beißende Gestank der Vulkanasche lag wie ein Leichentuch über den Inseln. Zur Bodenbeschaffenheit heißt es bei Darwin: «ein zerrissenes Feld von schwarzer, basaltischer Lava in gewaltigen Blöcken mit großen Spalten.»[60] In den Erinnerungen schrieb Darwin später, die Löcher, die Wälle und die Asche dieser Insellandschaft ähnelten jenen Teilen Staffordshires, wo die großen Schmelzöfen am zahlreichsten sind.[61] Damit war der Vergleich noch nicht erschöpft. Die Bilder, mit denen volkstümliche Autoren das viktorianische England beschrieben, wiesen große Ähnlichkeit mit Darwins Beschreibung des Lebens auf den Galápagos auf. England steckte voller Konflikte. Der erbitterte Kampf ums Überleben war überall auf den ersten Blick zu erkennen. Hinter jeder Ecke lauerte jemand, immer auf dem Sprung, vorwärtszustürzen, niederzutrampeln, alles weg- und an sich zu reißen, dessen er habhaft werden konnte. Die neue Industrielandschaft war scheußlich entstellt. Überall ragten schroffe Artefakte auf, deren stählerne Mäuler graue Rückstände ausspien, damit die Städte überzogen und so das Terrain der neuen industriellen Ordnung absteckten.

Die Bilder und Vorstellungen von der einen Insel verschmolzen mit denen der anderen. In allem, was Darwin auf den Galápagos erblickte, erkannte er England, und alles, was er in England sah, erinnerte ihn an die Galápagos. Malthus' Bevölkerungsgesetz vereinigte beide Erfahrungen zu einer einzigen Vision. Die natürliche Auslese war der verbindende Gesichtspunkt. «Die Sprache der *‹Entstehung›*», so Barry Gale, «war die Sprache des viktorianischen Zeitalters ... [mit] ihrer Botschaft von Wettbewerb, ihrer Vision von Konflikt und Kampf, ihren Bildern von Krieg und Zerstörung ...»[62]

Natur und Bürgertum

Das Maß für den Erfolg im Kampf ums Überleben war die Weitergabe der eigenen Merkmale an die Nachkommen. Für Darwin war die Vererbung in der natürlichen Evolution von ebenso zentraler Bedeutung, wie sie es im sozialen Leben der Klasse war, deren Wertvorstellungen die Darwinsche Theorie so akkurat entsprach. Darwin errichtete eine ganze Kosmologie auf der Vererbung, ergänzt durch das Prinzip der natürlichen Selektion, eine Kosmologie, die sich in allen Einzelheiten wie ein zeitgenössischer Kommentar zur bürgerlichen Geistesverfassung des viktorianischen Zeitalters liest.

Zwar hielt Darwin an der Vorstellung einer Hierarchie in der Natur fest, doch im Unterschied zu früheren Kosmologien verdankten die Geschöpfe in seinem Naturkonzept ihren «Status» keiner höheren Autorität. Vielmehr mußte sich jeder Organismus in der natürlichen Hierarchie seinen Platz in der natürlichen Ordnung der Dinge hart erkämpfen. Darwins Natur war die erste auf Verdienst gegründete Hierarchie. Sie war das ideale Gegenstück zur Mentalität einer aufstrebenden Mittelschicht, die sich rühmte, alles aus eigener Kraft geschafft zu haben. Darwin vertrat die Auffassung, daß sich die Organismen durch den langsamen, zähen, auf Versuch und Irrtum gegründeten Prozeß eines ständigen Kampfes ihren Platz in der Naturhierarchie «verdienen». Und im Unterschied zu früheren Kosmologien, in denen der Platz eines jeden Geschöpfes ein für allemal festgelegt war, ließ Darwins «evolutionärer» Entwurf Raum für die ständige biologische Weiterentwicklung in der umfassenden Hierarchie der Natur – ein weiteres Merkmal dieser Theorie, das auf den Beifall der bürgerlichen Mittelschicht rechnen konnte.

Die Bürger waren «Sammler». Mehr als irgendeine andere aus der Geschichte bekannte soziale Gruppe war sie in den Erwerb vernarrt. Selbst heute kommt einem sofort der Erwerbstrieb in den Sinn, denkt man an Bürgermentalität. Der Erwerbsidee entspricht in der Darwinschen Theorie die Vererbung von Merkmalen. Darwins Organismen geben organische Erwerbungen (ihre Merkmale) an die Nachkommen weiter, verschaffen diesen also durch eine angemessene «Erbschaft» von Anfang an einen Vorsprung gegenüber der Konkurrenz. Die Klasse, zu der Darwin gehörte, gab zum gleichen Zweck die erworbenen Besitztümer an ihre Nachkommen weiter.

Natürlich verblaßten selbst diese Gesichtspunkte gegenüber den höchsten Erwartungen, denen Darwin mit seiner Kosmologie gerecht wurde. Wie jeder andere Naturbegriff stellt auch der Darwinsche ewiges Leben in Aussicht – kein bescheidenes Vorhaben, hat doch seine Theorie Gott und den Himmel völlig ausgeklammert. Gott wird bei Darwin durch die natürliche Selektion ersetzt, und als Ausgleich für die Unsterblichkeit in einer anderen Welt bietet Darwin ein Stückchen Unsterblichkeit in der irdischen.

Die Frage der Unsterblichkeit hatte nichtsdestotrotz etwas Beunruhigendes für Darwin: «Glaubt man wie ich daran, daß der Mensch in einer fernen Zukunft ein weit vollkommeneres Geschöpf sein wird als heute, so ist der Gedanke unerträglich, daß er und alle anderen der Empfindung mächtigen Wesen nach einem so lange währenden Fortschritt zu vollkommener Vernichtung verurteilt sein sollen. Denjenigen, die uneingeschränkt an die Unsterblichkeit der menschlichen Seele glauben, wird der Gedanke an die Zerstörung unserer Welt nicht so schrecklich erscheinen.»[63]

Doch Darwin gehörte nicht zu denen, die an die Unsterblichkeit der menschlichen Seele glaubten. Dazu war er zu sehr Wissenschaftler. So entschied er sich für die zweitbeste Möglichkeit – die körperliche Unsterblichkeit der Arten infolge natürlicher Selektion. Wem es gelingt, sich im Kampf ums Dasein zu behaupten, dem ist ein bißchen Unsterblichkeit sicher, weil seine Körpermerkmale in seinen Nachkommen fortleben werden. Da der Evolutionsprozeß unendlich ist, kann dem einzelnen stellvertretend durch seine Kinder und Kindeskinder ewiges physisches Leben zuteil werden. Wer im Kampf um Fortpflanzung unterliegt, dem ist die Unsterblichkeit versagt. Sein physischer Tod ist auch das Ende seiner Anlagen.

Naturordnung und Wirtschaftsordnung

In den letzten zwei Jahrzehnten sind viele Wissenschaftshistoriker zu einer veränderten Auffassung gegenüber Darwin, seiner Theorie und der ihn prägenden Personen und Kräfte gelangt. Im *Journal of the History of Biology* faßt Silvan Schweber von der Brandeis University die Meinung vieler seiner Kollegen zusammen, wenn er schreibt: «Darwins ‹*Entstehung der Arten*› läßt sich beschreiben als ein Bündnis zwischen Evolutionsidee, englischer Volkswirtschaft und englischer Wissenschaftstheorie»[64] Mitte des 19. Jahrhunderts. Darwin machte umfangreiche Anleihen bei den populären wissenschaftlichen Gedanken seiner Zeit. Einerseits wurde Darwin, wie er selbst zugab, von Malthus' wirtschaftstheoretischen Schriften bei der Entwicklung seiner Lehre entscheidend beeinflußt, andererseits war jedoch der Einfluß von Adam Smith, einem anderen bedeutenden Wirtschaftsphilosophen des 18. Jahrhunderts, nicht geringer. Vergleicht man Smiths und Darwins Schriften, so zeigt sich, wie weitgehend dieser die Gedanken übernimmt, die Adam Smith 1776 in seinem Buch ‹*Der Wohlstand der Nationen*› dargelegt hatte.

Darwins Gedanken über die evolutionäre Entwicklung und die Verwandlung der Arten sind entscheidend von Smiths Theorie der Arbeitsteilung angeregt worden. Smith schreibt: «Die außerordentliche Leistungssteigerung der produktiven Kräfte der Arbeit und die gesteigerte Geschicklichkeit, Handfertigkeit sowie Sachgemäßheit, womit die Arbeit überall geleitet oder verrichtet wird, sind allem Anschein nach eine Wirkung der Arbeitsteilung gewesen.»[65] In dem berühmten Beispiel der Nadelfabrik legt er dar, daß zehn Nadelmacher auf sich selbst gestellt insgesamt nur zweihundert Nadeln herstellen würden, daß aber durch Unterteilung des Herstellungsprozesses in Einzelaufgaben dieselben zehn Arbeiter 48 000 Nadeln produzieren könnten. Durch geeignete Nutzung spezialisierter Aufgaben und Fertigkeiten könne man also die Produktion erheblich ausweiten. Smiths Überlegungen waren keineswegs reine Spekulation, sondern die wissenschaftliche Beschreibung eines Prozesses, der das Wirtschaftsleben der aufstrebenden Industriemacht bereits zu prägen begann. Der kundige Handwerker, der für den gesamten Herstellungsprozeß eines Produktes zuständig war, wurde durch ein industrielles System ersetzt, in dem jedem Arbeiter ein winziger Teil des Produktionsprozesses oblag. Auf der Weltausstellung von 1851 pries Prinz Albert «das wunderbare Prinzip der Arbeitsteilung» als «die Triebkraft der Kultur».[66] Dieser grundlegende Wandel in der Beziehung der Menschen zur Produktion blieb nicht ohne Wirkung auf die Vorstellungen über die Beziehungen und Wechselwirkungen in der Natur. Ihre endgültige und offizielle Gestalt dankt die Analogie zwischen Volkswirtschaft und Biologie dem Wirken Darwins. Damit habe er – so der Soziologe Robert Young – «der Gleichsetzung von Arbeitsteilung und Lebensgesetzen das Mäntelchen wissenschaftlicher Achtbarkeit umgehängt».

Darwin kam zu seiner Theorie durch die Beschäftigung mit den Werken des Biologen Henri Milne-Edwards, der sich in seinen Naturbeobachtungen seinerseits an den Arbeiten Adam Smiths orientierte. In den *‹Éléments de Zoologie›*, deren erster Band 1834 erschien, übertrug Milne-Edwards Smiths Begriff der Arbeitsteilung auf die Tier- und Pflanzenwelt. Zunächst betrachtete er die einfachsten Organismen, «deren Fähigkeiten am beschränktesten sind», und trug vor, daß man «das Innere dieser Organismen mit einer Werkstatt vergleichen kann, in der allen Arbeitern die Ausführung ähnlicher Verrichtungen obliegt und in der infolgedessen ihre Zahl die Menge, aber nicht die Beschaffenheit der Erzeugnisse beeinflußt».[67] Es sei offensichtlich, so Milne-Edwards, daß man, «wenn man in der Reihe der Lebewesen aufsteigt und sich dem Menschen nähert, eines immer komplexeren Aufbaus ansichtig wird. Der Leib eines jeden Tieres setzt sich aus Teilen zusammen, die sich immer unähnlicher werden.»[68]

Weiter heißt es bei Milne-Edwards: «Nach und nach finden die verschiedenen Funktionen einen bestimmten Ort und erwerben Instrumente, die nur ihnen eigen sind.[69] ... Je größer die Spezialisierung der Funktionen und die Arbeitsteilung, desto größer muß die Zahl der verschiedenen Teile, desto komplizierter auch die Maschine werden ... die Zahl der unterschiedlichen Teile, aus denen ein Organismus besteht, und das Ausmaß der Unterschiede, welche diese Teile aufweisen, sind Anzeichen für den Entwicklungsstand, den die Arbeitsteilung erreicht hat.»[70]

Zweifellos glaubte Milne-Edwards, daß «der Grundsatz, welcher die Natur auf dem Wege der Vervollkommnung geleitet zu haben scheint, offenkundig einer jener Grundsätze ist, die den Fortschritt menschlicher Industrietechnik am stärksten beeinflußt haben: *die Arbeitsteilung*».[71]

Darwin behauptet, er habe seine Erkenntnisse über die Mannigfaltigkeit der Arten und die Arbeitsteilung in der Natur bei der Lektüre von Milne-Edwards gewonnen. Silvan Schweber vermutet, daß Darwin hier nicht ganz bei der Wahrheit bleibe, da er auch mit den Arbeiten Adam Smiths und anderer Volkswirtschaftler seiner Zeit bestens vertraut gewesen sei. Dadurch, daß er seine Erkenntnisse Milne-Edwards zugeschrieben habe, sei Darwin in der Lage gewesen, so Schweber, «die Grundsätze der physiologischen Arbeitsteilung nicht einem Volkswirtschaftler, sondern einem namhaften Zoologen und Naturphilosophen zuzuweisen».[72] Schweber vertritt die Auffassung, Darwin habe die Spuren absichtlich verwischt, um sich nicht dem Vorwurf eines übermäßigen Anthropozentrismus oder gar einer unwissenschaftlichen Vorgehensweise auszusetzen.

Indes, es kommt weniger auf Darwins Absichten als auf die Analogie selbst an. Wie Schweber darlegt, räumte Darwin ein, daß seine «Erklärung für die Mannigfaltigkeit der Erscheinungsformen sich im wesentlichen mit dem Begriff der ‹physiologischen Arbeitsteilung› deckte, den Milne-Edwards vertreten hatte»[73], und dieser wiederum «verdankte seine Formulierung des Begriffs der physiologischen Arbeitsteilung den Schriften der Volkswirtschaftler»[74], insbesondere Adam Smith, dem großen Urvater der Idee.

Der Gedanke der Arbeitsteilung lieferte Darwin die Antwort auf eine Frage, mit der er sich lange auseinandergesetzt hatte: «warum es in organischen Wesen, die von derselben Rasse abstammen, die Tendenz gibt, im Zuge der Veränderung eine Divergenz ihrer Merkmale auszubilden.»[75] Nach Darwin mußte die Antwort lauten, daß «derselbe Ort mehr Leben erhalten wird, wenn er sehr verschiedenartige Formen beherbergt».[76] Darwin meinte, daß in der Natur – wie in Adam Smiths Nadelfabrik und der englischen Wirtschaft – «die größte Zahl organischer

Wesen (oder genauer, die größte Lebensquantität) von irgendeinem Gebiet bei größter Divergenz ihrer Erscheinungsformen erhalten werden kann ...[77] Denn in jedem Land kann eine weit größere Zahl von Individuen, die von denselben Eltern abstammen, erhalten werden, wenn sie auf vielfältige Weise in ihren Gewohnheiten, ihrer Konstitution und ihrem Körperbau voneinander abweichen, so daß sie möglichst viele Positionen in der Ordnung der Natur ausfüllen, als wenn sie nur geringe Abweichungen aufweisen.»[78]

Wie Young erläutert, hat Darwin, indem er in der Natur die gleiche Art von Arbeitsteilung wie in den englischen Fabriken entdeckte, «die Rechtmäßigkeit der Besitzverhältnisse und der Arbeitsbeziehungen in der Industriegesellschaft wissenschaftlich beglaubigt».[79] Kein Wunder, daß Darwin bei den Unternehmern seiner Zeit begeisterte Zustimmung fand. Die Arbeiter waren sehr unruhig. Auf den Straßen sprach man von Syndikalismus. Neue Arbeitervereinigungen drängten auf Reformen in den Fabriken, die unter anderem bessere Arbeitsbedingungen, höhere Löhne und Arbeitszeitverkürzungen vorsahen. Die Spannungen zwischen den kapitalistischen Fabrikbesitzern und der Arbeiterklasse waren allgegenwärtig und drohten bei der geringsten Provokation zur offenen Konfrontation auszuarten. Das Bürgertum brauchte eine «angemessene» Rechtfertigung für das neue industrielle System und seinen menschenunwürdigen Arbeitsteilungsprozeß. Durch die Behauptung, in der Natur sei ein ähnlicher Prozeß am Werk, gab Darwin den Kapitalisten ein ideales Argument an die Hand, um die Wirtschaftsordnung, die sie beherrschten und von der sie profitierten, gegen jeden grundsätzlichen Angriff zu verteidigen.

Darwins Divergenzbegriff erwies sich auch als ideales Legitimationsinstrument für den englischen Imperialismus während der Blütezeit der kolonialen Expansion. Zu dem Zeitpunkt, da Darwin *‹Die Entstehung der Arten›* veröffentlichte, konnten die Engländer zu Recht behaupten, daß «die Sonne im englischen Weltreich nicht untergeht». Großbritannien war auf dem Gipfel seiner Macht. Diese unscheinbare Insel vor der Küste Europas streckte ihre Fühler bis in die fernsten Winkel des Globus aus. Englische Verwaltungsbeamte, Arbeiter, Soldaten und Unternehmer griffen nachdrücklich in fremde Leben, Länder und Geschäfte ein und bekehrten einen Großteil der Welt zur englischen Lebens- und Denkweise.

Zwar ließ sich eine gewisse Rechtfertigung der Kolonialpolitik in der Behauptung finden, die Engländer brächten den unzivilisierten Nachzüglern der Geschichte Kultur und Religion, doch waren damit die allzu offenkundigen Anzeichen für Habsucht und Gier nicht zu übertünchen, von denen Englands imperialistische Ansprüche geprägt waren. Das englische Bürgertum brauchte ein weit überzeugenderes Argument, eines, das unstrittig, unangreifbar, jeder Kritik entzogen war. Dieses Argument lieferte die Darwinsche Divergenztheorie. Und umgekehrt fand Darwin die Analogie, nach der er suchte, in der englischen Wirtschafts- und vor allem der englischen Kolonialisierungspraxis seiner Zeit. Abermals also lieferten die Wirtschaftskräfte die Metapher. Darwin seinerseits sorgte für die Rationalisierung, indem er die Metapher direkt in die Natur projizierte. Noch einmal sei darauf hingewiesen, daß dieser ganze Prozeß weitgehend unbewußt verlief.

Darwin erklärte, daß «alle organischen Wesen danach trachten, sich eines jeden Platzes in der Ordnung der Natur zu bemächtigen».[80] Der daraus resultierende Kampf schafft eine Art «chronischen Überangebots an Arbeitskräften».[81] Das heißt, in der Regel werden sich immer zu viele Organismen um zu wenige Nischen in der Natur streiten. Da die meisten «ökonomischen» Funktionen bereits besetzt sind, entbrennt unter den Geschöpfen der Natur ein verzweifelter Kampf mit dem Ziel, entweder die Nische zu verteidigen, die sie besetzt halten, oder andere Organismen aus ihrer Nische zu verdrängen. Darwins Erklärung des Arbeitskräfteüberangebots in der Natur hätte auf den Gesichtern der meisten englischen Arbeiter jener Zeit wahrscheinlich mehr als nur einen Schimmer des Wiedererkennens hervorgerufen. Die dreißiger und vierziger Jahre des 19. Jahrhunderts – die Jahrzehnte, in denen Darwin seine Theorie entwickelte – waren durch chronische Unterbeschäftigung gekennzeichnet. Der erbitterte Kampf um eine begrenzte Zahl von Arbeitskräften führte zu Feindseligkeit und Haß zwischen den Betroffenen; jeder erblickte in dem anderen den Konkurrenten.

Im Fortgang seiner Ausführungen sagt Darwin, ein Organismus habe nur zwei Möglichkeiten, sein Überleben zu sichern: Entweder könne er um die vorhandenen ökologischen Nischen kämpfen oder nach neuen suchen, die noch nicht besetzt sind. Wieder bedient sich Darwin des Divergenzbegriffs, wenn er vorbringt, daß von Zeit zu Zeit ein neuer Organismus neue Eigenschaften aufweisen werde, die sich von denen seiner Artgenossen hinreichend unterschieden, um ihm zu ermöglichen, eine noch unbesetzte Nische in der Natur einzunehmen. Mittels der Divergenz schaffe die Natur also die Voraussetzung zur Entwicklung neuer Lebensweisen.[82] Divergente Merkmale sorgten «für eine angeborene Findigkeit, sich Möglichkeiten zunutze zu machen, deren bloßes Vorhandensein zuvor noch nicht einmal bekannt war».[83] Die Abwanderung in neue Nischen verringert den Wettbewerb um vorhandene Plätze und eröffnet gleichzeitig völlig neue Nutzungschancen. Zum Beispiel «kann die Evolution einer neuen Grasart eine Reihe neuer Nischen für noch nicht entwickelte Tiere schaffen, die ihrerseits eines Tages als Beute für neue Raubtierarten dienen können».[84] Wie Donald Worster in seinem Buch *‹Nature's Economy›* darlegt, hat Darwin in der Divergenz das Mittel der Natur gesehen, «dem erbitterten Konkurrenzkampf um begrenzte Lebensräume auszuweichen».[85] Für die Millionen Engländer, die sich im 19. Jahrhundert gezwungen sahen, die britischen Inseln zu verlassen, um in fremden Ländern nach neuen wirtschaftlichen Möglichkeiten zu suchen, war Darwins Divergenzgedanke mehr als nur eine theoretische Spekulation. In den Kolonien gab es noch unerschlossene Möglichkeiten, ökonomische Nischen, die darauf zu warten schienen, daß man sie besetzte und nutzte. Angesichts der begrenzten wirtschaftlichen Möglichkeiten, die das krisengeschüttelte britische Mutterland in den dreißiger und vierziger Jahren des vorigen Jahrhunderts bot, erschien Divergenz als eine willkommene Alternative.

Darwin entdeckte in der Natur eine Fülle von biologischen Rechtfertigungsgründen für die englische Kolonisierung. In diesem Punkt war er durchaus nicht zimperlich. «Wenn zwei Menschenrassen aufeinandertreffen», so schrieb er, «verhalten sie sich genauso wie zwei Tierarten – sie kämpfen, fressen sich gegenseitig, bringen sich Krankheiten usw. Doch dann kommt es zu dem weit tödlicheren Kampf, in dem es darum geht, welche Rasse über den geeigneteren Körperbau oder Instinkt (das heißt beim Menschen Verstand) verfügt, um den Sieg davonzutragen.»[86] Des öfteren bekannte sich Darwin zu der Überzeugung, die natürliche Selektion arbeite so wirkungsvoll, daß es nur eine Frage der Zeit sei, bis «zahllose niedere Rassen überall in der Welt von den zivilisierteren Rassen vernichtet sind».[87] In einer Zeit, da England seinen Einfluß bis in die entlegensten Gebiete der Erde trug, um dort Länder und Völker zu kolonisieren, war die Vorstellung höchst beruhigend, daß man überall dort, wo man den Union Jack hißte, nur der natürlichen Selektion freien Lauf ließ.

Angesichts seiner Auffassungen zur Frage rassischer Überlegenheit und natürlicher Selektion kann es nicht überraschen, daß Darwin von den Ideen seines Vetters Francis Galton begeistert war, der eine neue «Wissenschaft» namens Eugenik propagierte, worunter er die systematische Züchtung von Menschen verstand, «um die Ziele der Evolution rascher und humaner zu verwirklichen, als es der Fall wäre, überließe man die Dinge sich selbst».[88] Darwin hielt den Vorschlag seines Vetters für eine «großartige» Idee, und sein einziger Vorbehalt war, laut Gertrude Himmelfarb, die Befürchtung, daß «nur wenige Menschen zu vernünftiger Mitarbeit zu bewegen wären».[89]

In seinem Buch ‹*Die Abstammung des Menschen*› ist Darwin sogar noch rigoroser, wenn er sich mit dem Gegensatz zwischen künstlicher Züchtung und dem höchst willkürlichen Paarungsverhalten des Menschen auseinandersetzt: «Auch die schwächeren Glieder zivilisierter Gesellschaften pflanzen sich fort. Niemand, der sich in der Zucht domestizierter Tiere auskennt, wird daran zweifeln, daß sich dies für die Menschenrasse höchst nachteilig auswirken muß. Es ist überraschend, wie schnell ein Mangel an Sorgfalt oder eine unrecht geleitete Sorgfalt zur Entartung einer domestizierten Rasse führt. Doch abgesehen vom Fall des Menschen ist niemand so töricht, seine schlechtesten Tiere zur Zucht zuzulassen.»[90]

Einträchtig ging mit den Konzepten des Fortschritts, des materiellen Erwerbs, der Arbeitsteilung und der Kolonisierung die Idee des Individualismus einher. Das bürgerliche Zeitalter zeichnete sich in philosophischer und weltanschaulicher Hinsicht durch eine zwanghafte Besorgtheit um die Rechte, Bedürfnisse, Ansprüche und Motive des einzelnen aus. Während man in früheren Epochen das Leben eher aus der kollektiven Perspektive der Familie, des Stammes, des Klans oder der Gemeinde sah, rückte der Anbruch des industriellen Zeitalters das Individuum in den Mittelpunkt des Interesses. Immer mehr ähnelte das Wirtschaftsleben des Industriestaates England in seinem Aufbau Newtons Vorstellung von der Struktur der materiellen Welt: lauter isolierte Teilchen, die gegeneinander arbeiten. Das politische und wirtschaftliche Dogma der Zeit pries die Tugenden des Individualismus, und überall vernahm man die Auffassung, es gelte, den einzelnen von den Ketten zu befreien, die ihn an ein größeres Ganzes bänden, damit er seinen ureigensten Interessen und Neigungen folgen könne.

Die Vorstellung, daß der einzelne die Grundeinheit wirtschaftlichen Handelns sei, kam erstmals in den Arbeiten von Adam Smith konkret zum Ausdruck. Seine Beschreibung der Beziehung zwischen dem Individuum und dem Wirtschaftssystem wiederholt sich fast vollständig in Darwins ‹*Entstehung der Arten*›. Smith geht aus von der Annahme, daß der einzelne als das primäre Wirtschaftssubjekt freie Hand haben müsse, für die eigenen materiellen Interessen zu sorgen. Der Auffassung, solche ungebremste Aktivität könnte sich gelegentlich als nachteilig für die größere soziale Gruppe erweisen, widerspricht Smith auf das heftigste. Der Wirtschaftshistoriker John McCulloch bringt Smiths Theorie auf den Punkt, wenn er versichert, nur «durch die spontanen und ungehinderten ... Bemühungen der einzelnen, ihre Situation zu verbessern ... und nur durch sie allein werden Nationen reich und mächtig».[91] Smith räume ein, daß solch Verhalten überaus eigennützig und egozentrisch sei, behaupte aber, gerade der Akt des individuellen Egoismus nutze dem Allgemeinwohl. In Formulierungen, die längst zum Katechismus des Industriekapitalismus gehören, faßt McCulloch Smiths Theorie zusammen: «Jedes Individuum ist fortwährend bestrebt, möglichst vorteilhafte Anlagemöglichkeiten für sein Kapital und seine Arbeitskraft zu finden. Zwar hat er den eigenen Vorteil und nicht den der Gesellschaft im Auge, doch da eine Gesellschaft lediglich eine Ansammlung einzelner ist, kann kein Zweifel daran bestehen, daß jeder, wenn er die Mehrung des eigenen Wohlstands betreibt, sich damit genau so verhält, wie es für das öffentliche Wohl am vorteilhaftesten ist.»[92]

Doch was hindert diesen Prozeß daran, zu einem Alptraum zu entarten, wie Hobbes ihn ersonnen hat, einem Alptraum, in dem sich jeder gegen jeden stellt und in dem die ausschließliche Geltung individueller Interessen in einen fortwährenden Kriegszustand und letztlich ins Chaos führt? Nach Smith wird der Wettbewerb zwischen den Individuen von einer «unsichtbaren Hand» gelenkt, einem Naturgesetz, das den Markt von Angebot und Nachfrage mit absoluter Zuverlässigkeit regelt. Die unsichtbare Hand arbeitet nach sehr einfachen Gesetzen. Wenn die Nachfrage für eine Ware oder Dienstleistung steigt, heben die Anbieter den Preis, um die Gunst der Stunde zu nutzen. Wird der Preis zu hoch, läßt die Nachfrage nach oder wendet sich einer anderen Ware beziehungsweise Dienstleistung zu, so daß die Anbieter mit dem Preis heruntergehen müssen, bis die Nachfrage wieder aufflackert usw. Solange die Käufer und Verkäufer nicht daran gehindert werden, ihren individuellen Interessen frei zu folgen, wird die unsichtbare Hand für ein Gleichgewicht zwischen Produktion und Konsum sorgen. Dieser Gleichgewichtsmechanismus funktioniert also wie ein gut austariertes, hin- und herschwingendes Pendel, das die Bedürfnisse der Bevölkerung ständig den Grenzen des Angebots anpaßt. Bereitwillig räumte Smith ein, daß die unsichtbare Hand nicht gegen individuelle Konkurse schützen könne oder solle. Das sei der Preis, den man für ein System zahlen müsse, in dem der Verlust des einen stets der Gewinn des anderen sei. Am Ende werde die Gesellschaft als ganze gewinnen, da der Erfolg der wenigen zum wirtschaftlichen Wohlergehen der restlichen Gruppe beitragen würde.

Darwins Gedanken über die «Arbeitsweise» der Natur waren praktisch identisch mit der volkswirtschaftlichen Theorie der unsichtbaren Hand. Zunächst einmal ging es in Darwins Theorie der biologischen Evolution um das Geschick des individuellen Organismus. Wie Smith und Malthus war er der Meinung, daß in der Natur und in der Gesellschaft jedes Individuum damit beschäftigt sei, den eigenen Nutzen zu mehren und im Kampf mit anderen um begrenzte Vorräte zu überleben: «Jedes Individuum einer jeden Art behauptet seinen Platz durch den Kampf und die Fähigkeit, sich

Nahrung zu beschaffen.»[93] Problematisch war für Darwin die Frage, wie sich diese individuelle Aktivität mit dem Entwicklungsprozeß des Ganzen verbindet. Den Schlüssel sollte er in der Parallelbeziehung zwischen Smiths unsichtbarer Hand, Malthus' Bevölkerungsgesetz und der eigenen Theorie der natürlichen Selektion entdecken. Wie ein äußeres Gesetz ständig in der wirtschaftlichen Sphäre wirke und das Verhältnis von Angebot und Nachfrage im Gleichgewicht halte, so muß nach Darwins Auffassung ein entsprechendes Gesetz, die natürliche Selektion, ständig in der Natur wirken, Nahrungsangebot und -nachfrage steuernd und ausgleichend.

Entsprechend ist jeder individuelle Organismus zwar nur am eigenen Überleben interessiert, fördert durch seinen Triumph aber dennoch das Allgemeinwohl, da seine Merkmale in der Nachkommenschaft weiterleben, wodurch sich für die Art als ganze ein endloser Prozeß allmählicher Verbesserung der biologischen Eigenschaften ergibt. Zwar produziert die Natur viele Versager im Kampf ums Dasein, doch sie sind der Preis, der für den evolutionären Fortschritt des Lebens selbst gezahlt werden muß. Peter J. Bowles weist auf die enge Beziehung zwischen der unsichtbaren Hand und Darwins Evolutionstheorie hin. Er schreibt: «Sowohl das Gleichgewicht in der Natur wie auch das Laissez-faire-Prinzip des Wettbewerbs beruhten auf der Überzeugung, daß Natur und Gesellschaft zutiefst harmonische Systeme seien, in denen scheinbare Konflikte allen zum Vorteil gereichen.»[94]

Von besonderem Interesse ist die neue Lösung, die Darwins Theorie für den uralten Gegensatz zwischen dem Wunsch der Menschheit nach Autarkie und ihrem Gefühl für gegenseitige Verpflichtung und Abhängigkeit fand. Darwins Natur war wie eine erweiterte Familie, in der alle Arten der Hierarchie biologisch miteinander verwandt sind. Diese Familienbeziehung bedeutete eine überwältigende Verpflichtung, mußte die Menschheit doch anerkennen, daß sie ihre gesamte biologische Ausstattung den Opfern «verdankte», die ihr im evolutionären Kampf von der unendlichen Reihe der Geschöpfe gebracht worden waren, angefangen bei den rudimentärsten Lebensformen. Wenn der *Homo sapiens* einerseits nur die Summe aller adaptiven Eigenschaften war, die seit unendlichen Zeiten von Generation zu Generation weitergegeben wurden, so bildete er andererseits auch die Spitze der evolutionären Hierarchie. Angesichts dieser Überlegenheit verstimmte ihn die Verwandtschaft und Verbundenheit mit minderwertigen biologischen Arten. Die Menschheit ist bestrebt, sich aus ihrer Abhängigkeit von anderen Lebewesen zu befreien. So sitzt sie noch immer in dem uralten Dilemma, daß sie einerseits um Autarkie bemüht ist und sich andererseits die unauflösliche Beziehung zu allen anderen Lebensformen eingestehen muß.

Darwins Theorie versprach Erlösung von den ältesten Schuldgefühlen der Menschheit. Durch die Behauptung, daß der Eigennutz eines jeden Organismus sowohl der Art wie auch der Natur als ganzer dienen würde, fand Darwin eine geeignete Formel, um die wachsenden Schuldgefühle eines Zeitalters abzutragen, das Eigennutz und persönliche Bereicherung zu seinen höchsten Werten zählte. Es konnte nichts gegen den Wunsch nach völliger Ich-Abgrenzung einzuwenden sein, auch wenn er die erbarmungslose Ausbeutung der menschlichen Artgenossen und anderer Geschöpfe bedeutete, wurde in diesem Prozeß doch unabänderlich das Allgemeinwohl gefördert. Erwarb ein Organismus Vorteile auf Kosten anderer, so beglich er diese Schuld der Natur gegenüber in Form der überlegenen Merkmale, die er an seine Nachkommen weiterreichte, so seinen Teil zur fortgesetzten evolutionären Veredelung der gesamten Natur beitragend. Wenn Darwin also keinen Zweifel daran ließ, daß für ihn das Individuum das wichtigste Einzelelement des Systems war, so entwarf er doch eine Theorie, in der vielleicht besser als in irgendeiner anderen, die jemals ersonnen wurde, die enge biologische Beziehung zwischen allen Lebewesen zum Ausdruck kam.

Darwins Theorie war ein willkommenes Tonikum für das Bürgertum. Sie bekräftigte die Vorstellung von einer unsichtbaren Hand, die das Geschehen auf dem Markt lenkt, und schien die Auffassungen von Adel und Mittelschicht zu den entscheidenden gesellschaftlichen Fragen der Zeit zu bestätigen. Das ist natürlich keine überraschende Koinzidenz, da Darwins eigene Gedanken stark «beeinflußt» waren von den politischen Einstellungen eben jener Klasse, die seine Theorie später so begeistert aufnahm. Genau zu der Zeit, da Darwin seine Theorie erarbeitete, wurde nämlich in der englischen Politik eine leidenschaftliche Debatte über soziale Reformen geführt, wobei es insbesondere um Hilfe für die Armen ging. Nirgends kamen die politischen Vorurteile seiner Klasse schriller zum Ausdruck als in der großen Reformdebatte der dreißiger Jahre des vorigen Jahrhunderts, und Darwin wurde verständlicherweise von der Meinung seiner Kaste beeinflußt. Am strittigsten war die Verabschiedung des *Poor Law Act*, eines Gesetzes zur Neuregelung des öffentlichen Fürsorgerechts. Dieses Gesetzeswerk war Gegenstand endloser Diskussionen in den bürgerlichen Salons und Klubs. Mehr als in irgendeiner anderen innenpolitischen Frage kristallisierte sich hier die politische Orientierung der aufstrebenden Mittelschicht. Es ist nicht ohne Interesse für unseren Zusammenhang, daß dieses Gesetz vier Jahre, bevor Darwin seine Theorie der natürlichen Zuchtwahl formulierte, verabschiedet wurde, denn die Haltung, die dort zum Ausdruck kam, hat er getreulich in sein eigenes Gesetzeswerk übernommen.

Es ging um die Verantwortung der Gesellschaft für die Armen. Üblicherweise ergänzten die Gemeinden die niedrigen Löhne durch öffentliche Zuschüsse, wobei sich der Betrag nach der Anzahl der Familienmitglieder richtete. Da Smiths unsichtbare Hand und Malthus' Bevölkerungsgesetz eine immer größere Zahl von Anhängern im Adel und in der Mittelschicht fanden, war bald zu hören, daß die geltenden Armengesetze den Naturgesetzen zuwiderliefen, würden sie doch Trägheit und Untüchtigkeit belohnen, so daß die Armen sich zum Schaden der Natur und der Gesellschaft fortpflanzen könnten. Bewaffnet mit dem neuen Kodex einer politischen Moral, die sich angeblich auf die Naturgesetze berufen konnte, forderte das Bürgertum, praktisch jede Form öffentlicher Fürsorge abzuschaffen (ausgenommen die Hilfe für Alte und Kranke) und die Armen zur Arbeit zu zwingen. Genauso geschah es dann auch. Auf der Grundlage des neuen Gesetzes wurden Arbeitshäuser eingerichtet und alle Arbeitsfähigen, manchmal ganze Familien, zu einer Arbeit unter schlimmsten Bedingungen und für wahre Hungerlöhne gezwungen.

Die neue Haltung gegenüber den Armen war eine Mischung aus Bestrafung und wohlwollender Mißachtung. Adel und Mittelschicht glaubten, man müsse den Naturgesetzen nur freien Lauf lassen, dann würde der Kampf ums Überleben als höchstrichterliche Instanz fungieren, die lebensuntüchtigsten Mitglieder der Gesellschaft ausmerzen und für eine gesunde Umwelt sorgen, in der nur für den Tüchtigen Raum sei. Diese Empfindungen des Bürgertums faßt Herbert Spencer zusammen, wenn er schreibt: «Das Wohlergehen der Menschheit in ihrem gegenwärtigen Zustand und ihre Entfaltung zu dieser höchsten Vollkommenheit werden beide durch dieselbe segensreiche, wenn auch strenge Gesetzmäßigkeit gewährleistet, der die gesamte beseelte Schöpfung unterliegt, eine Gesetzmäßigkeit, die erbarmungslos das Gute zuwege bringt, ein glückbringender Prozeß, der nie vom vorgezeichneten Wege abweicht, um partielles und vorübergehendes Leiden zu vermeiden. Die Armut der Unfähigen, die Not, in welche die Unvorsichtigen geraten, der Hungertod der Müßigen und die Verzweiflung der Schwachen, die von den Starken beiseite gedrängt werden – all dies sind die Ratschlüsse einer großzügigen und vorausschauenden Nächstenliebe.»[95]

Immer wieder begegnete Darwin solchen Argumenten bei seinen Zeitgenossen. Wie sollte es da überraschen, daß sie seine Vorstellung von den Vorgängen in der Natur geprägt haben. Später fand seine Theorie zurück in die gleichen Salons und Klubs, wo sie nun dazu diente, genau den Argumenten Nachdruck zu verleihen, denen sie ihre Entstehung verdankte.

Obwohl Darwin es nie beabsichtigt hatte, wurde seine Theorie zur wichtigsten Waffe im politischen Arsenal der neuen bürgerlichen Klasse. Im Mittelpunkt stand der Gedanke, daß «alle Bestrebungen, gesellschaftliche Prozesse zu reformieren, Versuche seien, das Unabänderliche zu ändern, daß sie der Weisheit der Natur zuwiderliefen, daß sie nur zur Entartung führen könnten».[96] Anstelle einer gesetzgeberischen Reform empfahlen die Sozialdarwinisten den langsamen, auf Versuch und Irrtum gegründeten Prozeß allmählicher Veränderung, weise gelenkt von der natürlichen Zuchtwahl und der unsichtbaren Hand. Kurzum, Evolution und keine Revolution. Dazu der Historiker Richard Hofstadter: «Die Vorstellung einer über unendliche Zeiträume sich erstreckenden Entwicklung verlieh einem anderen, der konservativen politischen Theorie vertrauten Gedanken neuen Nachdruck: der Idee, daß jede vernünftige Entwicklung langsam und ohne Hast verlaufen müsse. Man stellte sich die Gesellschaft als einen Organismus vor . . . der sich nur in jenem Erdzeitalter durchlaufenden Tempo verändern könne, mit dem in der Natur neue Arten entstehen.»[97]

Da die Natur so eindeutig auf der Seite der neuen bürgerlichen Klasse war, sah diese sich mit dem biologischen Beweisgrund versehen, den sie brauchte, um ihre eigene politische Position unangreifbar zu machen. Gleichzeitig lieferte ihr die Darwinsche Evolutionstheorie eine raffinierte Verteidigung gegen die Arbeiterklasse und die Armen, die auf radikale soziale Reformen drängten und Erleichterung von der entsetzlichen wirtschaftlichen Not verlangten, in der sie sich befanden.

Natur als Maschine

Darwins Beschreibung der Artenevolution weist eine bemerkenswerte Ähnlichkeit mit den industriellen Produktionsprozessen auf, bei denen Maschinen aus ihren Einzelteilen zusammengesetzt wurden. Wenn man Darwin auch nicht unterstellen darf, daß er bewußte Anleihen beim Prinzip industrieller Montage gemacht hat, so schreibt er der Natur in seiner Theorie der biologischen Evolution doch eine sehr ähnliche Produktionsmethode zu. Jede neue Art ist eine Zusammensetzung individueller Teile in neuen Arrangements und Verbindungen und mit zusätzlichen Verbesserungen, dazu bestimmt, ihre Komplexität und Leistungsfähigkeit zu erhöhen.

Man kann Darwin kaum einen Vorwurf daraus machen, daß er so stark den Bildern der Maschinenwelt verhaftet war. Es gab einfach keine Möglichkeit, im England jener Zeit der Allgegenwart der Maschine zu entfliehen. Überall konnte man diese wunderbare neue Technik bestaunen, die der Welt ein neues Gesicht verlieh. «Natürlich» war jeder bestrebt, sie auf alle Aspekte des Lebens anzuwenden. Man konnte von den Biologen kaum erwarten, daß sie sich dieser allgegenwärtigen Faszination entzogen.

Lange bevor Darwin begann, Anleihen bei der Bilderwelt der Maschinen zu machen, lieferte sie schon die wichtigsten Metaphern für die Physik. Descartes, Newton und die anderen Gründerväter der modernen Naturwissenschaft hatten das Universum als eine sinnreich konstruierte Maschine beschrieben, die in ewigem Gleichmaß nach genauen mathematischen Gesetzen arbeitet. Diese Universalmaschine war dergestalt aus «elementaren Bausteinen» zusammengesetzt, daß für ein reibungsloses Funktionieren des Gesamtmechanismus gesorgt war. In der neuen Ordnung der Dinge wurde aus Gott, dem Handwerker, Gott, der Uhrmacher. Man pries ihn als den genialen Mathematiker, der den Gesamtentwurf angefertigt und verwirklicht hatte. Als sich nachfolgende Generationen mehr und mehr an dem neuen Paradigma berauschten, entfernte man ihn schließlich ganz aus seiner Schöpfung.

Die mechanische Welt ließ nur noch physikalische Erscheinungen gelten, die mathematisch meßbar waren. Die Architekten der Maschinenwelt trennten alle Lebensqualitäten von den Quantitäten, zu denen sie gehörten, eliminierten sie anschließend und erhielten so ein kaltes, lebloses Universum, das ausschließlich aus toter Materie bestand. Diese mechanische Konzeption physischer Existenz bereitete den Boden für eine gründliche Entheiligung aller Lebensbereiche im nachfolgenden Industriezeitalter. Dazu der Historiker Neal Gillespie von der Georgia State University: «Positive Wissenschaft, verstanden als ein System empirisch verifizierbarer Tatsachen und Prozesse sowie der sie verbindenden Theorien, verlangte eine radikale Profanierung der Natur.»[98] Die Naturwissenschaftler waren so durchdrungen von der Wahrheit ihrer mechanischen Weltsicht, daß sie sich sofort von René Descartes' Behauptung überzeugen ließen, alle lebenden Geschöpfe seien seelenlose Automaten, bloße Maschinen, die weder Schmerz noch Lust empfinden könnten. Diese Einstellung führte zu barbarischen Tierexperimenten in den wissenschaftlichen Labors, mit dem Ziel, herauszufinden, was diese Maschinen in Bewegung hielt. Jean de LaFontaines Bericht über solche Experimente belegt, in welchem Maße es der neuen mechanischen Kosmologie gelungen war, die letzten Spuren des Lebens aus der Natur zu entfernen. «Mit vollkommener Gleichgültigkeit traktierten sie Hunde mit Schlägen und machten sich lustig über diejenigen, die Mitleid mit den Geschöpfen hatten, als könnten sie Schmerz empfinden. Sie erklärten, die Tiere seien Uhrwerke, die Schreie, die sie ausstießen, wenn sie die Schläge empfingen, seien nur das Geräusch einer kleinen Feder, die berührt worden war, der ganze Leib sei hingegen ohne Empfinden. Sie nagelten die armen Tiere mit den vier Pfoten an Bretter, um sie zu vivisezieren und den Blutkreislauf zu beobachten, der Gegenstand großer Debatten war.»[99]

Dort ansetzend, wo diese ersten Naturwissenschaftler aufgehört hatten, gelang es Darwin, die Idee eines mechanischen Universums in die mechanische Theorie von der Entstehung und Entwicklung der Arten umzuwandeln. Die Natur wurde zu einer Werkstatt, die gut bestückt war mit einer Fülle ausbau- und ersetzbarer Einzelteile, die sich fortwährend zu immer komplexeren und leistungsfähigeren Lebensmaschinen zusammenfügten. Vor dem Maschinenzeitalter verstand man Lebewesen als «Ganzheiten». Eine Vorstellung, die gut zur handwerklichen Produktionsweise paßt, bei der der Handwerker seine Schöpfung aus dem Rohstoff «formt». In der handwerklichen Produktionsweise existiert jede Form als separate Einheit. Produkte entstehen als Ganzheiten, und ein jedes ist abgegrenzt durch die Form, die es prägt. Die lange geltende Auffassung der Natur als Ansammlung von unveränderlichen Geschöpfen, jedes genau nach dem Original geformt und ohne die geringste Veränderung, bot also eine ideale Entsprechung zur handwerklichen Produktionsweise. Dieses traditionelle Naturverständnis wurde verworfen und durch eine radikal neue Vorstellung ersetzt, die besser zu den neuen Formen industrieller Produktion paßte. Darwin begriff die lebendige Natur als die Gesamtsumme lebloser, unbeseelter Teile, die in mannigfaltigen funktionsbestimmten Kombinationen «montiert» wurden. Er bekannte, daß er sich nicht einmal vorstellen könnte, daß die lebendigen Kreaturen als Ganzheit und in ihrer Gesamtheit erschaffen worden seien. Mit der dem Engländer so selbstverständlich gewordenen Vorstellung von der schrittweisen Montage der Maschinen erklärt Darwin: «Sieht man, in welch wunderbarer Beziehung jedes organische Wesen zu seinen komplexen Lebensbedingungen steht, so erscheint einem der Gedanke, daß jedes Teil plötzlich in seiner ganzen Vollkommenheit hervorgebracht worden sein soll, ebenso unwahrscheinlich wie die Vorstellung, daß der Mensch eine komplexe Maschine in ihrem fertigen Zustand erfunden hätte.»[100]

Darwin machte aus lebenden Objekten maschinenartige Objekte. Mit dieser gründlichen Entheiligung der Natur durchtrennten Darwin und seine Zeitgenossen die letzten dünnen Fasern, die die kosmologischen Visionen der Menschheit noch mit dem Animismus verbanden. Welche Bedeutung dieser Vorgang hatte, macht Donald Worster deutlich: «Durch die Reduzierung der Pflanzen und Tiere zu lebloser Materie, zu bloßen Konglomeraten atomistischer Teilchen, bar jeder Zweckbestimmtheit und Intelligenz, beseitigte der Naturwissenschaftler die letzten Hindernisse, die einer schrankenlosen wirtschaftlichen Ausbeutung im Wege standen.»[101]

Zur Verteidigung Darwins läßt sich sagen, daß er mit seinen Gedanken keinerlei böse Absicht verfolgte. Es war nicht Bösartigkeit, die ihn zu einer so überzeugenden Abtötung der Natur veranlaßte. Zweifellos war er sich nicht bewußt, in welch hohem Maße sein Denken von der Umwelt beeinflußt wurde, in der er lebte. In dieser Hinsicht stand Darwin nicht allein. Dazu heißt es sehr zutreffend bei John Michell, dem Autor des Buches ‹*The View over Atlantis*›: «Menschen rechtfertigen ihr Tun ... durch den Entwurf einer Kosmologie, die ihre besonderen Ideen und Obsessionen widerspiegelt ... Die Idee des mechanischen Universums entsprach vorübergehend einem Zeitalter, das sich intensiv mit der Entwicklung mechanischer Erfindungen befaßte.»[102]

Evolutionsethik

Wie alle anderen Schöpfer von Kosmologien vor ihm trug auch Darwin bei der Auseinandersetzung mit der uralten Frage der Moral dafür Sorge, daß das Gute sich deckte mit der herrschenden Weise, die Natur zu organisieren, und das Schlechte mit den Handlungsweisen, die den Zielen der Gesellschaft zuwiderliefen.

Auf seine eigene areligiöse Weise verstand Darwin die Natur als gefallen. Sie war ein Ort voller böser Absichten. Darwin war entsetzt über das Leiden, das in der Natur verursacht wurde. «Mir scheint, daß es viel Elend in der Welt gibt.»[103] Die Vorstellung einer gnadenlosen und rachsüchtigen Natur machte diesen friedliebenden englischen Gentleman sehr betroffen. Nach Himmelfarb versöhnte Darwin seine widerstreitenden Gefühle durch den Gedanken, «daß die Grausamkeit in der Natur Teil eines größeren gütigen Entwurfs» sei.[104] Seine Theorie der natürlichen Selektion verfuhr ähnlich wie die Waage der Gerechtigkeit, indem sie Bestrafungen und Belohnungen mit größerer Unparteilichkeit austeilte, als von Salomon persönlich zu erwarten wäre. «Man kann sagen, daß die natürliche Zuchtwahl täglich und stündlich überall auf der Welt jede auch noch so winzige Veränderung prüft. Das, was schlecht ist, weist sie zurück, alles, was gut ist, bewahrt und sammelt sie, still und ohne Bewußtsein damit beschäftigt, wann immer und wo immer die Gelegenheit sich bietet, ein jegliches organisches Wesen zu verbessern.»[105]

Das Gute erhalten und das Schlechte zurückweisen: Das ist genau das, was jeder Moralkodex von den Menschen verlangt, die ihm verpflichtet sind. Die schicksalhafte Frage, was gut sei, beantwortet Darwin mit der geballten Autorität des utilitaristischen Ethos seiner Zeit. Gut ist das, was nützlich ist, oder, um es etwas biologischer auszudrücken, gut ist das, was angepaßt ist. Alle Züge, die die Überlebensaussichten verbessern, müssen gut sein. Hingegen ist, um Herbert Spencer, einen schärferen Verfechter dieses Gedankens unter den Zeitgenossen Darwins, zu zitieren, «die Wurzel allen Übels die ‹Nichtangepaßtheit der Konstitution an die Bedingungen›».[106] Ob man «nützlich» oder «angepaßt» sagt, gemeint ist dasselbe. Gutes, das heißt nützliches oder der Anpassung dienendes Verhalten, ist jenes Verhalten, das in irgendeiner Weise die Fähigkeit des Organismus fördert, seine Autarkie aufs höchste zu steigern und seine Abhängigkeit so weit wie möglich zu verringern.

Wenn Darwin die Evolution als einen Prozeß beschreibt, in dessen Verlauf alle Mängel ausgemerzt und durch fortwährende Umstrukturierung immer höhere Stufen der Vollkommenheit erklommen werden, so spricht er, ohne es zu wissen, von dem Wunsch, einen höchsten Zustand völliger Unabhängigkeit zu erreichen. Natürlich würde eine Spezies, die einen solchen extremen Zustand erreicht hätte, eine verblüffende Ähnlichkeit mit dem aufweisen, was die Kosmologen früherer Zeiten als Gott bezeichneten. Gott war stets verknüpft mit dem Gedanken vollkommener Unabhängigkeit. Gott zu sein heißt, ohne Bedürfnisse, heißt, völlig autark und unverletzlich zu sein.

Vor Anbruch des Industriezeitalters trachteten die Menschen danach, Gott ähnlicher zu werden, und da Gott immer für Unabhängigkeit stand, war es nur sinnvoll, daß die Menschen gutes Verhalten oder gottähnliches Verhalten mit autarkem Verhalten gleichsetzten.

Zwar waren «Unabhängigkeit» und «Gutsein» immer miteinander verwoben, doch haben sie im Laufe der Geschichte äußerst unterschiedliche Deutungen erfahren. Für die Griechen war Gutsein oder Autarksein gleichbedeutend mit materieller Sicherheit. Für die ersten Christen standen autarkes und gutes Verhalten im Gegensatz. Selbstlosigkeit, der Verzicht auf irdische Wünsche und weltliche Bedürfnisse, galt den Christen als höchster Ausdruck der Unabhängigkeit und des guten Verhaltens. Unabhängig von wechselnden Deutungen waren die Menschen durchgehend bestrebt, sich selbst zu «vervollkommnen», ein Leben zu führen, das, so gut es ging, Gottes eigenes Gutsein widerspiegelte. Doch da Gott in Darwins Entwurf nicht vorgesehen war, brauchte er einen Ersatz. Was für ein Antrieb, die Evolutionsleiter zu erklimmen, blieb dann ohne Gott als das Ziel, das allem gesetzt war?

Mit der allmählichen Durchsetzung des Industrialismus blickten die nachfolgenden Generationen statt auf die Himmelstüren mehr und mehr auf die Fabriktore, wo eine Ersatzgottheit auf sie wartete, die sich gierig ihrer nicht nachlassenden Gläubigkeit und Frömmigkeit bemächtigte. Der neue irdische Gott hieß Effizienz und erfüllte für die Männer der Wissenschaft und Industrie haargenau den gleichen Zweck wie frühere Gottheiten für die Menschen ihrer Zeit.

Der Effizienzgedanke war für Darwins Evolutionstheorie ebenso bestimmend wie für das industrielle Leben im 19. Jahrhundert. In diesem Zusammenhang heißt es bei Silvan Schweber: «Darwin bezeichnet die günstigsten Gebiete, in denen sich die dominierendsten Tiere entwickeln, als die ‹effizientesten Werkstätten›.»[107] Kein Wunder, daß Darwin so dachte. Schließlich war ganz England besessen von dem einen einzigen Wunsch nach mehr Effizienz. Sie war der neue Gott und wurde mit all der Ehrfurcht behandelt, die ein Engländer früherer Zeiten dem Heiland selbst entgegengebracht hätte.

Und in der Tat verkörpert die Effizienz viele der Eigenschaften, die sich Gott zuschreiben lassen. Effizienz ist das Bestreben, durch minimalen Energieaufwand maximale Erträge zu erzielen. Vollkommene Effizienz würde bedeuten, daß man alles, was sich überhaupt herstellen läßt, zu seiner Verfügung hätte, ohne die geringste Energie aufwenden zu müssen. In früheren Zeiten sah die Menschheit Gott in dieser Rolle. Statt Gottes beschwor Darwin eine natürliche Welt, in der jede Spezies der Artenfolge effizienter war als ihre Vorgänger, das heißt besser in der Lage, bei gleichbleibendem Aufwand von Zeit und Energie die Erträge zu maximieren. Evolution war also der stete Fortschritt in Richtung auf den vollkommen effizienten Organismus, das heißt den vollkommen unabhängigen Organismus, das heißt einen Organismus, der gegen alle äußeren Einflüsse abgeschirmt ist, das heißt einen Organismus, der in seiner Konstitution eine bemerkenswerte Ähnlichkeit mit Gott aufweist.

Vollkommene Effizienz zeigt noch in einer anderen Hinsicht eine auffällige Ähnlichkeit mit Gott. Effizienz ist der Versuch, physischen Verfall soweit wie möglich aufzuhalten. Jedesmal, wenn wir Energie verbrauchen, stirbt ein Teil von uns. Je weniger Energie man aufwendet und je mehr Energie man dafür erhält, desto besser vermag man sich gegen die Wirkung der Zeit zu wehren. Wenn ein Organismus überhaupt keine Energie verbrauchen müßte und nur Energie aufnehmen würde, könnte er ewig leben. Größere Effizienz heißt also Zeit und Tod ein Schnippchen zu schlagen. Auf diese Weise versucht die Menschheit, die Grenzen von Zeit und Raum zu überwinden und unsterblich wie Gott selbst zu werden, der schließlich das effizienteste aller Wesen ist, da er keinerlei Energie verbraucht und doch alle Kreatur seinem Willen gehorcht.

Durch Effizienz strebt die Menschheit nach Autarkie. Je weniger man aufgeben muß, um etwas dafür zu bekommen, desto unabhängiger ist man. Wie in den Kosmologien der Vergangenheit, in denen das Gute als Maßstab der Unabhängigkeit galt, sind die modernen Menschen zu der Überzeugung gelangt, daß die Welt um so besser wird, je effizienter sie selbst werden. Effizienzsteigerung ist der höchste Wert der Industriegesellschaft. Im Maschinenzeitalter heißt gut sein effizient sein. Hören wir, wie Donald Worster die Stimmung des Zeitalters zusammenfaßt und wie er ihre Wirkung auf die kosmologischen Formulierungen Darwins und seiner Kollegen beschreibt: «Während die Wissenschaftler damit beschäftigt waren, die Daten der Natur zusammenzutragen und zu klassifizieren ... gelang es ihnen gleichzeitig, ein ökologisches Modell zu entwickeln, das ein vollkommenes Spiegelbild des bürgerlichen Zeitgeistes war. Das Grundprinzip war die Annahme, daß die ‹Ökonomie› der Natur von der Vorsehung zur Maximierung der Produktion und Effizienz eingerichtet sei.»[108]

Politik und Darwinismus

Die Darwinsche Evolutionstheorie folgte dem Weg der Dampfmaschine über den Erdball. Überall, wo der Industrialismus Fuß faßte, wurde auch das Evolutionsdogma bald zu einer festen Einrichtung. Es verdankt die begeisterte Zustimmung über alle geographischen Grenzen hinweg dem Umstand, daß es die Natur der Dinge in einleuchtenden Begriffen zu erklären scheint. Verstört von den Veränderungen, die ihr Leben umkrempelten, hielten die Menschen Ausschau nach einer allumfassenden Erklärung, die alles ins Lot brachte. Darwins Theorie wurde den Erwartungen gerade deshalb gerecht, weil sie in der Natur die gleichen Kräfte zu entdecken schien, die zu Anfang des Industriezeitalters den Alltag in den Fabriken und Städten bestimmten.

Darwins Theorie war nicht nur eine Kosmologie für das kapitalistische England, auch wenn sie auf britischem Boden gewachsen war. Mit dieser Theorie ließ sich das ganze Industriezeitalter erklären und rechtfertigen. Dank ihrer universellen Verwendbarkeit wurde sie von den meisten ideologischen Gruppierungen des Zeitalters aufgegriffen. Dazu Geoffrey

West: «Der Darwinismus wurde von allen Parteien als wirksames Bollwerk gegen ihre widersprüchlichen Vorurteile verwendet. Auf der einen Seite Nietzsche, auf der anderen Marx und dazwischen alle Schattierungen von Aristokratie, Demokratie, Individualismus, Sozialismus, Kapitalismus, Militarismus, Materialismus und sogar Religion.»[109]

Marx und Engels vereinnahmten Darwins Theorie ohne Zögern für ihre eigenen ideologischen Zwecke. Marx erklärte, Darwins Buch sei eine naturwissenschaftliche Grundlage für den Klassenkampf in der Geschichte.[110] Tatsächlich war er von der Bedeutung der Evolutionstheorie für den Sozialismus so überzeugt, daß er Darwin um Erlaubnis bat, ihm das ‹*Kapital*› widmen zu dürfen, doch der englische Wissenschaftler lehnte freundlich ab, weil er fürchtete, eine Verbindung seines Namens mit dieser Abhandlung könnte seine Glaubwürdigkeit bei den Angehörigen der eigenen Gesellschaftsschicht erschüttern. Marx schätzte vor allem zwei Dinge an Darwins Werk. Erstens, es sei der Evolutionstheorie gelungen, der Teleologie in den Naturwissenschaften erstmals den Todesstoß zu versetzen.[111] Nach Himmelfarb hat Marx erkannt, daß Darwin nicht nur Gott spurlos von der Bildfläche verschwinden ließ, sondern daß er auch den «abstrakten Materialismus der meisten Naturwissenschaften» in Frage stellte[112], indem er den historischen Prozeß in die Wissenschaft einführte. Marx und Engels waren fest davon überzeugt, daß Darwins Theorie von der Entstehung und Entwicklung der Arten eine Parallele zu ihren eigenen Gedanken über Entstehung und Entwicklung der Kultur darstellte. Bei Marx' Begräbnis rief Engels aus: «Wie Darwin das Gesetz der Entwicklung der organischen Natur, so entdeckte Marx das Entwicklungsgesetz in der menschlichen Geschichte.»[113]

In ihrem Buch ‹*Darwin and the Darwinian Revolution*› legt Gertrude Himmelfarb dar, Darwin, Marx und Engels seien übereinstimmend der Überzeugung gewesen, daß das Universum von «unabänderlichen Gesetzen» regiert werde und daß «Gott es so wenig wie der einzelne Mensch vermöge, in die innere, selbsttätige Dialektik von Veränderung und Entwicklung einzugreifen».[114] Sicher gab es auch Teile der Darwinschen Theorie, von denen sich diese Sozialisten distanzierten. Während Darwin beispielsweise die Auffassung vertrat, der Kampf ums Dasein sei eine «überdauernde Bedingung», glaubten Marx und Engels, er charakterisiere die Evolution nur noch für die Dauer des bürgerlichen Geschichtsabschnitts und werde mit der Entstehung der klassenlosen Gesellschaft fortfallen.

1875 schrieb Engels einem Freund einen Brief, der manchem – bedenkt man, wer der Urheber war – nicht frei von Ironie erscheinen mag. Ohne Zweifel war sich Engels darüber im klaren, daß Darwin mit dem, was er tat, das industrielle Leben Englands in die Natur projizierte und dann die Natur zur Rechtfertigung des englischen Industrielebens benutzte. Es lohnt sich, seine Darlegungen zu wiederholen: «Die ganze darwinistische Lehre vom Kampf ums Dasein ist einfach die Übertragung der Hobbeschen Lehre vom bellum omnium contra omnes und der bürgerlich-ökonomischen von der Konkurrenz, nebst der Malthusschen Bevölkerungstheorie, aus der Gesellschaft in die belebte Natur. Nachdem man dies Kunststück fertiggebracht . . . so rücküberträgt man dieselben Theorien aus der organischen Natur wieder in die Geschichte und behauptet nun, man habe ihre Gültigkeit als ewige Gesetze der menschlichen Gesellschaft nachgewiesen.»[115]

Man sollte meinen, mit dieser Erkenntnis sei Darwins Theorie unrettbar als bürgerlicher Trick entlarvt gewesen, doch das war durchaus nicht der Fall. Weder Engels noch Marx noch irgendeiner der anderen Architekten des Industriezeitalters war gewillt, eine Theorie zu verwerfen, die ungeachtet aller Mängel die beste kosmologische Verteidigung des Industrialismus bot, die es gab. Deshalb setzte sich Engels über einige Unstimmigkeiten sowie den Ansatzpunkt der Theorie hinweg und feierte wie seine Zeitgenossen Darwins Erklärung der Natur enthusiastisch als die unanfechtbare Wahrheit der Materie.

Auf den kürzesten Nenner brachte der Kultur- und Geschichtsphilosoph Oswald Spengler die Evolutionstheorie mit der schlichten Feststellung, Darwins ganze These sei wenig mehr als «die Anwendung der Nationalökonomie auf die Biologie».[116] Das war der Fall, doch wenn die Anwendung der Theorie auf die Natur von der Wirtschaft ausging, so hatte die Rückübertragung der Naturgesetze auf die Gesellschaft politische Beweggründe. Seit Erscheinen der *‹Entstehung der Arten›* konnte das Bürgertum sein Wirtschaftsverhalten rationalisieren, indem es sich auf die universellen Gesetze der Natur als höchste Autorität berief. Es war nicht nur möglich, sondern wurde auch gutgeheißen, daß man die brutale Ausbeutung der Arbeiter und die imperialistischen Abenteuer in Übersee mit dem Bekenntnis rechtfertigte, man befolge doch nur getreulich die «Naturgesetze». In einer Beurteilung der politischen Folgen dessen, was man später als Sozialdarwinismus bezeichnet hat, kommt Gertrude Himmelfarb zu dem Schluß, daß er die unangefochtene Kernthese für die politischen Anschauungen des Industriezeitalters gebildet habe. Als politisches Instrument habe der Darwinismus «Wettbewerb, Macht und Gewalt über Konvention, Moral und Religion gestellt. So wurde er zum Vorwand für Nationalismus, Imperialismus, Militarismus und Diktatur, für die Verherrlichung des Helden, des Übermenschen und der Herrenrasse».[117]

Zwar hat die Wissenschaft stets bereitwillig zugegeben, daß Darwins Evolutionstheorie immer wieder für politische Zwecke mißbraucht worden ist. Mit weit geringerer Zustimmung indessen konnte bei ihr bislang die These rechnen, daß die Theorie wenig mehr leistet, als wirtschaftliches Handeln in die Natur zu projizieren, um in der Natur eine politische Rechtfertigung für die Art und Weise zu finden, wie wir Menschen einander und die Natur behandeln. Mit anderen Worten: Wichtig ist nicht nur, wie Darwins Theorie benutzt, sondern auch, wie sie entwickelt worden ist. In der Anwendung wie im Ansatz ist die Darwinsche Theorie dem Einfluß ihrer Zeit unterworfen. Darwin hat weniger das Naturgeschehen entdeckt als die Bedingungen der industriellen Verhältnisse des 19. Jahrhunderts, die er unbewußt in die Natur projiziert hat. Damit hat er der Politik seiner Klasse in den Anfängen des bürgerlichen Zeitalters eine biologische Rechtfertigung geliefert.

Ihren Erfolg verdankt die Darwinsche Theorie dem Umstand, daß sie die Zeitstimmung so genau traf. Die Menschen akzeptierten Darwins Auffassung vom Naturgeschehen so bereitwillig, weil sich die Grundthesen dieser Theorie so schön deckten mit der Art, wie die Menschen sich und ihre unmittelbare Umwelt organisierten. Darwin schuf eine Naturtheorie, die in allen Einzelheiten die entscheidenden Voraussetzungen der industriellen Ordnung bestätigte. Das war von weit größerem Wert, als es eine bloße Naturtheorie hätte sein können. Darwin gab den Industriellen die Gewißheit, die sie brauchten, um sich über die nagenden Zweifel hinwegsetzen zu können, die sie bezüglich der Richtigkeit ihres Verhaltens doch hegen mochten. Seine Theorie bestätigte, was sie unbedingt glauben wollten: daß sich nämlich die Art, wie sie ihr Dasein einrichteten, in der Tat in «Harmonie» mit der natürlichen Ordnung der Dinge befand.

Darwins Kosmologie sanktionierte ein ganzes geschichtliches Zeitalter. Überzeugt davon, daß sich ihr Verhalten in Einklang mit dem Naturgeschehen befand, sahen sich die Industriellen mit jener unangreifbaren Rechtfertigung versehen, die sie brauchten, um die Ausbeutung ihrer Umwelt und Mitmenschen fortzusetzen, ohne sich auch nur einen Augenblick lang durch den Gedanken an die Folgen ihres Tuns aus der Ruhe bringen lassen zu müssen.

TEIL VIER

Darwinsche Götterdämmerung

Untergang eines Paradigmas

Intellektuelle haben eine Schwäche dafür, anderer Meinung zu sein. Das liegt an ihrem Beruf. Man nehme eine repräsentative Stichprobe von Intellektuellen, stecke sie in einen großen Konferenzsaal, und man wird mit an Sicherheit grenzender Wahrscheinlichkeit erleben können, daß sie sich sofort und bereitwillig gegen fast jeden Vorschlag aussprechen, der zur Diskussion gestellt wird. Wissenschaftler sind darauf trainiert, bei jeder Gelegenheit zu räsonieren und zu kritisieren, Bedenken und Einwände zu erheben. Ein guter Wissenschaftler ist stolz auf seine Fähigkeit, unabhängig vom jeweils anliegenden Thema ein Körnchen gesunder Skepsis zu bewahren.

Unter Intellektuellen gilt es als schlechter Stil, eine Auffassung gegen jegliche Kritik und Diskussion abzuschirmen. Keins der für das menschliche Denken wichtigen Probleme gilt als gelöst und deshalb über alle weiteren Fragen erhaben. Oder zumindest fast keins. Denn einer Behauptung blieb die ständige Krittelei erspart, der die meisten anderen akademischen Fragen ausgesetzt sind. Man hat der Darwinschen Evolutionstheorie gewissermaßen diplomatische Immunität gewährt. Jahrzehntelang hat sie sich einer recht privilegierten Stellung in der akademischen Gemeinschaft erfreut. Viele Angehörige dieser Gemeinschaft wären sofort bereit, ihren Sonderstatus zu verteidigen. Denn hätten wir die Evolutionstheorie nicht, so hätten wir auch kein Bezugssystem, in dem wir all die anderen wichtigen Fragen erörtern könnten, die das Leben betreffen. Die Art, wie wir die Welt betrachten, wie wir die wichtigen Fragen formulieren, wie wir uns mit den Problemen des Tages auseinandersetzen – für alle diese Dinge bedürfen wir eines Bezugssystems, das außer Zweifel steht. Dieser unanfechtbare Ausgangspunkt ist die Evolutionstheorie. Sie ist die Grundlage unserer Weltanschauung, ohne sie wird alles andere unverständlich. Der bedeutende Biologe Sir Julian Huxley hatte eine sehr zutreffende Vorstellung von der Bedeutung der Evolutionstheorie, als er schrieb: «Es ist unbedingt erforderlich, daß die Evolution zum Herzstück eines jeden Bildungssystems wird, da sie im weitesten Sinne die anorganische Natur mit dem Leben, die Sterne mit der Erde, die Materie mit dem Geist und die Tiere mit dem Menschen verbindet. Die menschliche Geschichte ist eine Fortsetzung der biologischen Evolution in anderer Form.»[1]

Huxleys Hoffnungen sind in Erfüllung gegangen. Die Evolutionstheorie ist zum unantastbaren Kernstück unseres Bildungssystems geworden, und man hat sie mit ausgeklügelten Verteidigungssystemen umgeben, um sie vor unnötigem Mißbrauch zu schützen. Sorgfältig behütet man sie vor jeglicher Beschädigung, da schon der kleinste Riß ernsthafte Zweifel an allen geistigen Grundlagen unserer modernen Weltanschauung wecken könnte. Würde man eine Umfrage durchführen, würde man ohne Zweifel feststellen, daß praktisch alle unsere führenden Wissenschaftler mit dem Biologen Julian Huxley übereinstimmen, der mit mehr als nur ein bißchen Übertreibung verkündete: «Darwins Theorie ... ist keine Theorie mehr, sondern eine Tatsache. Jeder ernsthafte Wissenschaftler würde ebensowenig in Abrede stellen, daß die Evolution stattgefunden hat, wie er leugnen würde, daß die Erde um die Sonne kreist.«[2]

Wenn man in früheren Zeiten die herrschende Orthodoxie in Frage stellte, wurde man wegen Ketzerei angeklagt. Heute, da die Wissenschaft der Theologie den Rang als gültiges Paradigma abgelaufen hat, ersetzen wir die von theologischem Eifer beseelten Anklagen lieber durch klinische Termini. Wenn es heute ein Mitglied des akademischen Establishments wagt – so der Biologe Garrett Hardin –, die Darwinsche Evolutionstheorie zu bezweifeln, so «zieht er unvermeidlich den prüfenden Blick des Psychiaters auf sich».[3] Mit anderen Worten: Es tauchen sogleich Zweifel an seinem Geisteszustand auf.

Ein Mann, den die Aussicht auf eine solche Überprüfung nicht schrecken kann, ist Colin Patterson, verantwortlicher Paläontologe am British Natural History Museum in London, Autor des Buches *‹Evolution›* und allgemein anerkannt als der Welt bedeutendster Paläoichthyologe. Am 5. November 1981 hielt Patterson am American Museum of Natural History einen Vortrag vor einer Gruppe von Experten der Evolutionstheorie. Patterson wagte seinen Kollegen gegenüber die Behauptung, die wissenschaftliche Theorie, der sie und er ihr ganzes Leben gewidmet hatten, sei bloße Spekulation und durch keinerlei stichhaltige Beweise zu belegen. Hören wir, wie Patterson seinen Sinneswandel bezüglich der Evolutionstheorie begründete: «Letztes Jahr ist mir plötzlich etwas klar geworden. Zwanzig Jahre habe ich mir eingebildet, in irgendeiner Weise über die Evolution zu arbeiten. Eines Morgens wachte ich mit dem Empfinden auf, daß in der Nacht etwas Entscheidendes passiert sei, und dann ging mir auf, daß ich seit zwanzig Jahren an dieser Sache arbeitete und daß ich nichts, aber auch gar nichts über sie wußte. Es ist eine böse Überraschung, wenn man feststellt, daß man so lange in die Irre geführt werden kann ... Deshalb habe ich in den letzten Wochen versucht, verschiedenen Menschen und Gruppen eine einfache Frage zu stellen ... Gibt es irgend etwas, was Sie über die Evolution wissen, irgendeine Sache, die wahr ist? ... Alles, was ich zur Antwort bekam ... war Schweigen ...

Das Fehlen jeglicher Antworten scheint darauf schließen zu lassen, daß ... die Evolution keinerlei Wissen vermittelt, oder dies ist mir, wenn es doch der Fall ist, noch nicht zu Ohren gekommen ... Ich glaube, viele Menschen in diesem Saal werden mit mir darin übereinstimmen, daß sie in den letzten Jahren, wenn sie überhaupt darüber nachgedacht haben, erlebt haben, wie die Evolutionstheorie eine Wandlung vom Wissen zum Glauben durchlaufen hat. Ich weiß jedenfalls, daß es für mich gilt, und ich denke, daß es auch für einen Großteil der hier Anwesenden gilt ... Evolution vermittelt nicht nur kein Wissen, sondern scheint in gewisser Weise sogar Antiwissen zu vermitteln.»[4]

Man stelle sich das vor! Ein Wissenschaftler, der alle Brücken zur Kosmologie seines Zeitalters abbricht. Der Mann muß einfach verrückt sein. Sollte es wirklich möglich sein, daß wir uns alle irren – daß wir alle einer großen Illusion aufgesessen sind, die nicht realer ist als Alices Wunderland? Der Psychiater Karl Stern von der University of Montreal hält es durchaus für möglich. Im Zusammenhang mit der Frage von Normalität und Geisteskrankheit fordert Stern uns alle auf, einmal von allen vorgefaßten Meinungen abzusehen und die Verdienste der Darwinschen Theorie im Lichte solcher Unvoreingenommenheit zu betrachten. Dann höre sich – so Stern – die Theorie in etwa wie folgt an: «Zu einem bestimmten Zeitpunkt wies die Erde eine Temperatur auf, welche der Häufung von Kohlenstoffatomen, Sauerstoff und einer Stickstoff-Wasserstoffverbindung förderlich war, und aus diesen zufälligen Zusammenballungen entstanden Moleküle mit besonders günstigen Voraussetzungen für die Entstehung von Leben. Nach einer langen, langen Entwicklung kam es durch den Prozeß der natürlichen Selektion schließlich zu einem Wesen, das sich für die Liebe anstelle des Hasses und für die Gerechtigkeit anstelle der Ungerechtigkeit zu entscheiden, das Verse wie die von Dante zu schreiben, das Musik wie die von Mozart zu komponieren und Zeichnungen wie die von Leonardo anzufertigen vermochte.»[5]

Stern wird mit seiner Meinung über die Evolutionstheorie kaum viele Freunde unter den Wissenschaftlern gewinnen können. In seiner Eigenschaft als Psychiater meint er: «Eine derartige Auffassung von der Kosmogenese ist verrückt. Und ich meine verrückt keineswegs in der umgangssprachlichen Bedeutung des Wortes, sondern im technischen Sinne von psychotisch. In der Tat hat eine solche Auffassung viel gemeinsam mit bestimmten Aspekten des schizophrenen Denkens.»[6]

Stern und Patterson stehen nicht allein. Während Biologielehrer den Kindern der achtziger Jahre auch weiterhin die neueste Lehrbuchversion der Darwinschen Evolutionstheorie vermitteln, haben ein paar Hohepriester der Biologie ihre eigenen heiligen Texte schon fast wieder verworfen. Obwohl nicht gewillt, die Evolutionsidee an sich für falsch zu erklären, sind doch viele gern bereit, die Darwinsche Version in den historischen Archiven abzulegen. Von dieser Rebellion ist der breiten Öffentlichkeit bemerkenswert wenig zur Kenntnis gelangt. Der Staatsstreich hat in der relativen Abgeschlossenheit der offiziellen akademischen Tagungen und wissenschaftlichen Zeitschriften stattgefunden. Erste Anzeichen dafür, daß es um den Darwinismus nicht zum besten bestellt sei, zeigten sich ausgerechnet bei der Hundertjahrfeier der Darwinschen Theorie an der University of Chicago im Jahre 1959. Einer der Festredner, der Paläontologe Everett Claire Olson von der University of California, offenbarte, daß es «auch eine meist schweigende Gruppe von Gelehrten gibt, die sich mit biologischen Themen befassen und dabei einen Großteil der hier vertretenen Lehrmeinungen ablehnen, darüber aber kaum etwas sagen und schreiben, weil es sie nicht interessiert, weil sie in einer Kontroverse über die Evolution keinen Sinn sehen oder weil sich ihre Auffassung so radikal unterscheidet, daß sie die vergebliche Mühe scheuen, den gewaltigen Bestand an Information und Theorie zu widerlegen, der die Grundlage des modernen Denkens bildet».[7]

Zur Zahl der Fahnenflüchtigen meinte Olson, es sei schwierig, «etwas über die Größe und Zusammensetzung dieser schweigenden Minderheit zu sagen, doch zweifellos ist ihre Zahl nicht unbeträchtlich».[8]

Inzwischen ist das Schweigen längst gebrochen worden. Einer nach dem anderen haben sich die Dissidenten zu Wort gemeldet. Ihre Stimmen, einst ein leises Murren, sind zu einem Sturm der Unzufriedenheit angeschwollen.

Gegenwärtig findet in den Reihen der Fachgelehrten eine heftige Auseinandersetzung statt zwischen den eingefleischten Darwinisten und einer neuen Generation von Theoretikern, die eifrig nach einer befriedigenderen Erklärung der Entstehung und Entwicklung der Arten Ausschau halten. Der Schlachtenlärm hat unlängst auch die Mauern des ehrwürdigen Londoner Natural History Museum erschüttert, das lange Zeit als Bollwerk des darwinistischen Denkens galt. Es ging um eine von dem Museum herausgegebene Broschüre, in der es vom Darwinismus hieß: «Wenn die Evolutionstheorie wahr ist.»[9] Man denke nur, «wenn»! Große Teile der wissenschaftlichen Gemeinschaft waren entsetzt. Die bloße Andeutung einer solchen Möglichkeit – noch dazu von seiten des British Natural History Museum – genügte, um die Augenbrauen vieler Professoren in den Universitäten Cambridge, Oxford, Sussex und anderen angesehenen Institutionen überall im Vereinigten Königreich indigniert in die Höhe wandern zu lassen. Ein Leitartikel in der Zeitschrift *Nature*, dem inoffiziellen Organ des wissenschaftlichen Establishments, maßregelte die Museumsoffiziellen in deutlicher Sprache. Nach der Feststellung, daß «die meisten Wissenschaftler sich lieber die rechte Hand abhacken lassen» würden, als einen Satz mit den Worten ‹Wenn die Evolutionstheorie wahr ist› zu beginnen, folgt die rhetorische Frage: «Kann eine solche mißverständliche Ausdrucksweise etwas anderes als Verwirrung stiften?»[10]

Andere Bastionen des Establishments sind in die Debatte hineingezogen worden. Beispielsweise hat sich vor vielen Jahren G. A. Kerkut, Professor für Physiologie und Biochemie an der University of Southampton, in einem Buch mit dem Titel *‹Implications of Evolution›* kritisch mit Darwins Theorie auseinandergesetzt. Kerkut kam zu dem Resultat: «Der Versuch, alle Formen des Lebens durch die Evolution *aus einem einzigen Ursprung* zu erklären, ist zwar mutig und berechtigt, aber verfrüht und nicht befriedigend belegt durch die Evidenz, die heute vorliegt.»[11] Eine ungewöhnlich sachliche Besprechung des Buches erschien in der Zeitschrift *American Scientist*, dem offiziellen Organ der angesehenen wissenschaftlichen Verbindung Sigma Xi. Der Verfasser erklärte, daß viele seit langem zu ähnlichen Schlüssen gekommen seien, sie aber nicht vorzulegen wagten, vor allem nicht in gedruckter Form. Zum Buch wie zur Darwinschen Theorie heißt es in der Besprechung: «Dies ist ein Buch mit einer Botschaft, die betroffen macht. Es legt einige häßliche Risse in den Fundamenten bloß. Man ist betroffen, weil das, was hier gesagt wird, das unbehagliche Gefühl verursacht, daß man es tief in seinem Herzen schon lange gewußt hat, jedoch nicht bereit war, es auch nur sich selbst einzugestehen . . . Diese besondere Wahrheit ist schlicht und einfach, daß wir keine zuverlässigen Beweise für die Entwicklungsreihen haben . . . für die Abstammung jeder Gruppe von fast jeder anderen lassen sich qualifizierte, wissenschaftlich fundierte Argumente finden . . . Seit Jahren erzählen wir unseren Studenten, sie dürften keine Behauptung leichtfertig glauben, sondern müßten die Beweise überprüfen. Deshalb ist es ziemlich schockierend festzustellen, daß wir uns nicht an unsere eigenen klugen Ratschläge gehalten haben.»[12]

Noch jüngeren Datums ist ein anderes Buch, das sich kritisch mit Darwins Theorie auseinandersetzt. Es stammt von Pierre P. Grassé und ist in Frankreich erschienen. Das Buch – ‹*L'Évolution du Vivant*› – heizte die Debatte infolge der Bedeutung des Verfassers erheblich an. Grassé ist einer der größten lebenden Biologen. In einer Besprechung seines Buches konnte Theodosius Dobzhansky, ein Mitglied der alten Garde und ein entschiedener Parteigänger der Darwinschen Theorie, nicht umhin zuzugeben, daß man Grassés Feststellungen wegen seiner umfassenden Forschungserfahrungen nicht einfach ignorieren könne. Grassé ist Herausgeber des achtundzwanzig Bände umfassenden ‹*Traité de Zoologie*› und Expräsident der französischen Akademie der Wissenschaften. Dobzhansky: «Seine Kenntnis der lebendigen Welt ist enzyklopädisch.»[13] Nach Jahrzehnten intensiver wissenschaftlicher Tätigkeit kommt Grassé zu dem schlichten Ergebnis: «Ungeachtet ihres Erfolges bei manchen Biologen, Philosophen und Soziologen halten die erklärenden Doktrinen der biologischen Evolution einer objektiven, eingehenden Kritik nicht stand. Entweder stehen sie im Widerspruch zur Realität oder sie erweisen sich als unfähig, die entscheidenden Probleme zu lösen, die sie aufwerfen.»[14]

Zur Verblüffung seiner Kollegen schließt Grassé mit einem Urteil, das gegen eine Theorie, die sich als wissenschaftlich versteht, nicht vernichtender ausfallen kann: «Durch Verwendung und Mißbrauch versteckter Behauptungen, kühne und oft unzulässige Schlußfolgerungen ist eine Pseudowissenschaft entstanden. Sie hat sich im innersten Kern der Biologie eingenistet und führt viele Biochemiker und Biologen in die Irre, die der ehrlichen Überzeugung sind, die Grundbegriffe seien bewiesen, was nicht der Fall ist.»[15]

Der Vorwurf, daß die Evolutionstheorie eine «Pseudowissenschaft» sei, ist immer häufiger zu hören. Der englische Zoologe Leonard Matthews brachte in der Einleitung zu Darwins ‹*Entstehung der Arten*› in der Ausgabe von 1971 die Bedenken vieler seiner Kollegen zum Ausdruck, als er schrieb: «Das Faktum der Evolution ist der Eckpfeiler der Biologie, weshalb diese sich in der seltsamen Situation einer Wissenschaft befindet, die sich auf eine unbewiesene Theorie gründet. Ist sie also eine Wissenschaft oder eine Glaubenslehre?»[16]

Um als Wissenschaft gelten zu dürfen, müßte Darwins Theorie nach wissenschaftlichen Regeln beweisbar sein. Mit anderen Worten, ihre Hypothesen müßten experimentell zu überprüfen sein. Der wissenschaftliche Verifizierungsprozeß vollzieht sich in drei Schritten. Erstens, die Daten oder Phänomene werden beobachtet. Zweitens, auf der Grundlage der Beobachtungen wird eine Hypothese formuliert. Die Hypothese ermöglicht dem Wissenschaftler, bestimmte Vorhersagen bezüglich der Daten zu machen. Drittens, zur Überprüfung der Hypothese und der Frage, ob die Vorhersagen stimmen, werden Experimente durchgeführt. Wenn das Ergebnis der Experimente die Vorhersage bestätigt, gilt die Hypothese als verifiziert. Entscheidend für die wissenschaftliche Methode ist die experimentelle Wiederholbarkeit oder Reproduzierbarkeit. Hierzu meint der Biologe George Gaylord Simpson, einer der namhaftesten Darwinisten des 20. Jahrhunderts: «Der entscheidende Unterschied zwischen der Wissenschaft und anderen Systematisierungen (das heißt den Künsten, der Philosophie, der Theologie) liegt darin, daß die Wissenschaft sich selbst überprüft und korrigiert. Prüfung und Korrektur geschehen mit Hilfe von Beobachtungen, die bei weitgehend gleichen Ergebnissen beliebig wiederholt werden können.»[17]

Den Maßstäben, mit denen Wissenschaftler abgrenzen, was in den Gegenstandsbereich ihrer Disziplin fällt, wird die Evolutionstheorie nicht gerecht. Sogar Theodosius Dobzhansky gibt zu, daß sich die Evolutionstheorien dem wissenschaftlichen Prozeß entziehen. Dobzhansky beklagt den Umstand, daß «evolutionäre Ereignisse einzigartig, unwiederholbar und irreversibel sind. Es ist ebenso unmöglich, ein Wirbeltier in einen Fisch zu verwandeln, wie die umgekehrte Metamorphose vorzunehmen.»[18] Dobzhansky ist bekümmert und räumt widerstrebend ein, daß «der Anwendung der experimentellen Methode auf die Untersuchung solch einzigartiger historischer Prozesse enge Grenzen gezogen sind, vor allem infolge der Zeitspannen, die dazu erforderlich sind und die bei weitem die Lebzeit eines menschlichen Experimentators übersteigen.»[19]

Peinlich, um ein schonendes Wort zu wählen. Hier ist ein Gedankensystem, das sich jeglicher wissenschaftlichen Überprüfung entzieht und das doch den Anspruch erhebt, wissenschaftlich zu sein. Es läßt sich nicht beobachten, es läßt sich nicht reproduzieren, es läßt sich nicht überprüfen, und doch behaupten seine Parteigänger, es habe in der Frage der Entwicklung und Entstehung des Lebens als die höchste und unanfechtbarste Wahrheit zu gelten! Man möchte meinen, jeder Wissenschaftler, der auf sich hält, müßte verlangen, daß ihm die Beweise dafür vorgelegt werden. Der große russische Biochemiker Alexandr Oparin erklärt, unser Bedürfnis nach Beweisen könne nicht zufriedengestellt werden: «Beweise, wie wir sie aus der Chemie und Physik kennen, darf man zum Problem der urzeitlichen Biogenese nicht erwarten.»[20]

Wenn sich die Evolution einerseits nicht wissenschaftlich beweisen läßt, so läßt sie sich andererseits auch nicht widerlegen. Das ist natürlich richtig, doch das gleiche läßt sich von jeder anderen Spekulation sagen, die nicht den strengen Gesetzen der wissenschaftlichen Methode unterliegt. Um als wissenschaftlich gelten zu können, muß eine Theorie falsifizierbar sein. Mit anderen Worten, sie muß dem Experiment unterzogen werden können, das sie bestätigt oder verwirft. Zum Beispiel ist die Newtonsche Physik falsifizierbar. Der Nachweis, ob Newtons Gesetze wahr oder falsch sind, läßt sich mit Hilfe von Experimenten führen. Doch die Evolutionstheorie ist wie der Glaube an Gott nicht falsifizierbar. Es gibt keine Möglichkeit, sie wissenschaftlich zu beweisen oder zu widerlegen. Soviel war auch Darwin klar. In einem Brief aus dem Jahre 1863 räumte er ein: «Wenn wir uns auf Einzelheiten einlassen, so können wir beweisen, daß sich keine Spezies verändert hat (d. h. wir können nicht beweisen, daß sich eine einzige verändert hat); ebensowenig können wir beweisen, daß die angenommenen Veränderungen vorteilhaft sind, was die Voraussetzung der Theorie ist.»[21]

Wenn die Evolution nicht auf wissenschaftlicher Beobachtung beruht, dann muß sie zu einer Frage des persönlichen Glaubens werden. Bestenfalls kann man diese Theorie also als eine von vielen Menschen geteilte Überzeugung hinsichtlich der Entwicklung des Lebens bezeichnen, eine Überzeugung, die sich weder beweisen noch widerlegen läßt. Natürlich hat jeder das Recht auf seine Überzeugungen, Spekulationen und persönlichen Meinungen, doch die Anhänger der Evolutionslehre behaupten, ihre Theorie sei weit mehr als nur eine Glaubensfrage. Die reine Wahrheit sei sie, so verkünden sie, auch wenn sie nicht zu beweisen sei. Sie sind beseelt von einem Eifer, der keinen Widerspruch gegen die zentralen Thesen der Doktrin duldet. In der Einleitung zu einer anderen Ausgabe der Darwinschen *‹Entstehung›* warf der Entomologe W. R. Thompson den «Verteidigern des Glaubens» ihr unwissenschaftliches Verhalten vor: «Diese Situation, in der sich Menschen zur Verteidigung einer Doktrin verbünden, die sie auf wissenschaftliche Weise nicht definieren, noch viel weniger mit wissenschaftlicher Strenge beweisen können, wobei sie ihre Glaubwürdigkeit in der Öffentlichkeit durch Unterdrückung von Kritik und Vertuschung von Schwierigkeiten aufrechtzuerhalten trachten, ist in der Wissenschaft unangebracht und ihrer Sache nicht dienlich.»[22]

Die wilde Entschlossenheit, mit der viele Evolutionisten ihre Auffassungen vortragen, und das hohe Maß an Intoleranz, das sie anderen Bezugssystemen gegenüber beweisen, sollten Anlaß zum Nachdenken, wenn nicht gar zur Sorge sein. In ihrem Verhalten erkennen wir ein vertrautes Muster, eines, dem wir immer wieder begegnen, seit die erste Kosmologie formuliert wurde. Der heutige Evolutionist ist in jeder Hinsicht der «wahre Gläubige». Getauft in der Theorie der natürlichen

Zuchtwahl, ist er gewillt, die frohe Botschaft unters Volk zu bringen und seine Mitmenschen zu Darwins Lehre zu bekehren. Der verstorbene Edwin G. Conklin, Biologieprofessor an der Princeton University, hat erkannt, wie sehr das Denken seiner Kollegen von Religiosität durchdrungen ist: «Der Begriff der organischen Evolution wird von Biologen hochgeschätzt, ja viele bringen ihm eine geradezu religiöse Verehrung entgegen, da sie ihn für das höchste Integrationsprinzip halten.»[23]

Conklin meint weiter, dieser religiöse Eifer sei «wahrscheinlich der Grund dafür, daß die in anderen Bereichen der Biologie übliche strenge methodologische Kritik noch nicht auf evolutionäre Spekulationen angewendet worden ist».[24]

Nachdem die Traditionalisten sich lange Zeit der Kritik von außen widersetzen konnten, bekommen sie es jetzt erstmals mit einer Opposition in den eigenen Reihen zu tun. Die Biologie erlebt eine Reformation, die möglicherweise ebenso umwälzend ist wie diejenige, welche die christliche Welt vor vier Jahrhunderten erschütterte. Ähnlich den Protestanten von damals erhebt sich heute eine neue Wissenschaftler-Generation von «Protestierern». Diese Reformer glauben an die Evolution, aber nicht an die Erklärung, die ihnen von den Hohepriestern der Glaubenslehre vorgeschrieben wird. Treu an der Evolutionstheorie festhaltend, sind sie entschlossen, die Lehre zu retten, indem sie die Liturgie einer radikalen Veränderung unterziehen.

1980 kamen Molekularbiologen, Embryologen, Ökologen und Paläontologen aus aller Welt am Chicagoer Field Museum zu einer Erörterung der Evolutionstheorie zusammen. Die Tagungsstätte verwandelte sich rasch in ein Schlachtfeld, auf dem sich die Vertreter der herrschenden Orthodoxie und die Reformer in erbittertem Streit gegenüberstanden. Am Ende der Veranstaltung wurde für viele Teilnehmer und Beobachter ersichtlich, daß sich in den Einstellungen zur Evolutionstheorie ein historischer Wandel vollzogen hatte. Wäre Darwin anwesend gewesen, so hätte er wahrscheinlich nicht mehr als nur eine knappe Handvoll Stimmen für seine besondere Version von der Entstehung und Entwicklung der Arten bekommen.

In der Debatte ging es vor allem um die sogenannte «moderne Synthese», die modernisierte Version der Darwinschen Theorie, die seit mehr als vierzig Jahren das Feld behauptet. Die moderne Synthese ist eine Verbindung von Darwins Modell mit den Entwicklungen in der Genetik, die Anfang unseres Jahrhunderts stattfanden. Bekanntlich hatte Darwin keine angemessene Vererbungstheorie vorzulegen. Das war erst 1865 möglich, als Mendel entdeckte, nach welchen Gesetzen die Erbinformation auf die Nachkommenschaft übertragen wird. In den zwanziger und dreißiger Jahren des 20. Jahrhunderts führten neue Entdeckungen auf dem Gebiet der Genetik zu dem, was heute als die «synthetische Theorie» (oder die neodarwinistische Synthese) bekannt ist. Sie wurde in einer Reihe von Büchern dargelegt, die in den dreißiger und vierziger Jahren von Wissenschaftlern wie Theodosius Dobzhansky, Julian Huxley, Leydard Stebbins, Gaylord Simpson und Ernst Mayr verfaßt wurden. Mayr meint: «Die neue ‹synthetische Theorie› der Evolution erweitert die darwinistische Theorie.»[25] Weiter versichert er, die neue Synthese sei wie Darwins ursprüngliche Theorie «gekennzeichnet durch die entschiedene Ablehnung der Vererbung von erworbenen Eigenschaften, die Betonung des stufenweisen Vollzugs der Evolution, die Auffassung, daß Evolutionserscheinungen Populationserscheinungen sind, und die Überzeugung, daß der natürlichen Selektion vorrangige Bedeutung zukommt».[26]

Zwar bleiben in der neodarwinistischen Synthese die wesentlichen Züge der Darwinschen Lehre erhalten, doch werden der Gleichung die Gene als neue Größe hinzugefügt, wodurch die Übertragung der Erbinformation von den Eltern auf die Kinder eine biologische Erklärung erhält.

Nach Mayr ist die natürliche Selektion, erklärt man sie mit Hilfe der Gene, ein Prozeß, der sich in zwei Schritten vollzieht: «Der erste Schritt ist die Hervorbringung genetischer Variabilität (durch Neukombination, Mutation und Zufallsereignisse) . . . Größtenteils ist die erzeugte Variation . . . insofern zufällig, als sie durch die jeweiligen Bedürfnisse des Organismus oder die Besonderheiten seiner Umwelt nicht verursacht wird und in keiner Beziehung zu ihnen steht. Der zweite Schritt der natürlichen Selektion, die Selektion selbst, ist ein äußerliches Ordnungsprinzip. In einer Population von Tausenden oder Millionen besonderer Individuen werden einige eine Genzusammenstellung aufweisen, die der jeweils herrschenden Auswahl ökologischer Zwänge besser gewachsen ist als andere. Solche Individuen haben statistisch bessere Aussichten, zu überleben und Überlebende zu zeugen, als andere Mitglieder der Population. Dieser zweite Schritt der natürlichen Selektion entscheidet über die Richtung der Evolution, indem er die Häufigkeit von Genen und Genzusammenstellungen erhöht, die zu einer bestimmten Zeit und an einem bestimmten Ort adaptiv sind, die zur Lebenstüchtigkeit beitragen, die Spezialisierung fördern, der Ausbreitung dienen und ganz allgemein jene Entwicklung vorantreiben, die man umgangssprachlich als evolutionären Fortschritt bezeichnen könnte.»[27]

Die neue Synthese ließ Darwin wiederauferstehen, ließ ihn teilhaben an den Fortschritten, die die Genetik in unserem Jahrhundert erzielt hat. Triumphierend tituliert Sir Julian Huxley das Objekt der wunderbaren Verwandlung als «diesen wiedergeborenen Darwinismus, diesen mutierten Phönix, auferstanden aus der Asche seines Scheiterhaufens».[28] Vier lange Jahrzehnte hindurch warf der Riesenvogel seinen Schatten über das Gebiet der Biologie, bis er auf der Tagung am Field Museum endlich zur Strecke gebracht wurde.

Für alle Teilnehmer der Veranstaltung war die entscheidende Frage, ob die genetischen Variationen innerhalb einer Population (Mikroevolution) auch verantwortlich für die Hervorbringung neuer Arten (Makroevolution) sind. Mit anderen Worten: Geht der Neodarwinismus recht in der Annahme, daß sich im Laufe der Zeit all die vielen kleinen genetischen Mutationen bei Individuen einer Art (infolge natürlicher Selektion) derart summieren, daß es schließlich zur Metamorphose oder Umwandlung in eine neue, nie dagewesene Art kommt? Laut der Zeitschrift *Science* «ist die Antwort ein klares und eindeutiges Nein».[29] Stephen Jay Gould, ein Paläontologe an der Harvard University und einer der Wortführer der Reformbewegung, faßt den neuen Konsens wie folgt zusammen: «Nur widerstrebend habe ich es eingestanden ... doch wenn Mayr die synthetische Theorie richtig beschrieben hat, dann ist jene andere Theorie als allgemeine Aussage tot, mag sie auch als Lehrbuchorthodoxie weiterbestehen.»[30]

Die fossilen Zeugnisse

Über die neodarwinistische Synthese wurde also das Todesurteil verhängt, und ironischerweise wurde sie anhand der Beweismittel überführt, die von den Anhängern der Theorie zunächst zu ihrer Verteidigung vorgelegt worden waren. Die fossilen Zeugnisse gelten heute als ein Hauptargument gegen den Darwinismus. Die Steine erzählen ihre eigene Geschichte, und in fast jeder Einzelheit widerspricht das, was sie zu berichten haben, dem Gang der Ereignisse, der von den Darwinisten und Neodarwinisten bezüglich der Entstehung und Entwicklung des Lebens auf diesem Planeten behauptet wird. Die einzigen Anhaltspunkte zur Frühgeschichte des Lebens auf der Erde sind die in Gesteinsformationen eingebetteten Fossilien. Ohne Fossilien wäre es praktisch unmöglich, irgendeine Vermutung über die Entfaltung des Lebens zu äußern. Grassé erinnert seine wissenschaftlichen Kollegen daran, «daß der Evolutionsprozeß nur durch fossile Formen offenbar wird. Deshalb sind paläontologische Kenntnisse eine Voraussetzung. Nur die Paläontologie kann ... den Beweis für die Evolution erbringen und ihren Verlauf oder ihre Mechanismen offenbaren.»[31]

Jedes Schulkind wird anhand der Fossilien mit Darwins Evolutionstheorie vertraut gemacht. Viele Seiten der Lehrbücher sind gefüllt mit Fotos und farbigen Zeichnungen von Fossilien, die als konkrete Beweise dafür dienen, daß wir eine Vergangenheit haben, und zwar eine sehr lange. Die Beweise werden in säuberlicher Progression aufgereiht, so daß sie die allmähliche, Schritt für Schritt erfolgende Evolution von den einfachsten Lebewesen bis zum Menschen vor Augen führen. Alles befindet sich in wunderbarer Ordnung. Kein Detail tanzt aus der Reihe, und man ist erschlagen von der Vollkommenheit, mit der sich alles ins Bild zu fügen scheint.

Für die Generationen, die als Kinder anhand von Fossilien mit den Entwicklungsreihen des Lebens vertraut gemacht worden sind, erscheint die Vorstellung absurd, das Ganze sei kaum mehr als nur eine Phantasiereise durch die Zeit gewesen. Und doch scheint genau dies der Fall zu sein. Die Evolution, so wie sie in Lehrbüchern dargestellt wird, ist nur eine «phantasievolle» Vorstellung vom Ursprung des Lebens. Wenn es uns schwerfällt, dies zu glauben, so liegt es wahrscheinlich daran, daß wir alle so gründlich mit dieser besonderen Version von der Entstehung und Entwicklung des Lebens indoktriniert worden sind, daß wir heute versucht sind, all die Mühe zu verteidigen, die wir investiert haben. Schließlich haben wir viel Zeit damit verbracht, die Bilder und Tafeln zu studieren, die Kategorien und Klassifizierungen auswendig zu lernen, uns auf die einschlägigen Prüfungen vorzubereiten. So ist unser erster Impuls, die Möglichkeit eines Irrtums als Quatsch abzutun.

Um künftigen Generationen von Jugendlichen soviel vergebliche Liebesmühe zu ersparen, schlägt Grassé vor, «jedes Buch über Evolution»[32] mit einem Begleitzettel folgenden Inhalts zu versehen: «Aus dem fast völligen Fehlen fossiler Anhaltspunkte für die Entstehung der Stämme folgt, daß jede Erklärung der Mechanismen, auf denen die schöpferische Evolution der grundlegenden Baupläne beruht, mit Hypothesen überfrachtet ist ... Der Mangel an konkreten Beweisen führt zur Formulierung reiner Vermutungen über die Entstehung der Stämme. Wir haben keine Basis, um zu entscheiden, inwieweit diese Meinungen zutreffen.»[33]

Tatsächlich galten die fossilen Zeugnisse noch nie als sonderlich brauchbare Beweismittel für Darwins Theorie. Sogar Darwin wußte um diese traurige Sachlage und hat sich auch dazu geäußert. Doch wahrscheinlich hat nicht einer unter einer Million je von Darwins Vorbehalten in dieser Frage gehört. Nachdem er seine eigene Theorie, die postuliert, daß sich jede Art über eine Vielzahl von «Zwischenformen» zu einer neuen Art entwickelt, den Anhaltspunkten in den fossilen Zeugnissen gegenübergestellt hat, stellt er die rhetorische Frage: Wo sind die «Bindeglieder»? In den geologischen Zeugnissen war die Antwort nirgends zu entdecken. Darwin gibt offen zu: «Die Geologie bietet mit Sicherheit keinen Anhaltspunkt für einen solchen fein abgestuften Wandel. Das ist vielleicht der konkreteste und gewichtigste Einwand, der sich gegen die Theorie [der Evolution] vorbringen läßt.»[34]

Das Kapitel in der ‹*Entstehung der Arten*›, in dem Darwin sich mit den fossilen Zeugnissen beschäftigt, ist überschrieben «Die Lückenhaftigkeit der geologischen Urkunden». Die Wortwahl sollte sich als prophetisch erweisen. Nach seiner Theorie hätte es in den geologischen Zeugnissen wimmeln müssen von Zwischenvarietäten und Übergangsformen der Arten. Doch Darwin konnte nicht ein einziges überzeugendes Beispiel finden. Statt seine Niederlage zuzugeben, brachte er vor, es lägen noch nicht alle Beweise vor, man verfüge einfach noch nicht über genügend Fossilien, um zu einem endgültigen Urteil gelangen zu können. Darwin hoffte, daß man im Laufe der Zeit solche Zwischenformen entdecken und damit seine Hypothese bestätigen würde. Das blieb ihm versagt. In den mehr als hundert Jahren, seit Darwin den Beweis seiner These zu einer bloßen Frage der Zeit erklärt hat, sind Millionen von Fossilien gesammelt und untersucht worden. Die Ergebnisse sind alles andere als schmeichelhaft für Darwin ausgefallen. Nach David Raup, dem Kurator des Field Museum in Chicago, wo Exemplare von 20 Prozent aller bekannten Fossilienarten aufbewahrt werden, sprechen die Beweise keineswegs für Darwins Behauptung einer ganz allmählichen Evolution mit zahllosen Bindegliedern zwischen den einzelnen Arten. «Die meisten Menschen meinen, die Fossilien seien ein gewichtiges Argument für die Darwinsche Auffassung von der Geschichte des Lebens ... Heute, ungefähr 120 Jahre nach Darwin, haben sich unsere Kenntnisse über fossile Zeugnisse erheblich erweitert ... Seltsamerweise besitzen wir aber *noch weniger Beispiele* für evolutionäre Übergänge als zu Darwins Zeiten.»[35]

David Raup läßt unnötige Schonung walten. Was die «Zeugnisse» tatsächlich erkennen lassen, ist ein Jahrhundert des Vertuschens und Mogelns, in dem sich die Wissenschaftler ohne Erfolg bemühten, die verschiedensten fossilen Teile und Bruchstücke so zusammenzusetzen, daß sie Darwins Vorstellungen entsprachen. Heute sind die Millionen von Fossilien eine unübersehbare und allgegenwärtige Erinnerung an die Dürftigkeit der Argumente und die Fadenscheinigkeit der Theorien, die sich unter dem Banner der Evolution versammelt haben.

Eine Reise durch die geologischen Zeugnisse sollte auch den Skeptiker von der vollkommenen Unsinnigkeit der Annahme überzeugen, die Evolution habe sich allmählich und schrittweise vollzogen. Der erste Anhaltspunkt dafür, daß sich Tatsachen und Theorie nicht zur Deckung bringen lassen, findet sich in den ältesten Gesteinsformationen, in denen Fossilien zu entdecken sind.

Die Fossilien treten in den geologischen Zeugnissen sogleich in sehr komplexen Formen in Erscheinung. Weichtiere, Quallen, Schwämme, Krebstiere nebst den übrigen wirbellosen Tieren sind alle zusammen in den Formationen zu finden, die von den Paläontologen üblicherweise als Kambrium bezeichnet werden. Hier beginnt das Geheimnis. Die Experten auf diesem Gebiet nehmen an, daß es mindestens eine Milliarde Jahre hätte dauern müssen, bis sich das Leben auch nur bis zu dieser Komplexitätsstufe hätte entwickeln können. Aus diesem Grunde müßten die präkambrischen Gesteinsformationen eine große Zahl der fossilen Vorfahren der genannten Tierarten beherbergen. Leider ist in den früheren Formationen nicht ein einziges dieser «vielzelligen» Vorläuferfossilien gefunden worden. Der Paläobotaniker Daniel Axelrod von der University of California bringt das Problem auf den Punkt: «Eines der großen ungelösten Probleme der Geologie und Evolution ist das Vorkommen vielgestaltiger, mehrzelliger wirbelloser Meerestiere in Felsen des Unterkambriums auf allen Kontinenten und ihr Fehlen in Formationen höheren Alters ... Doch wenn wir das präkambrische Gestein nach den Vorläufern dieser frühkambrischen Fossilien absuchen, sind sie nirgends zu entdecken.»[36]

Aus evolutionstheoretischer Sicht ergibt dies absolut keinen Sinn. In den fossilen Zeugnissen der präkambrischen Formationen müßten sich die Vorfahren der mehrzelligen wirbellosen Tiere, von denen die kambrischen Felsen übersät sind, in großer Zahl nachweisen lassen. Bekanntlich beruht die Evolutionstheorie auf der Vorstellung, daß Leben sich aus Nichtleben entwickelt und durch allmähliche Mutation von den einfachsten zu den komplexesten Formen gelangt. Warum lassen die geologischen Zeugnisse dann aber nur sehr fortgeschrittene, komplexe Lebensformen erkennen? Mit vielen anderen Forschern bekennt Gaylord Simpson, daß das Fehlen aller Zwischenformen des Lebens, die die Lücke zwischen den einfachen Mikroorganismen und den komplexen wirbellosen Tieren des Kambriums überbrücken könnten, «das größte Geheimnis in der Geschichte des Lebens» sei.[37]

Tatsächlich ist das Kambrium nur der Beginn der Diskrepanz zwischen Theorie und Tatsachen. Es stellt sich heraus, daß unsere Paläontologen nicht in der Lage waren, eine einzige überzeugende Zwischen- oder Übergangsform zu finden, um die verschiedenen Lebensformen der fossilen Zeugnisse miteinander zu verbinden. Beispielsweise schätzen Experten die Zeitspanne zwischen dem Kambrium und dem sogenannten Ordovizium, wo die ersten tierähnlichen Fossilien im Gestein sichtbar werden, auf annähernd hundert Millionen Jahre. Dazu F. D. Ommaney, ein englischer Fischexperte von internationalem Ruf: «Wie sich diese ersten Chordatiere entwickelt und welche Stadien sie durchlaufen haben, bis schließlich die ersten wirklich fischartigen Geschöpfe entstanden, wissen wir nicht.»[38] Und wir wissen es nicht, weil in dieser Zeitspanne von 100 Millionen Jahren nicht eine einzige Zwischenform des Lebens entdeckt worden ist, um die fischartigen Geschöpfe mit ihren angeblichen Vorfahren im Kambrium zu verbinden.

Dann das Problem der Fische. Abermals ist der Ursprung und die Entwicklungsreihe von Geheimnis umgeben. Der Paläontologe Alfred Romer vom Museum für vergleichende Zoologie an der Harvard University schreibt dazu: «In den Sedimenten des späten Silur und des frühen Devon sind zahlreiche fischartige Wirbeltiere unterschiedlicher Art anzutreffen, und es ist offensichtlich, daß schon vor dieser Zeit eine lange evolutionäre Geschichte liegt. Doch von dieser Geschichte wissen wir so gut wie nichts.»[39]

Da soll also die evolutionäre Geschichte der Fische «auf der Hand liegen», obwohl doch alle Anhaltspunkte, wie Romer selbst darlegt, eine solche Geschichte ausschließen – ein Beispiel, das zeigt, welche Macht die Evolutionsdoktrin sogar über Wissenschaftler besitzt, deren eigene Forschungsarbeiten der Theorie widersprechen. Vielleicht noch deutlicher beim Namen genannt wird die Sache von Errol White, dem ehemaligen Kustos der paläontologischen Abteilung des British Natural History Museum. In der Rede, die er als Präsident der angesehenen Londoner Linnean Society hielt, teilte White, der eine Autorität auf dem Gebiet der Lungenfische ist, seinen Kollegen mit: «Ganz gleich, was bedeutende Experten zu diesem Thema vorbringen, die Lungenfische sind wie jede andere mir bekannte Fischgruppe aus dem Nichts entstanden.»[40]

So sind die Paläontologen davon überzeugt, daß sich einfachere Arten zu komplexeren entwickeln, und gleichzeitig geben sie für jede Ebene der fossilen Zeugnisse in schöner Offenheit zu, daß es praktisch überhaupt keine konkreten Beweise für eine solche «Evolution» gibt.

Nehmen wir beispielsweise die Umwandlung von Fischen zu Amphibien. Die morphologischen Unterschiede zwischen beiden Gruppen sind so groß, daß die allmählichen evolutionären Veränderungen Millionen von Jahren gedauert hätten, ein Zeitraum, in dem zahllose Zwischenformen hätten auftreten müssen – Bindeglieder zwischen den Fischen und Amphibien. Doch, wie der Biochemiker Duane Gish erklärt, diese Bindeglieder sind nirgends zu entdecken. Aus den fossilen Zeugnissen geht hervor, daß zwischen der Flosse des Quastenflossers und dem Fuß der Amphibie *Ichthyostega* eine breite Lücke klafft, eine Lücke, die abermals zu der Frage führt: Wo sind die Millionen von Zwischenformen, die es geben müßte, wenn sich die eine Gruppe aus der anderen entwickelt hätte?

Es gibt einen grundlegenden anatomischen Unterschied zwischen allen Fischen und allen Amphibien, der durch keinerlei Übergangsformen überbrückt wird: «Bei allen lebenden oder fossilen Fischen sind die Beckenknochen klein und nur lose ins Muskelgewebe eingebettet. Es gibt keine Verbindung zwischen den Beckenknochen und der Wirbelsäule. Es ist keine erforderlich. Die Beckenknochen sollen und können das Körpergewicht nicht tragen ... Bei den lebenden oder fossilen vierfüßigen Amphibien dagegen sind die Beckenknochen sehr breit und fest mit der Wirbelsäule verbunden. Das ist der anatomische Bau, den ein Tier haben muß, um gehen zu können. Es ist der anatomische Bau, den man bei allen lebenden oder fossilen vierfüßigen Amphibien findet, jedoch bei keinem lebenden oder fossilen Fisch. Es gibt keine Übergangsformen.»[41]

Nirgends treten die Mängel der Evolutionstheorie deutlicher zutage als bei den Vögeln. William Elgin Swinton, einer der namhaftesten Experten auf diesem Gebiet, sieht sich gleichfalls zu dem Eingeständnis gezwungen, daß «es keine fossilen Beweise für die Stadien gibt, die durchlaufen worden sind, um den bemerkenswerten Wandel vom Reptil zum Vogel zu vollziehen».[42] Gewiß haben die Paläontologen einmal gemeint, sie hätten zumindest einen potentiellen Anwärter ausfindig gemacht, der, war man bereit, die Phantasie entsprechend zu strapazieren, als Zwischenform gelten konnte. Er wurde *Archäopteryx* genannt und als große Entdeckung gefeiert. Obwohl er in jeder entscheidenden Hinsicht eindeutig ein Vogel war – mit Flügeln, Federn und Flugvermögen –, unterschied er sich von den anderen Mitgliedern seiner Art durch einige ziemlich abstoßende reptilienartige Eigenschaften – unter anderem durch Zähne, Wirbelknochen im Schwanz und winzige klauenartige Anhangsgebilde an den Flügelrändern. Obwohl nicht gerade ein erfreulicher Anblick, war er ein Labsal für die von der langen vergeblichen Suche ermüdeten Augen der Paläontologen, die ihn sofort als das erste konkrete Beweisstück für die Verbindung zwischen Reptilien und Vögeln feierten.

Es ist allerdings anzumerken, daß die reptilienartigen Züge des *Archäopteryx* eher kosmetischer als funktionaler Art sind und daß man seit seiner Entdeckung auf noch lebende Vogelarten mit klauenartigen Anhangsgebilden gestoßen ist, wodurch der Eindruck entsteht, daß die Bedeutung dieses Geschöpfes erheblich überschätzt worden ist. Doch alle diese Gesichtspunkte sind heute nebensächlich, da der Fall des *Archäopteryx* 1977 endgültig ad acta gelegt wurde, als in der Zeitschrift *Science News* berichtet wurde, daß ein Vogelfossil in der gleichen geologischen Formation gefunden worden war, was bewies, daß das angebliche Verbindungsglied den Himmel zusammen mit anderen Vögeln bevölkerte und deshalb keinesfalls ihr ferner Vorfahr sein konnte.[43] Tatsächlich war der *Archäopteryx* nur eine Vogelart unter anderen, kein sehr hübscher Vertreter dieser Art, aber funktional doch im wesentlichen ein Vogel.

Während der *Archäopteryx* mit seinem zähnefletschenden Grinsen noch die Biologiebücher schmücken dürfte, nachdem er schon längst von vielen Paläontologen wieder zu den Akten gelegt worden ist, gibt es noch ein anderes Geschöpf, dem traditionell eine Sonderstellung eingeräumt wird. Fast jede Einführung in die Biologie enthält die berühmte Bilderfolge von der Evolution des Pferdes: zuerst der winzige *Eohippus*, auf einer Waldlichtung tänzelnd, dann immer größere, trittsicherere und schnellere Pferde bis hin zu unserem heutigen Vollblut. In einer kürzlich von PBS ausgestrahlten Fernsehsendung mit dem Titel «Hatte Darwin unrecht?» sprach der Darwinexperte Norman Macbeth das gewaltige Mißverständnis an, das dieser «Entwicklungsreihe» des Pferdes zugrunde liegt und das fast achtzig Jahre unentdeckt blieb. Macbeth: «Um das Jahr 1905 wurde [im American Museum of Natural History] eine Ausstellung aller dieser Pferde gezeigt . . . Sie wurden der Größe nach geordnet. Jeder deutete das als Entwicklungsreihe. Doch es ist keine. Sie weisen untereinander keinerlei Deszendenz auf. Man hat sie zu verschiedenen Zeiten an verschiedenen Orten gefunden und sie lediglich der Größe nach geordnet.

Doch man bekommt sie nicht aus den Lehrbüchern heraus . . . Sogar viele Biologen vergessen, was es mit diesen Pferden auf sich hat. Vor einigen Jahren sagte ich in einer Radiodiskussion mit einem Paläontologen, daß es sich nicht um Phylogenien handle. Da forderte er mich auf, ins Museum zu gehen und mir die Pferdereihe anzusehen. ‹Professor›, sagte ich, ‹das ist kein Stammbaum, sondern nur eine Größenzusammenstellung.› Er erwiderte: ‹Richtig! Das hatte ich ganz vergessen.›»[44]

Bei den Pferden, so der namhafte Biologe Richard Goldschmidt, «sind die entscheidenden Entwicklungsschritte plötzlich und ohne Übergänge».[45]

Wir könnten die Reihe der Beispiele beliebig fortsetzen, doch die Sache ist von den Experten auf diesem Gebiet schon längst entschieden worden. Die führenden Paläontologen in aller Welt mußten zugeben, daß Darwins Behauptung, es gebe seit unvordenklichen Zeiten eine allmähliche Evolution von einfacheren zu komplexeren Lebensformen, angesichts der fossilen Zeugnisse beim besten Willen nicht haltbar ist. David B. Kitts, Professor für Geologie an der University of Oklahoma, faßt die vernichtende Beweislage zusammen, wenn er erklärt: «Die Evolution braucht Bindeglieder zwischen den Arten, und die Paläontologie liefert sie nicht.»[46]

Stephen Jay Gould von der Harvard University und Niles Eldredge vom American Museum of Natural History sagen es noch deutlicher: «Phylogenetische Abstufung [allmähliche Evolution] . . . ist im Gestein nicht zu entdecken.»[47] Die beiden angesehenen Wissenschaftler erklären Darwins Begriff der allmählichen evolutionären Veränderung als Ausdruck «der kulturellen und politischen Vorurteile des Liberalismus im 19. Jahrhundert».[48] Sie versäumen es leider, darzulegen, aus welchen kulturellen Vorurteilen ihre eigenen Vorstellungen erwachsen sind. Doch damit greife ich vor.

Züchtung und Artbeständigkeit

Darwins Evolutionstheorie ist eine Extrapolation aus den Erfahrungen der Tier- und Pflanzenzüchtung. Als er die Zuchttechniken eingehender studierte, war er beeindruckt von der großen Zahl der Varietäten, die man erzielen konnte. Niemand hegt den geringsten Zweifel daran, daß die Variation eine sehr konkrete und allgegenwärtige Realität ist – nicht nur in kontrollierten Zuchtexperimenten, sondern auch unter natürlichen Bedingungen. Es gibt zahllose Varietäten von Äpfeln und Apfelsinen. Doch die Frage, die Darwin seit der ersten Formulierung seiner These beschäftigt hat, lautet, ob all die vielen Variationen innerhalb einer Art sich langfristig summieren und schließlich zur Umwandlung in eine völlig neue und eigene Art führen. Mit anderen Worten: Ist der Schluß von Äpfeln auf Apfelsinen zulässig? Darwin war dieser Auffassung, auch wenn bis zu diesem Zeitpunkt noch kein Züchter ein solches Kunststück fertiggebracht hatte. Andererseits teilten die Züchter Darwins Optimismus keineswegs. Ihre Erfahrung lehrte sie, daß allen züchterischen Bestrebungen Grenzen gesetzt und daß diese Grenzen morphologischer Natur waren. Wenn man Hunde über Generationen züchtet, so kann man große oder kleine Hunde hervorbringen, dicke und dünne, Hunde mit kurzen und mit langen Schwänzen, mit krausem oder mit glattem Haar, doch stets werden Hunde dabei herauskommen und keine Katzen. Darwin war sich über das Problem im klaren, tat die recht eindeutigen Beweise jedoch mit seiner üblichen Erklärung ab, daß noch nicht die Zeit verstrichen sei, die erforderlich sei, damit sich die vielen kleinen Variationen zu großen Umwandlungen addieren könnten.

Heute, mehr als hundert Jahre später, zeigen sich die Wissenschaftler erheblich ungeduldiger gegenüber Darwins Bitte um mehr Zeit. Die Entwicklungen in den Zuchttechniken im Laufe des letzten halben Jahrhunderts haben wenig dazu beigetragen, Darwins Prognose zu bestätigen. Statt dessen haben sie wesentlichen Anteil daran, daß sich die wissenschaftlich verbrämten Spekulationen, mit denen Darwin seine Behauptungen belegt hat, als immer fadenscheiniger erwiesen haben. Wie im Falle der fossilen Zeugnisse scheint sich auch die künstliche Zuchtwahl, Darwins Hauptbeweis für seine Theorie, im nachhinein als ein sehr stichhaltiges Argument gegen seine Behauptungen zu erweisen. Loren Eiseley, eine angesehende Anthropologin, macht die Ironie der Situation deutlich: «Es hat den Anschein, als ob die sorgfältige Züchtung zwar Erstaunliches bei der Qualitätsverbesserung von Rennpferden und Kohlköpfen zu leisten vermag, aber nicht zur endlosen biologischen Abweichung der Evolution führt. Diese Situation ist nicht ohne ein hohes Maß an Ironie, da die künstliche Züchtung mehr als irgendein anderer Faktor als Beweis für die Existenz der Evolution gedient hat.»[49]

Kernstück der neodarwinistischen Synthese bleibt die Vorstellung, daß sich die Mutationen innerhalb einer Art allmählich summieren, so daß es zum Übergang in eine völlig neue Art kommt. Dieser Schluß von den Mikroveränderungen auf die Makroveränderungen macht das ganze Geheimnis der Evolutionstheorie aus. Zwar wird jeder Züchter zugeben, daß man «innerhalb der Artgrenzen» erhebliche Veränderung durch Kreuzung und Selektion erzielen kann, doch er wird im wesentlichen mit dem Zoologen Edward S. Deevy von der University of Florida übereinstimmen: «Weizen wird immer Weizen bleiben und zum Beispiel keine Grapefruit werden. Und wir können den Schweinen ebensowenig Flügel wachsen lassen, wie den Hühnern beibringen, zylindrische Eier zu legen.»[50]

Dieser ziemlich trivialen Feststellung wird jeder Berufszüchter zustimmen. Luther Burbank, der vielleicht angesehenste Züchter des 20. Jahrhunderts, meint, in den langen Jahren praktischer Erfahrung habe er festgestellt, daß alle züchterischen Bemühungen einem strengen Gesetz unterliegen würden, das das Maß der Variationen innerhalb einer Art beschränke und eingrenze. «Aus der Praxis weiß ich, daß ich Pflaumen auf eine Länge von einem bis gut fünf Zentimeter und auf jedes beliebige Maß dazwischen bringen kann. Doch ich gebe gerne zu, daß der Versuch hoffnungslos ist, eine Pflaume klein wie eine Erbse oder groß wie eine Grapefruit werden zu lassen ... Kurz, der möglichen Entwicklung sind Grenzen gesetzt, und diese Grenzen folgen einem Gesetz ... [Es ist das Gesetz] der Rückkehr zum Durchschnitt ... Umfangreiche Experimente haben uns einen wissenschaftlichen Beweis für das geliefert, was wir schon auf Grund unserer Beobachtungen vermutet haben, daß nämlich alle Pflanzen und Tiere dazu neigen, im Laufe der Generationenfolge zu einem gegebenen Mittel oder Durchschnitt zurückzukehren . . . Kurzum, es gibt zweifellos den Einfluß eines Mittelwertes, der alle Lebewesen innerhalb bestimmter, mehr oder weniger festliegender Grenzen hält.»[51]

Die wissenschaftlichen Erkenntnisse über Züchtungsprozesse tragen wesentlich zur Lösung eines Problems bei, mit dem sich die Evolutionstheorie seit ihren Anfängen herumschlägt: Wenn die Evolution in der Natur ständig am Werke ist, warum zeigen dann die geologischen Zeugnisse, daß viele Tier- und Pflanzenarten über Jahrmillionen unverändert erhalten bleiben? Die geologischen Zeugnisse berichten nicht von evolutionärer Veränderung, sondern vom Gegenteil. Pflanzen- und Tierarten treten plötzlich in den Gesteinsformationen auf und bleiben dann über Jahrmillionen morphologisch unverändert, bis sie aussterben. Natürlich kommt es während der zahllosen Generationen, die eine Art im Laufe ihrer Existenz erlebt, ständig zu Mutationen, doch es gibt nicht den geringsten Anhaltspunkt dafür, daß diese Mutationen die Art selbst in irgendeiner grundlegenden Weise verändern.

Grassé fragt: «Wie erklärt die darwinistische Mutationsauslegung der Evolution den Umstand, daß die stabilsten Arten – die diese Eigenschaft zum Teil seit mehreren hundert Millionen Jahren unter Beweis stellen – ebensohäufig wie die anderen mutiert haben?»[52] Grassés Schlußfolgerung: «Zieht man (einerseits) die Mikrovariationen in Betracht und (andererseits) die Artstabilität, so erscheint kaum glaubhaft, daß erstere Bedingung (Mikrovariation) beim Evolutionsprozeß im Spiel ist.»[53] Laut Grassé zwingt uns die Evidenz dazu, «den Mutationen, die wir in der vorhandenen Fauna und Flora beobachten, jegliche evolutionäre Bedeutung abzusprechen».[54]

Wenn überhaupt, so scheinen Mutationen eine stabilisierende, keine transformierende Funktion zu haben. Mutationen sorgen dafür, daß innerhalb einer Population genügend Vielfalt oder Varietät vorhanden ist, damit die Art erhalten bleibt. Langzeitstudien haben gezeigt, daß allzu homogenen Rassen, denen auf züchterischem Wege die genetische Vielfalt genommen wurde, die zum Überleben erforderliche Variabilität fehlt. Insofern führen die Zuchtexperimente zu Ergebnissen, die in entschiedenem Gegensatz zu Darwins Überlegungen stehen. Darwin beobachtete die künstliche Züchtung und gewann die Überzeugung, sie produziere «tüchtigere» Tiere und Pflanzen, Individuen, die besser in der Lage seien zu überleben. Nur daß er einträglicher mit lebensfähiger verwechselte. Zwar schaffen die Zuchttechniken Hühner, die mehr Eier legen, Kühe, die mehr Milch geben, Schafe, die mehr Wolle abwerfen, und Getreidesorten mit größeren Ähren, doch schränken sie damit die Überlebensfähigkeit der betreffenden Populationen ein. Die Züchter selektieren bestimmte

Eigenschaften und eliminieren andere, die als wirtschaftlich unergiebig gelten. So entstehen Rassen, die geschwächt sind und bei nachteiligen Veränderungen in der Umwelt weniger Widerstand zu leisten vermögen. Dazu Douglas Scott Falconer, ehemaliger Leiter des Fachbereichs Genetik an der University of Edinburgh. «Die Verbesserungen, die bei diesen [domestizierten Züchtungen] durch Selektion erzielt worden sind, waren unzweifelhaft von einer Verminderung der Lebensfähigkeit unter natürlichen Bedingungen begleitet, und diese Verbesserungen konnten nur erzielt werden, weil domestizierte Tiere und Pflanzen nicht unter natürlichen Bedingungen leben.»[55]

Durch künstliche Züchtung wird eine Population also einträglicher, aber nicht lebenstüchtiger.

Nach Grassé sind Mutationen lediglich «Schwankungen der Erbanlage um eine Mittellage; ein Ruck nach rechts, ein Ruck nach links, doch letztlich ohne evolutionäre Wirkung ... sie modifizieren, was präexistiert».[56] Während Darwin glaubte, daß die Veränderungen zu neuen Arten führen würden, beweisen die Daten das Gegenteil: Veränderung verbessert die Fähigkeit der Art, sich «gegen» radikale Veränderung zu behaupten.

Wenn es noch Zweifel an dem unglaublichen Beharrungsvermögen der Arten gab, so haben die Experimente mit der kleinen Taufliege viele angesehene Wissenschaftler davon überzeugt, daß Beständigkeit, nicht Wandel das allgemeine Gesetz der Natur ist. Infolge ihrer geringen Gestationszeit (zwölf Tage) war die Taufliege lange Zeit das Lieblingsobjekt von Mutationsexperimenten. Mit Hilfe von Röntgenstrahlen hat man die Mutationsrate der Taufliege um 15 000 Prozent erhöht. Alles in allem konnten die Wissenschaftler «dem Evolutionsprozeß der Taufliege dergestalt Vorschub leisten, daß die Beobachtungen, die an der *Drosophila* (Taufliege) vorgenommen werden konnten, vielen Millionen Jahren normaler Mutation und Evolution entsprechen».[57] Trotz dieser immensen Mutationsbeschleunigung konnten die Wissenschaftler nie etwas anderes vorweisen als eine weitere Taufliege. Wichtiger noch, alle diese Experimente beweisen, daß die Taufliege innerhalb bestimmter oberer und unterer Grenzen variieren kann, sie aber niemals überschreitet. So hat beispielsweise Ernst Mayr bereits 1948 von zwei Experimenten an der Taufliege berichtet. Im ersten Experiment wurde die Fliege für eine Verminderung der Borsten selektiert, im zweiten Experiment für eine Vermehrung der Borsten. Ausgehend von einer Elterngeneration mit durchschnittlich 36 Borsten konnte der Mittelwert auf 25 Borsten gesenkt werden, «doch dann wurde die Linie unfruchtbar und starb aus».[58] Im zweiten Experiment wurde der Mittelwert von 36 auf 56 Borsten heraufgesetzt, woraufhin ebenfalls Unfruchtbarkeit einsetzte. Mayr kommt zu folgendem Schluß: «Offensichtlich erschöpft jede drastische Verbesserung unter Selektion den Vorrat an genetischer Variabilität ... Am häufigsten korreliert mit einseitiger Selektion ein Rückgang der allgemeinen Eignung. Darunter leidet praktisch jedes Zuchtexperiment.»[59]

Ein anderes überzeugendes Beispiel für die Artbeständigkeit sind die Bakterien. Bakterien sind die fruchtbarsten Lebewesen. Sie stellen 75 Prozent aller Lebensformen, existieren angeblich seit fast drei Milliarden Jahren und würden sich, ließe man sie nur sechsunddreißig Stunden ungehindert gewähren, derartig vermehren, daß sie den gesamten Planeten «in einer Höhe von mehr als dreißig Zentimetern bedecken würden».[60] Bakterien produzieren mehr Mutanten als irgendwelche anderen Lebewesen. Trotzdem haben sie nie etwas anderes zustande gebracht als neue Bakterienstämme.

Darwin beobachtete Veränderung innerhalb einer Art und schloß daraus sogleich, sie seien für die Verwandlung einer Art in eine andere verantwortlich. Sowohl die fossilen Zeugnisse wie die modernen Zuchttechniken lassen zwingend darauf schließen, daß Darwin und seine Anhänger im 20. Jahrhundert irren. Alle Daten legen mit großer Wahrscheinlichkeit nahe, daß Veränderungen innerhalb einer Art die Beständigkeit und nicht den Wandel fördern. Doch die Darwinsche Mutmaßung lebt fort, trotz aller Beweise für das Gegenteil.

Nehmen wir beispielsweise den Fall des bekannten Birkenspinners, *Biston betularia*. Sobald jemand Zweifel an der Evolutionstheorie äußert, wird ihm mit schöner Regelmäßigkeit das Wunder des Birkenspinners als unwiderleglicher Beweis für das Wirken der Evolution aufgetischt, obwohl es tatsächlich das Gegenteil beweist. Bereits 1924 wies der Zoologe H. B. D. Kettlewell von der Oxford University nach, daß sich in den Industriegebieten Englands, die durch Ruß und Verschmutzung dunkel gefärbt waren, dunkel gezeichnete Birkenspinner stärker vermehrten als heller gezeichnete, weil sie von ihren natürlichen Feinden schwerer ausgemacht werden konnten, infolgedessen länger lebten und mehr Nachkommen hervorbringen konnten. Mehr als fünfzig Jahre lang diente der Birkenspinner als Paradebeispiel offizieller wissenschaftlicher Tagungen, geisterte durch die Seiten so mancher Einführung in die Biologie, immer mit dem Anspruch, daß damit endlich der Beweis für die Evolutionstheorie gefunden sei. Überflüssig zu erwähnen, daß der Fall die Biologen ein bißchen verwirrt. Hierzu die Historikerin Gertrude Himmelfarb: «Niemand bezweifelt, daß die natürliche Selektion auf dieser Ebene funktioniert»[61], doch «mit welchem Recht übertragen wir den Mechanismus, der die Farbe und andere oberflächliche Eigenschaften bestimmt, auf die Entstehung der Arten, ganz zu schweigen von der der Ordnungen, Klassen und Abteilungen lebender Organismen?»[62] Das Beispiel des Birkenspinners beweist lediglich, daß die Varietät innerhalb einer Art – in diesem Falle schwarzer und weißer Individuen – für die erfolgreiche Anpassung und damit die Fortdauer der Art sorgt, wenn es zu einer radikalen Veränderung der Umweltbedingungen kommt. So ist der Wechsel von einer weißen Varietät von Birkenspinnern zu einer schwarzen also nicht etwa ein Beweis für das Wirken der Evolution, sondern vielmehr für die Arterhaltung.

Das Problem liege darin, so Grassé, daß «einige zeitgenössische Biologen sofort von Evolution sprechen, wenn sie eine Mutation beobachten».[63] Grassé: Diese Schlußfolgerung «deckt sich nicht mit den Daten. Ganz gleich wie zahlreich die Mutationen sind, sie bringen nichts zustande, was sich als Evolution bezeichnen ließe.»[64]

Natürliche Selektion

Hätte man Darwin gefragt, was er für seinen größten Beitrag auf biologischem Gebiet halte, hätte er zweifellos voller Stolz auf seine Theorie der natürlichen Selektion verwiesen. Schon lange vor Darwin hatte man sich Gedanken über die Evolutionstheorie gemacht. Darwin jedoch war davon überzeugt, daß er als erster den Mechanismus entdeckt habe, der für den Artenwandel verantwortlich sei. Mehr als ein Jahrhundert lang wurde die Theorie der natürlichen Selektion von der biologischen Fachwelt und der breiten Öffentlichkeit unkritisch als die richtige Erklärung für die Entwicklung des Lebens auf der Erde hingenommen. Sie wurde von der Wissenschaft so bereitwillig akzeptiert, daß nur die wenigsten ihrer Vertreter mehr als nur einen flüchtigen Blick auf die Annahmen warfen, die der Theorie zugrunde liegen. Hätten sie es getan, so wären sie wohl recht verblüfft darüber gewesen, auf welch fadenscheinigen Argumenten die Theorie beruht. Heute schickt sich die Wissenschaft erstmals an, das Konzept der natürlichen Selektion kritisch zu prüfen, und das Resultat erweist sich als bestürzend für die Theorie wie für das Fachgebiet selbst. Hören wir zunächst Gertrude Himmelfarb: «Wenn die natürliche Selektion die Entwicklung der Arten von den einfachen zu den komplexen und von einer niedrigeren zu einer höheren Organisationsstufe erklärt, wie kann sie dann auch das Einfache und das Primitive erklären? ... Warum haben die überlegenen oder höheren Formen nicht die unterlegenen oder niedrigeren ersetzt?»[65]

Himmelfarb nennt das Beispiel der Honigbiene, um deutlich zu machen, was sie meint. Darwin ist in seinen Schriften ausführlich auf die Honigbiene eingegangen und hat sie als Musterbeispiel für ein Wesen mit einem nahezu vollkommenen Instinkt hingestellt. Der langsame Prozeß der natürlichen Selektion habe in vollkommener Weise die Fähigkeit dieser kleinen Biene ausgebildet, Wabenzellen zu bauen, «die eine maximale Menge von Honig bei einem minimalen Verbrauch von Wachs enthalten».[66] Darwin pries diese architektonische Glanzleistung, vermochte aber nicht zu erklären, warum andere Bienen, etwa die Hummeln, die weit schlechtere Architekten sind, trotzdem überlebt haben und sich fröhlich vermehren. Darwins einzige Erwiderung auf diesen Einwand lautete, daß die Natur sichtbare Spuren ihrer Arbeit auf dem Weg zur Vervollkommnung ihrer Formen hinterlasse. Doch solche Argumente vertragen sich nicht recht mit dem Prinzip der natürlichen Selektion, die von dem Gedanken ausgeht, daß die vollkommeneren Individuen immer überleben und ihre weniger begünstigten Verwandten zum Aussterben verurteilen. Darwins Behauptung zum Trotz gedeihen die Hummeln, obwohl weniger gut ausgerüstet als ihre Vettern, die Honigbienen, pflanzen sich fort und erweitern sogar noch ihre Einflußsphäre, ohne sich um ihre überholte Physiologie zu kümmern. Himmelfarb stolpert über dieses scheinbare Paradox und fragt bezüglich der Hummel und aller anderen Geschöpfe im Pflanzen- und Tierreich: «Warum sind diese Relikte lebendig und nicht tot? Warum hat die natürliche Selektion diese unvollkommenen und überholten Formen des Lebens nicht eliminiert?»[67]

Die Frage kann nicht beantwortet werden, weil es einfach zu viele Beispiele für veraltete Varietäten gibt, die dank der natürlichen Selektion angeblich von überlegeneren Rassen überholt worden sind, ohne jedoch den Anstand zu besitzen, friedlich aus dem Spiel des Lebens auszuscheiden. Es hat also den Anschein, als würden nicht nur die Tüchtigeren überleben, sondern auch die weniger Tüchtigen, was sich sehr sonderbar in der Darwinschen Argumentation ausmacht.

Noch sonderbarer ist Darwins Behauptung, die natürliche Selektion sei ein allmählicher Prozeß, bei dem jede neue Eigenschaft, die selektiert werde, ein unterscheidendes und vorteilhaftes Merkmal für den Überlebenskampf des betreffenden Individuums bedeute. Leider kann die natürliche Selektion nicht erklären, inwiefern jede kleine Teilerrungenschaft auf dem langen Weg zu einer neuen Gliedmaße oder einem neuen Organ schon an sich irgendeinen Vorteil bedeuten kann. Stephen Jay Gould von der Harvard University bringt das Dilemma auf den Punkt, wenn er fragt: «Was nützt ein halber Kiefer oder ein halber Flügel?»[68] Natürlich besitzen unvollständige Organe, Gliedmaßen oder Flügel nicht den geringsten Selektionsvorteil, doch die Theorie der natürlichen Zuchtwahl behauptet, jede Veränderung, die selektiert werde, müsse in irgendeiner Weise die Überlebensfähigkeit des Individuums verbessern. Wie Macbeth deutlich macht, beruht Darwins ganze Theorie auf der natürlichen Selektion «als blindem Prozeß, als der unpersönlichen Wirkung reiner Naturkräfte. Wenn sie blind und ohne Verstand ist, kann sie nicht vorausplanen, kann sie keine Opfer bringen, um ferner liegende Ziele zu erreichen, weil sie keine Ziele hat und keinen Verstand, um sich solche Ziele zu setzen. Deshalb muß jede Veränderung durch ihre eigenen unmittelbaren Vorteile gerechtfertigt sein, nicht durch das Versprechen auf irgendeinen wünschenswerten Endzweck.»[69]

Also muß jede Teilveränderung sich in irgendeiner Weise für das Individuum und die Art als vorteilhaft erweisen. Nun kann sich natürlich kein vernünftiger Mensch mit der Vorstellung anfreunden, daß Millionen von Tieren mit unvollständigen Körperteilen herumlaufen, doch die Darwinisten behaupten, genau dies sei in ferner biologischer Vergangenheit der Fall gewesen. Zu Darwins Ehrenrettung muß gesagt werden, daß ihm dieses Problem schwer zu schaffen machte. Doch er blieb seiner Überzeugung treu, obwohl er nie in der Lage war, zufriedenstellend zu erklären, wie die natürliche Selektion im Zuge ihres allmählichen Prozesses unvollständige Körperteile entwickeln kann, die dem Überleben des Individuums dienlich sind. Nirgends zeigte sich das Dilemma deutlicher als beim Auge. Hören wir Gertrude Himmelfarb: «Da das Auge offenkundig erst in seinem letzten, vollkommenen Entwicklungsstadium von Nutzen ist, wie kann dann die natürliche Selektion in den ersten Stadien seiner Evolution funktioniert haben, als die Veränderungen noch keinen Überlebenswert gehabt haben können? Keine Veränderung, kein Einzelteil ist ohne alle anderen von geringstem Wert, und da die natürliche Selektion angeblich keine Kenntnis von dem Endzweck und der Bestimmung des Organs besitzt, erscheint das Kriterium der Nützlichkeit oder des Überlebenswertes hier ohne Bedeutung.»[70]

Das Auge ist ein immens komplexes System, dessen Teile perfekt ineinandergreifen und mit einem Maß von Abstimmung zusammenarbeiten, das von keinem künstlichen Produkt der menschlichen Intelligenz erreicht werden kann. Betrachten wir die folgende Beschreibung des Tierarztes R. L. Wysong, der erläutert, was bei der Bildung eines Auges zu geschehen hätte: «Durch ‹Mutation› müssen zwei knochige Augenhöhlen entstehen, die die Augäpfel aufnehmen. Der Knochen muß geeignete Löcher (Foramina) aufweisen, um die Versorgung des Auges durch entsprechend ‹mutierte› Gefäße und Nerven zu ermöglichen. Die verschiedenen Schichten des Augapfels, die Faserkapsel, die Lederhaut und die Aderhaut müssen gebildet werden. Die Netzhaut mit Stäbchen und Zäpfchen, die bipolaren Neuronen und die Ganglionneuronen müssen in geeigneter Weise mit dem optischen Nerv verbunden sein, der wiederum geeignet mit dem mutierten Sehzentrum im Gehirn verbunden sein muß, das wiederum geeignet mit der grauen Materie des Hirnstamms und dem Rückenmark verbunden sein muß, damit dem Individuum bewußte Aufmerksamkeit und lebensrettende Reflexe möglich sind.

Zufallsveränderungen in der DNS-Anordnung müssen ferner Linsen, Glaskörper, Kammerwasser, Iris, Strahlenkörper, Schlemmschen Kanal, Aufhängeband, Hornhaut, Tränendrüsen, Tränenkanäle mit Austritt an der Nase, schräge und gerade Muskeln für die Augenbewegungen, Augenlider, Wimpern und Augenbrauen ausbilden.

Alle diese frisch mutierten Strukturen müssen perfekt ineinandergreifen, auf alle anderen Systeme abgestimmt sein und nahezu vollkommen funktionieren, bevor uns der lebenswichtige Gesichtssinn zu Gebote steht.»[71]

So verhält es sich also mit dem Auge. Darwin hat wiederholt eingeräumt, daß er den Fall des Auges lieber nicht in Betracht ziehen wollte. In einem Brief an Asa Gray bekannte der Naturforscher 1860: «Bis auf den heutigen Tag läuft mir beim Gedanken ans Auge ein kalter Schauer über den Rücken.»[72] Trotzdem will man uns glauben machen, daß jede kleine Mutation auf dem langen Entwicklungsweg zum komplexen System Auge eine nützliche Eigenschaft aufwies, die für ihre Selektion sorgte. Und durch bloßen Zufall und reines Glück fügten sich alle diese winzigen Veränderungen irgendwie zur Präzision und Schönheit eines absolut funktionsfähigen Auges zusammen – ohne Plan und ohne Kenntnis des Endzustands. Darwin selbst mochte es nicht glauben, obwohl seine eigene Theorie es behauptete. Er schrieb: «Die Annahme, das Auge könnte mit all seinen unnachahmlichen Einrichtungen zur Einstellung des Brennpunktes auf verschiedene Entfernungen, zur Aufnahme verschiedener Lichtmengen und zur Korrektur sphärischer und chromatischer Aberrationen durch natürliche Zuchtwahl geschaffen worden sein, erscheint, wie ich freimütig bekenne, in höchstem Maße absurd.»[73]

Man könnte einen Katalog mit Zehntausenden von anderen komplexen biologischen Systemen aufstellen, die jeden Gedanken an eine allmähliche Entwicklung durch natürliche Selektion ebenso gründlich ausschließen. Bei näherer Betrachtung stellt sich heraus, daß praktisch jedes funktionsfähige System in Lebewesen nur als integrative Einheit arbeitet und daß die Einzelteile, aus denen ein solches System besteht, an sich keinerlei Überlebenswert für das Individuum oder die Art zu besitzen scheinen.

Es gibt noch weitere unlösbare Probleme, die fraglich erscheinen lassen, ob der Mechanismus der natürlichen Selektion die Entwicklung des Lebens erklären kann. Zum Beispiel schließt die natürliche Selektion alle langfristigen Planungen aus. Jede neue Eigenschaft muß ihren Nutzen sofort unter Beweis stellen oder wird ausgesondert. Die Nützlichkeit des Augenblicks beherrscht den Ablauf des Lebens – zumindest wollen die Darwinisten uns das einreden. Darwin hielt die natürliche Selektion für ein außerordentlich wirtschaftliches Verfahren. Es war das Verfahren der Natur, die Leistungsfähigkeit zu steigern. Man meinte, die Selektion gebe den Überlebenden gerade den Vorteil, den sie brauchten, um sich gegenüber den Konkurrenten durchzusetzen und für die eigene Dauer zu sorgen. Mit anderen Worten, selektiert wurden nach dieser Auffassung genau die Züge, mit deren Hilfe sich das Individuum und die Art der jeweiligen Umwelt anpassen konnten. Darwin hätte es für unwirtschaftlich und unnatürlich gehalten, wenn eine Art neue Eigenschaften entwickelt hätte, lange bevor sie gebraucht wurden. Für Darwin richtete sich die Natur nach dem Gesetz der Sparsamkeit, nicht des Überflusses. Abgesehen davon wäre seine ganze Theorie der natürlichen Selektion in ein schiefes Licht geraten, wenn ein Individuum bestimmte Eigenschaften lange vor Auftreten der Umweltbedingungen gezeigt hätte, in denen sich die Nützlichkeit erst beweisen konnte. Schließlich beruhte die Theorie der natürlichen Selektion auf einer Verbindung des Zufallsgedankens mit reinen Nützlichkeitserwägungen. Sie ließ keinen Raum für langfristige Planung. Der Wettbewerb betraf immer den gegenwärtigen Augenblick, der Vorteil wurde dem Geschöpf zuteil, das in einem bestimmten Augenblick am besten angepaßt war.

Was geschieht nach Darwins Theorie mit einem Organismus, der gemessen an seiner Umwelt überqualifiziert ist? Alfred Russel Wallace, neben Darwin Mitbegründer der Evolutionstheorie, lieferte ein solches Beispiel. Bei einem Vergleich des menschlichen Gehirns mit seinem angeblichen Vorläufer, dem des Gorillas, schrieb Wallace: «Ein Gehirn von der anderthalbfachen Größe des Gorillahirns . . . hätte für die beschränkte geistige Entwicklung des unzivilisierten Menschen ausgereicht. Deshalb müssen wir zugeben, daß das große Gehirn, welches wir tatsächlich besitzen, niemals allein aufgrund eines jener Evolutionsgesetze entwickelt worden sein kann, die im wesentlichen besagen, daß stets eine Stufe der Organisation erreicht wird, die haargenau den Bedürfnissen einer jeden Art entspricht und diese nie überschreitet . . . Die natürliche Zuchtwahl hätte den unzivilisierten Menschen mit einem Gehirn ausstatten müssen, das dem des Affen nur ein wenig überlegen ist, während er tatsächlich eines besitzt, das dem eines Philosophen kaum unterlegen ist.»[74]

Das war eigentlich ein tödlicher Schlag, den Wallace Darwin und seiner Theorie versetzte. Wallace verkündete, daß mit dem menschlichen Gehirn zumindest «ein Instrument vor den Bedürfnissen des Besitzers entwickelt worden ist».[75] Darwin erkannte die Gefahr, die in Wallace's Eingeständnis lag, und schrieb ihm folgendes dazu: «Ich hoffe, Sie haben Ihrem und meinem Kind nicht völlig den Garaus gemacht.»[76]

Heute nimmt eine neue Generation führender Wissenschaftler eine längst überfällige Leichenschau an dem «Kind» vor, das Wallace ganz unbeabsichtigt umgebracht hatte. Stephen Jay Gould spricht vielen seiner Kollegen aus der Seele, wenn er erklärt, es sei absurd, ständig die Fiktion aufrechtzuerhalten, daß jede Eigenschaft, die in der Generationenkette weitergereicht werde, irgendwann einmal wegen ihres unmittelbaren Nutzens selektiert worden sei. Gould meint, es sei an der Zeit, «sich von dem Bedürfnis zu befreien, alle unsere Grundfertigkeiten als Anpassungsleistungen für einen bestimmten Zweck zu deuten».[77]

Wettbewerb im Kampf ums Überleben galt in jeder Erklärung der Entstehung und Entwicklung der Arten als ein Punkt von zentraler Bedeutung. Darwinisten neigen zu der Auffassung, die Welt der Natur sei ein Schlachtfeld, auf dem jeder Organismus um seinen persönlichen Vorteil kämpfe. Die natürliche Selektion, so behaupten sie, sorge dafür, daß die Individuen mit den vorteilhaftesten Zügen überleben und die meisten Nachkommen hinterlassen würden. Diese recht laienhafte Vorstellung von der Natur hat das Denken in der Wissenschaft bis auf den heutigen Tag weitgehend beherrscht, obwohl ihr die Fakten recht nachdrücklich widersprechen. Zwar gibt es den Wettbewerb in der Natur, doch ist er sicherlich nicht ihr einziger und noch nicht einmal bestimmendster Wesenszug. Ein Jahrhundert sorgfältiger Untersuchung tierischer Interaktionen hat eine Vielzahl unterschiedlicher Verhaltensweisen zutage gefördert.

In ihrem Werk *‹Life: Outlines of General Biology›* zeigen die Autoren John Arthur Thomson und Patrick G. Geddes, welche Schwächen die orthodoxe Auffassung vom Kampf ums Dasein in der Natur aufweist: «Das Bild, das generell von der Natur gezeichnet wird, ist eine Karikatur – die Überzeichnung eines Teils der Wahrheit. Zwar wird in der unberührten Natur sehr streng gesiebt, zwar gibt es dort eine hohe Kinder- und Säuglingssterblichkeit, zwar halten Zähne und Klauen reiche Ernte . . . doch es gibt dort noch weit mehr. Angesichts von Einschränkungen und Schwierigkeiten verstärkt der eine Organismus den Wettbewerb, doch ein anderer intensiviert die elterliche Fürsorge; der eine schärft seine Waffen, doch der andere versucht es mit gegenseitiger Hilfe . . . Der Kampf ums Dasein muß keineswegs konkurrenzorientiert sein. Er zeichnet sich nicht nur durch rücksichtslose Selbstbehauptung aus, sondern auch durch die Sorge der Eltern um die Kinder, des Partners um den Partner, des Angehörigen um den Angehörigen. Die Welt ist nicht nur ein Aufenthaltsort für die Starken, sondern auch eine Heimstatt für die Liebenden.»[78]

Die natürliche Selektion sieht auf dem Papier sehr überzeugend aus, doch wenn man sie den komplexen Verhältnissen der wirklichen Welt aussetzt, so erweist sich, wie bei vielen Theorien, die Einfachheit, die sie zunächst so attraktiv machte, als ihr Stolperstein. Beispielsweise wollen uns die Vertreter der natürlichen Selektion glauben machen, es gebe eine unstrittige Kausalbeziehung zwischen Raubtier und Opfer unabhängig von ihrer Umgebung. Man soll sich den Wettstreit gewissermaßen in einer abstrakten Arena vorstellen, abgeschirmt gegen die Wechselfälle der Außenwelt. Doch in der wirklichen Welt hat das Geschick der Wettstreitenden oft genug wenig oder gar nichts mit ihrem Überleben zu tun. Es macht kaum einen Unterschied, ob die Beine der einen Ameise flinker sind als die einer anderen oder ob ein Schimpanse intelligenter ist als seine Artgenossen, wenn ein Feuer oder ein Hurrikan durch den Wald fegt und blind alles tötet, was in seine Reichweite kommt. Tod und Vernichtung gehen in beträchtlichem Maße auf das Konto von Naturkatastrophen, doch sie sind in ihrer Wirkung so zufällig und flächendeckend, daß es eine reine Glücksfrage ist, ob ein Organismus ihnen zum Opfer fällt oder nicht. Es läßt sich kaum behaupten, daß diejenigen, die überlebt und sich fortgepflanzt haben, in irgendeiner Hinsicht tüchtiger waren. Sie hatten einfach mehr Glück.

Wenn sich der Neuling anschickt, die Darwinsche Theorie zu untersuchen, wird ihn wahrscheinlich zunächst ziemlich beeindrucken, wie gut die natürliche Selektion alles erklären kann. Am Ende der Untersuchung wird er jedoch vermutlich eine Kehrtwendung um hundertachtzig Grad vollzogen haben und zu der Überzeugung gelangt sein, daß die natürliche Selektion so gut wie gar nichts erklärt. Und in beiden Fällen hätte er recht, denn die natürliche Selektion erklärt tatsächlich alles und gar nichts zur gleichen Zeit. Sie ist eine reine Tautologie. Es ist interessant zu verfolgen, wie es zu dieser mißlichen Situation kam.

Als die vielen Widersprüche in der Theorie der natürlichen Selektion (die auf den vorstehenden Seiten zusammengetragen wurden) im Laufe der Jahre zutage traten, verteidigten die Anhänger die Theorie auch weiterhin, indem sie die wachsende Kritik ihrer Lehre einverleibten und entschärften. Jedesmal wenn die natürliche Selektion unter einem neuen Gesichtspunkt angegriffen wurde, sahen sich ihre Fürsprecher gezwungen, die Grundprinzipien abermals abzuändern, bis nur noch eine Art mathematischer Formel übrigblieb. Sir Julian Huxley bringt die synthetische oder neodarwinistische Fassung der natürlichen Selektion auf folgenden Nenner: «Der Kampf ums Dasein bedeutet lediglich, daß ein Teil jeder Generation sterben muß, bevor sie sich reproduzieren kann.»[79]

Bevor der Genetiker und Nobelpreisträger T. H. Morgan den Verdacht äußerte, daß die natürliche Selektion Opfer eines Zirkelschlusses sein könnte, wagte es kein Wissenschaftler, auch nur den geringsten Zweifel an ihr zu äußern, galt sie doch bei allen als unumstößliche Wahrheit. Angesichts der Definition der natürlichen Selektion, die die Neodarwinisten mit soviel Mühe erarbeitet hatten, schrieb Morgan: «Die Feststellung, daß die Individuen, die am besten zum Überleben gerüstet sind, bessere Chancen zum Überleben haben als diejenigen, die weniger gut zum Überleben gerüstet sind, ist kaum mehr als eine Binsenweisheit.»[80] Oder, wie es bei Gertrude Himmelfarb heißt: «Die Überlebenden werden, da sie überlebt haben, zu den Lebenstüchtigsten erklärt.»[81] Morgans Feststellung war ein Schock für das wissenschaftliche Establishment. Als hätte er der Welt mitgeteilt, daß «der Kaiser keine Kleider anhat». Nachdem Morgan die Aufmerksamkeit auf diesen Punkt gelenkt hatte – und sich dafür viele Vorwürfe gefallen lassen mußte –, haben inzwischen zahlreiche kritische Untersuchungen das ganze Gedankengebäude der natürlichen Selektion als eine reine und sehr durchsichtige Tautologie entlarvt. C. H. Waddington, einer der bedeutendsten Biologen des 20. Jahrhunderts, vollzog den letzten Akt der Entweihung, als er klar und unmißverständlich erklärte: «Von einem Tier zu behaupten, es sei das ‹tüchtigste›, bedeutet nicht unbedingt, daß es das stärkste oder gesündeste ist oder daß es eine Schönheitskonkurrenz gewinnen würde. Das allgemeine Prinzip der natürlichen Selektion läuft nämlich lediglich auf die Feststellung hinaus, daß die Individuen, die die meisten Nachkommen haben, die Individuen sind, die die meisten Nachkommen hinterlassen. Es ist eine Tautologie.»[82]

Jahrelang haben sich die Wissenschaftler also im gleichen Kreis bewegt, immer schneller und schneller, bis einigen wenigen wie Morgan und Waddington klar wurde, daß dieser Weg an kein Ziel führt.

Embryologie und rudimentäre Organe

Viele der klassischen Argumente, die zur Rettung der Evolutionstheorie vorgebracht wurden, sind wie üble Nachrede. Einmal in Umlauf gebracht, entwickeln sie ein unverwüstliches Eigenleben. Sie vermehren sich und breiten sich aus, bis sie so allgegenwärtig sind, daß jeder Versuch, sie in Zweifel zu ziehen, nahezu aussichtslos erscheint. Nirgends zeigt sich das deutlicher als auf dem Gebiet der Evolutionsembryologie.

Der Biologe bezeichnet die embryonale Entwicklung als «Ontogenie». Die evolutionäre Entwicklung heißt «Phylogenie». Im Jahre 1866 brachte der deutsche Biologe und Philosoph Ernst Haeckel die beiden Wörter in einen Zusammenhang und verkündete der Welt, daß «die Ontogenie die Phylogenie rekapituliert». Damit ist gemeint, daß der Embryo während seiner Entwicklung die verschiedenen evolutionären Stadien seiner Vorfahren durchläuft. Nach Haeckel bietet der Embryo ein Bild von der gesamten Evolutionsgeschichte des Lebens auf der Erde. Könnte man die Entwicklung des menschlichen Embryos im einzelnen verfolgen, so würde sich nach dieser Behauptung vor den Augen des Betrachters jede Verwandlung des langen evolutionären Prozesses wiederholen, beginnend mit der Entstehung der ersten lebenden Zelle. Es war eine faszinierende, ja atemberaubende Vorstellung, daß sich das ganze evolutionäre Erbe in den Entwicklungsstadien jedes einzelnen Embryos entfalten sollte.

Auch Haeckels Theorie entwickelte ihre Eigendynamik. Sie war eine jener Weisheiten, die gern und oft zitiert wurden, wann immer das Gespräch auf die Evolution kam. Bis auf den heutigen Tag ist sie eins der beliebtesten Argumente zur Verteidigung der Evolutionstheorie geblieben. Der Gedanke, daß die «Ontogenie die Phylogenie» rekapituliert, läßt sich noch immer in vielen einführenden Lehrbüchern der Biologie entdecken, und manch ein Professor läßt seinen Studenten noch heute die Haeckelsche Weisheit zuteil werden, obwohl ihr die Architekten der biologischen Theorie seit langem und offiziell abgeschworen haben.

Haeckels These, gelegentlich als «biogenetisches Grundgesetz» bezeichnet, ist ein Mythos. Kein namhafter Biologe würde ihr auch nur ein Fünkchen Wahrheit zubilligen. Seit mehr als vierzig Jahren innerhalb des wissenschaftlichen Establishments nur mehr mit Spott bedacht, setzt sie dessen ungeachtet ihr Leben auf Lehrbuchseiten fort und wird auch in öffentlichen Diskussionen und Debatten regelmäßig zitiert. Dazu Walter J. Bock vom Fachbereich Biologie an der Columbia University: «Das biogenetische Grundgesetz hat so tiefe Wurzeln im biologischen Denken geschlagen, daß es nicht auszumerzen ist, obwohl die Forschung es schon des öfteren widerlegt hat.»[83]

Immer wenn das biogenetische Grundgesetz zur Sprache kommt, werden mit tödlicher Sicherheit von irgend jemand die Kiemenspalten erwähnt, die an einem bestimmten Entwicklungspunkt des menschlichen Embryos sowie der Embryonen anderer Säugetiere, der Vögel und der Reptilien auftreten und die beweisen sollen, daß der Embryo das Fischstadium durchläuft, bevor er zum Vogel, Reptil oder Säugetier wird. Richtig ist, daß in einem bestimmten Stadium der embryonalen Entwicklung eine Reihe kleiner Furchen, die sogenannten Schlundtaschen, auftreten und daß sie eine gewisse Ähnlichkeit mit den Furchen aufweisen, die sich im Halsbereich der Fische zeigen und sich später zu den Kiemen ausbilden. Doch das ist die ganze Ähnlichkeit. Die Schlundtaschen öffnen sich nicht zur Kehle hin. Statt sich zu Spalten und Kiemen zu entwickeln, bilden sie Drüsen, den Unterkiefer und Teile des Innenohrs aus.

Neben dem Kiemenbeispiel, dem Lieblingsargument der Anhänger des biogenetischen Grundgesetzes, wurden im Laufe der Jahre auch eine Reihe anderer Beispiele genannt, die alle von der Embryologie widerlegt worden sind. Trotzdem lebt das Gesetz in der populären Vorstellung der Evolutionstheorie ungebrochen fort. Gavin de Beer, ehemaliger Direktor des British Museum und einer der bekanntesten Embryologen der Welt, bemerkt, daß «die Rekapitulationstheorie bis in jüngste Zeit glühende Verfechter besaß . . .»[84] Angesichts der Hartnäckigkeit, mit der an diesem offensichtlichen Irrtum festgehalten wird, kommt de Beer zu dem Schluß: «Es ist typisch für solch ein Schlagwort (die Ontogenie rekapituliert die Phylogenie), daß es unkritisch akzeptiert wird und sich hartnäckig hält.»[85] Noch unverblümter äußert sich Roy Danson in der Zeitschrift *New Scientist*. Danson meint, der Umstand, daß eine so lächerliche These sich einer so breiten und hartnäckigen Zustimmung erfreuen könne, sage ebensoviel über das Gebiet der evolutionären Biologie im allgemeinen wie über Haeckels Beitrag im besonderen aus. Danson fragt: «Ist irgendein anderes Wissenschaftsgebiet vorstellbar, auf dem ein intellektuell so kläglicher Begriff wie die embryonale Rekapitulation als Beweis für eine Theorie gelten könnte?»[86]

Eng verwandt mit dem biogenetischen Grundgesetz ist noch ein anderer populärer Mythos – der Begriff der rudimentären Organe. Danach besitzen Tiere oft rudimentäre Organe, die keinen Nutzen für sie haben, weil sie lediglich «Rudimente» oder Relikte von Organen sind, die ihre evolutionären Vorfahren gehabt haben. Diese ziemlich makabre Vorstellung hat im Laufe der Zeit lebhafte Zustimmung gefunden. Es gab einmal eine Zeit, da haben Biologen 180 vermeintlich rudimentäre Organe in der menschlichen Anatomie aufgespürt. Inzwischen haben Experimente gezeigt, daß alle diese sogenannten rudimentären Organe irgendeine notwendige Funktion erfüllen und keineswegs Rudimente sind, wie man einst angenommen hat. Trotzdem kann man heute noch häufig von Vertretern der Evolutionstheorie hören, daß der Wurmfortsatz des Blinddarms oder die Steißwirbel konkrete Beweise für die Existenz von rudimentären Organen seien.

Obwohl man heute der Ansicht ist, daß der Wurmfortsatz eine wichtige Aufgabe bei der Bekämpfung von Infektionen wahrnimmt, muß gerade dieses Organ noch immer zur Rechtfertigung der These von den rudimentären Organen herhalten. Zur Verteidigung ihrer Behauptungen bringen die Vertreter dieser speziellen Mythologie vor, der Mensch könne ebensogut ohne den Wurmfortsatz leben, was seine Bedeutungslosigkeit beweise. Dem haben viele Wissenschaftler entgegengehalten, daß der Mensch auch ohne einen Arm, ein Bein, ein Auge oder sogar eine Niere leben könne, ohne daß jemand auf den Gedanken verfiele, es handle sich um bedeutungslose oder bloß rudimentäre Körperteile.

Das vielleicht beliebteste Beispiel für die rudimentären Organe sind die Wirbel, die den Steiß bilden. Tatsächlich handelt es sich gar nicht um einen Steißknochen, doch aus irgendeinem Grund halten wir hartnäckig an dem Glauben fest, dieser kleine Knochenstumpf am Ende unserer Wirbelsäule sei das Relikt des Schwanzes, den wir getragen haben, bevor wir Menschen wurden. Von R. L. Wysong ist zu erfahren, daß es sich keineswegs um ein Rudiment handelt: «Diese Wirbel dienen als wichtige Fixpunkte für den *Levator ani* und die Steißmuskeln, die den Beckenboden bilden. Diese Muskeln haben viele Funktionen, unter anderem die Stützung der Beckenorgane. Ohne diese Muskeln (und ihre Fixpunkte) würde es zum Prolaps der Beckenorgane, das heißt zu ihrem Austritt kommen.»[87]

Biogenese

Keine Erörterung der Evolutionstheorie wäre vollständig ohne Erwähnung der berühmten Experimente, die in den fünfziger Jahren durchgeführt wurden und in denen es den Wissenschaftlern laut ihrer Untersuchungsberichte gelang, organisches Material aus toten Chemikalien zu gewinnen. Die Evolutionisten haben diese von Stanley Miller und Harold Urey durchgeführten Experimente als Beweis dafür angeführt, daß das Leben ursprünglich durch Zufallsprozesse aus nichtlebender Materie hervorgegangen sei. Die beiden Wissenschaftler stimulierten ein chemisches Medium, das Methan, Ammoniak, Wasserstoff und Wasser enthielt, mit elektrischen Funken, wodurch sie Aminosäuren und andere organische Substanzen erhielten. Mit großem Trara wurde der Welt mitgeteilt, daß es der Wissenschaft endlich gelungen sei, Leben aus Nichtleben zu erzeugen, ein Traum, den Zauberer, Hexenmeister und Alchimisten seit unvordenklichen Zeiten hegten. Seit jenem historischen Augenblick wird praktisch jeder Biologiestudent in das wunderbare Geheimnis von Miller und Urey eingeweiht, ein Geheimnis, daß sich jahrtausendelang dem Zugriff des Menschen entzogen hatte. Man kostete es weidlich aus, endlich zu wissen, wie das Leben entstanden ist. Allerdings war das Bedürfnis, die Frage nach dem Ursprung des Lebens zu beantworten, so groß, daß man wenig Mühe darauf verwandte, einige der Grundvoraussetzungen zu prüfen, auf die sich das Miller-Urey-Experiment gründete. Hätten sich die Wissenschaftler auch nur ein bißchen gesunde Skepsis bewahrt, so hätten sie unschwer und beizeiten erkannt, daß das Miller-Urey-Experiment eine ebenso fiktive Schilderung der Genesis war wie der lange Zeit kultivierte Mythos von der Urzeugung, der die Wissenschaftler früherer Zeiten zu der Behauptung veranlaßte, das Leben entstehe aus toter Materie, nachdem sie beobachtet hatten, wie auf geheimnisvolle Weise Maden im Abfall auftauchten.

Richtig ist, daß es Miller und Urey in ihren Experimenten gelang, organische Verbindungen dadurch zu erzeugen, daß sie elektrische Entladungen in Methan, Ammoniak, Wasserstoff und Wasser hervorriefen. Nicht unumschränkt richtig ist, daß die Bedingungen, die sie in ihrem chemischen Medium simulierten, denen entsprachen, die auf der Erde zu dem Zeitpunkt herrschten, da nach allgemeiner Auffassung das Leben entstand, und daß die organischen Verbindungen, die sie künstlich herstellten, genau die sind, aus denen Lebewesen bestehen.

Zunächst einmal, es gibt keine Möglichkeit festzustellen, was für Bedingungen auf der Erde herrschten, als das erste Leben entstand. Wie John Keosian, Biologieprofessor an der Rutgers University, einräumt: «Es gibt keine Übereinstimmung hinsichtlich der Urbedingungen auf der Erde.»[88] Im Gegenteil, dieser Punkt ist sehr strittig, so strittig – wie der Biochemiker Peter Mora vom National Cancer Institute erklärt –, daß alle Experimente zur Simulierung der Urumwelt «nicht mehr als beliebige Übungen in organischer Chemie sind».[89]

Millers und Ureys besondere Übung in organischer Chemie, die zunächst so überzeugend erschien, ist inzwischen einer genaueren Prüfung unterzogen worden, mit dem Ergebnis, daß man heute der Auffassung ist, sie habe praktisch keinen Wert für die Erklärung der Entstehung des Lebens.

Dabei liefern das erste Argument die Substanzen, die Miller und Urey wählten, um die chemischen Bedingungen jener Zeit zu simulieren, da das Leben angeblich auf unserer Erde entstanden ist. Zwar bleibt die chemische Zusammensetzung der Erde in Urzeiten ein Geheimnis, doch lassen sich durchaus Vermutungen darüber anstellen, mit welcher Wahrscheinlichkeit unter bestimmten Bedingungen Leben entstehen konnte. Unter diesem Gesichtspunkt können die besonderen Bedingungen, die Miller und Urey für ihr Experiment gewählt haben, aus sehr einleuchtenden Gründen so gut wie gar nicht überzeugen.

Zunächst sind sich die meisten Wissenschaftler darüber einig, daß das Leben nicht in einer Sauerstoffatmosphäre entstanden sein kann. Wenn die chemischen Substanzen des Lebens einer oxidierenden Atmosphäre ausgesetzt werden, so zerfallen sie in Kohlendioxid, Wasser und Stickstoff. Aus diesem Grund nimmt man seit langem an, daß die ersten primitiven Vorläufer des Lebens sich in einer reduzierenden Atmosphäre entwickelt haben müssen, da eine oxidierende Atmosphäre tödlich für sie gewesen wäre. Das soll nicht heißen, daß es unter den frühen Bedingungen auf der Erde keinen Sauerstoff gegeben haben kann. Dazu Stanley Miller: «Wir wissen nicht, ob die Erde eine reduzierende Atmosphäre hatte, als das Leben entstand.»[90] Es ist genausogut möglich, daß sich die Erdatmosphäre im Laufe der Zeit überhaupt nicht verändert hat. Schließlich enthalten die frühen Gesteinsformationen Eisen in oxidiertem Zustand, woraus sich auf eine urzeitliche Sauerstoffatmosphäre schließen läßt. Doch um die Theorie aufzustellen, daß das Leben sich aus dem Nichtleben entwickelt habe, muß man unbedingt von einer reduzierenden Atmosphäre ausgehen, da eine Sauerstoffatmosphäre die chemischen Substanzen des Lebens, bevor sie sich noch zu organischen Verbindungen zusammenschließen könnten, durch Oxidation in Kohlendioxid, Wasser, Stickstoff und Sauerstoff zurückverwandeln würde.

Sobald Millers und Ureys reduzierende Atmosphäre diese gewaltige Hürde genommen hat, sieht sie sich sogleich einer zweiten, unüberwindlichen gegenüber. Ohne Sauerstoff gäbe es keine Ozonschicht, die die Erde gegen die ultravioletten Strahlen abschirmen würde. Ohne Ozonschicht könnte kein Leben existieren, noch nicht einmal in seiner primitivsten Form. R. L. Wysong faßt das Dilemma zusammen: «Wenn in der ursprünglichen Atmosphäre Sauerstoff war, kann kein Leben entstanden sein, weil die chemischen Vorläufersubstanzen durch Oxidation zerstört worden wären. Wenn kein Sauerstoff in der Atmosphäre war, dann kann es auch kein Ozon gegeben haben, und wenn es kein Ozon gegeben hat, um die Vorläufer des Lebens vor ultraviolettem Licht zu schützen, dann kann auch kein Leben entstanden sein.»[91]

Um dieses schwierige Problem zu umgehen, hat man die Vermutung geäußert, daß sich das Leben unter Wasser entwickelt habe, wo es vor den tödlichen Ultraviolettstrahlen an der Erdoberfläche geschützt gewesen sei. Leider stößt diese Vermutung auf ein drittes Hindernis, das um keinen Deut kleiner ist als die ersten beiden. Es würde nämlich der erforderliche

Energiekatalysator fehlen. Miller und Urey verwendeten elektrische Entladungen, um die Reaktionen ihrer chemischen Substanzen auszulösen. Dabei behaupteten sie, daß Blitze in der natürlichen Welt die gleiche Wirkung haben würden. Nun würden aber Blitze nicht durch das Wasser bis dorthin dringen, wo man die Ammoniak- und Methangase vermutete. Und selbst wenn sie es getan hätten, was nicht möglich ist, so wären die Aussichten, daß es zu irgendeiner spontanen Biogenese gekommen wäre, gleich Null gewesen. Damit Leben entstehen kann, müssen sich aus Wasserdampf, Ammoniak, Kohlendioxid, Stickstoff und Methan Aminosäuren bilden, die sich ihrerseits spontan zu Polypeptiden verbinden müssen. An diesem Punkt wird das Problem unlösbar. Die «Synthese von Polypeptiden aus Aminosäuren findet bei Wasserüberschuß nicht statt»[92]. Nach dem Chemiker A. E. Wilder-Smith würde Wasserüberschuß alle Polypeptide wieder in die einfachen Aminosäuren zerlegen, aus denen sie entstanden wären. Das Wasser würde also die Proteine des Lebens an ihrer Entstehung hindern.

Wilder-Smith weist noch auf eine andere Schwachstelle im Miller-Urey-Experiment hin. Es zeigt sich nämlich, daß die speziellen Aminosäuren, die Miller in seinem Experiment erhielt, zum Aufbau des Lebens völlig untauglich sind. Die Chemiker unterteilen die Aminosäuren in linksdrehende und rechtsdrehende. Letztere sind nicht in der Lage, Leben zu erzeugen. Rechtsdrehende Formen sind oft tödlich. Die Aminosäuren aller Erscheinungsformen des Lebens sind linksdrehend. Wilder-Smith läßt in diesem Punkt keinen Zweifel aufkommen: «Soll die Biogenese stattfinden, müssen *alle Bausteine* (Aminosäuren) des lebenden Protoplasmas linksdrehend sein . . . Wenn auch nur eine kleine Anzahl von Aminosäuremolekülen des rechtsdrehenden Typus zugegen sind, entstehen Proteine von anderer dreidimensionaler Struktur, die für den Stoffwechsel des Lebens untauglich sind.»[93]

Das heißt, daß sogar eine Kombination aus linksdrehenden und rechtsdrehenden Säuren – von Chemikern *Racemate* genannt – zur Herstellung des Lebens nicht geeignet wäre. Aus Millers Experiment gingen nur *Racemates* hervor. Tatsächlich hat jedes Experiment ähnlicher Art nur *Racemates* hervorgebracht. Dazu Wilder-Smith: «Unter keinen Umständen ist ein *Racemate* . . . in der Lage, lebende Proteine oder lebenserhaltendes Protoplasma irgendeiner Art hervorzubringen.»[94] Es ist nachdrücklich darauf hinzuweisen, daß es bis heute völlig unmöglich war, durch elektrische Entladungen in nichtlebenden chemischen Substanzen etwas anderes als *Racemates* zu erzeugen. Unlängst wurde Harold Urey auf einer Tagung gefragt, ob er erklären könne, wie das Leben durch die Zufallsverbindung chemischer Substanzen entstanden sei, wenn alle Lebewesen linksdrehende Aminosäuren brauchten, in Laborexperimenten wie dem seinen jedoch in spontanen Prozessen nur *Racemates* zu erzeugen seien. Es lohnt sich, seine Erwiderung zu zitieren: «Nun, das bekümmert mich auch, und es ist eine sehr wichtige Frage . . . leider kenne ich die Antwort nicht.»[95]

G. A. Kerkut faßt den Erkenntnisstand zusammen, den die Wissenschaft bezüglich der Biogenese erreicht hat: «Es gibt jedoch kaum Beweise für die Biogenese, und bislang haben wir keinen Hinweis darauf, daß sie sich bewerkstelligen läßt. Deshalb ist es dem einzelnen Biologen überlassen, ob er an die Biogenese glaubt und welche biogenetische Methode ihm am meisten zusagt. Die Beweise für das, was wirklich geschehen ist, stehen nicht zur Verfügung.»[96]

Millers und Ureys stark überschätzte Experimente erweisen sich in der Frage nach der Entstehung des Lebens als praktisch wertlos für die Wissenschaft. Wie viele andere Spekulationen in der Literatur zum Thema Evolution beweist die Arbeit dieser beiden Wissenschaftler, wenn sie denn überhaupt etwas beweist, wie schwer es ist, eine Theorie aufrechtzuerhalten, die auf Schritt und Tritt von einer Wirklichkeit widerlegt wird, die sich beim besten Willen nicht mit den Grundthesen der Theorie vereinbaren läßt.

Mathematische Wahrscheinlichkeit

Darwin ersetzte die Vorstellung, daß dies die beste aller möglichen Welten sei, durch die Vorstellung, daß alle Welten möglich sind. Seine Theorie beruhte entscheidend auf dem Wahrscheinlichkeitsbegriff. Er war davon überzeugt, daß sich kleine Veränderungen in hinreichend langen Zeiträumen zu Artgrenzen überschreitenden Verwandlungen summieren könnten. Doch da alle diese Veränderungen in Organismen Zufallsveränderungen sind, Veränderungen ohne Ziel und Zweck, ist man da zu der Annahme berechtigt, daß sie für die Entstehung all der überaus komplexen, höchst sinnreich gebauten, reibungslos funktionierenden Organismen des Pflanzen- und Tierreichs verantwortlich sind? Darwin setzte seinen wissenschaftlichen Ruf dafür aufs Spiel. Alles sei eine Sache der Wahrscheinlichkeit, verkündete er. Schließlich würde durch die Gesetze der Wahrscheinlichkeit nicht eine einzige Möglichkeit ausgeschlossen. Statistisch gesehen gebe es immer die Möglichkeit, daß ein bestimmtes Ereignis eintrete, auch wenn es in der Vergangenheit noch nie geschehen sei und auch wenn es nahezu ausgeschlossen erscheine, daß es in Zukunft eintreten werde. Jeder, der sich einmal mit der Wahrscheinlichkeit des Münzwurfs beschäftigt hat, weiß, daß die Wahrscheinlichkeit, bei einer Million Würfen jedesmal den Kopf zu erhalten, zwar außerordentlich gering, aber dennoch vorhanden ist.

Richtig gestellt, lautet die Frage also nicht, ob die Evolution möglich ist oder nicht, sondern ob sie wahrscheinlich ist oder nicht. Selbst wenn man berücksichtigt, daß das Alter des Universums auf zehn Milliarden Jahre geschätzt wird, so ist das nach Auffassung des Astrophysikers Sir Fred Hoyle nicht genügend Zeit, um die Zufallsevolution der Nukleincodes für alle 2000 Gene zu ermöglichen, welche die Lebensprozesse der höher entwickelten Säugetiere steuern. Nach Hoyle ist die Wahrscheinlichkeit, daß in diesem Zeitraum durch Zufallsmutationen jene komplexe Ordnung von Beziehungen geschaffen worden ist, die durch die genetischen Codes zum Ausdruck kommen, mit der Wahrscheinlichkeit zu vergleichen, daß «ein Wirbelwind, der über einen Schrottplatz fegt, eine Boeing 747 zusammensetzt».[97]

Trotzdem behaupten die Darwinisten, daß die Zeit auf ihrer Seite sei. Sie weisen darauf hin, daß das Alter der Erde auf annähernd fünf Milliarden Jahre geschätzt wird, und meinen, daß sei doch wahrhaftig genug Zeit, um einer Vielzahl von Zufallsmutationen Gelegenheit zu geben, irgend etwas Nützliches zustande zu bringen. Niemand wird bestreiten, daß fünf Milliarden Jahre eine lange Zeitspanne sind. Doch ist sie auch lang genug, um die Zufallsevolution des gesamten Lebenskomplexes in seinen Myriaden von Erscheinungsformen zu erklären? Die Mathematiker würden mit einem einstimmigen Nein antworten. Jahrzehntelang haben sich bedeutende Mathematiker mit allen Aspekten der evolutionären Thesen beschäftigt und versucht, den Mutationsraten und der Entstehung höher organisierter Lebenssysteme bestimmte Zeitspannen zuzuordnen, und jedesmal endeten ihre Versuche in völlig unglaublichen Ergebnissen. Nach ihren Berechnungen ist die statistische Wahrscheinlichkeit, daß organisiertes Leben aus dem zufälligen Auftreten von Mutationen entstanden ist, praktisch gleich Null.

In der Welt der Statistik gelten Ereignisse, deren Wahrscheinlichkeit im Bereich von $1/10^{30}$ bis $1/10^{50}$ liegen, als unmöglich. Mit diesen Zahlen vor Augen wollen wir einen einfachen einzelligen Organismus betrachten. «Eine lebende Zelle ist eine verblüffend komplexe Maschine. Sie besteht aus Tausenden von Organellen . . . und zahllosen verschiedenen chemischen Substanzen, die alle wunderbar ineinandergreifen und zum gegenseitigen Nutzen reibungslos funktionieren.»[98]

Allein unter informationstheoretischem Aspekt schätzt man, daß das einzellige Bakterium *E. coli* eine Informationsmenge enthält, «die einhundert Millionen Seiten der *Encyclopedia Britannica* entspricht».[99] Bereits der winzige einzellige Organismus wirft schier unlösbare Probleme auf. Von George Gaylord Simpson erfahren wir, daß die evolutionäre Reise bis hin zum einfachsten einzelligen Organismus genauso beeindruckend ist wie der ganze Rest der Reise zusammengenommen: «Oberhalb der Stufe des Virus ist die einfachste vollständige Lebenseinheit von fast unvorstellbarer Komplexität. Im allgemeinen spricht man über die Evolution von der Amöbe zum Menschen, als ob die Amöbe der einfache Beginn des Prozesses wäre. Doch wenn, wie es fast notwendig der Fall sein muß, das Leben als einfaches Molekularsystem beginnt, dann ist der Fortschritt von diesem Stadium zu dem der Amöbe mindestens so groß wie der von der Amöbe zum Menschen.»[100]

Augenscheinlich wird Simpsons Analyse von der mathematischen Wahrscheinlichkeit mehr als bestätigt. Danach ist der einzellige Organismus so komplex, daß die Wahrscheinlichkeit einer zufälligen Entstehung auf ungefähr $1/10^{78\,436}$ geschätzt wird.[101] Erinnern wir uns daran, daß von Statistikern die Unmöglichkeit im Bereich von $1/10^{30}$ bis $1/10^{50}$ angesiedelt wird.[102] Damit sind die Chancen für die Entstehung eines einzelligen Organismus durch Zufallsmutation so gering, daß sie statistisch überhaupt nicht in Betracht zu ziehen sind. Betrachtet man statt der einzelligen Organismen die höher organisierten, komplexeren Lebensformen, so verliert sich die statistische Wahrscheinlichkeit vollends im Absurden. Huxley ist beispielsweise bei der Berechnung der Wahrscheinlichkeit für die Entstehung eines Pferdes auf eine Zahl von $1/10^{3\,000\,000}$ gekommen.[103]

Viele bedeutende Biologen stehen heute der Darwinschen These von einer Evolution durch Zufallsmutation ziemlich ablehnend gegenüber. Der Biochemiker und Nobelpreisträger Albert Szent-Györgyi meint, er könne mit dem Darwinschen Evolutionsbegriff nichts mehr anfangen. Zur Behauptung, die Zufallsmutationen im Laufe der Zeit seien für die Entstehung aller Lebewesen verantwortlich, erklärt Szent-Györgyi, er könne «die übliche Antwort . . . daß genügend Zeit war, alles auszuprobieren», einfach nicht mehr akzeptieren.[104] Der Wissenschaftler gesteht: «Ich konnte sie noch nie akzeptieren. Durch zufälliges Schütteln von Steinen kann niemals ein Schloß oder ein griechischer Tempel entstehen, ganz gleich, wieviel Zeit zur Verfügung steht.»[105]

Vor einigen Jahren fand am Wister Institute of Anatomy and Biology in Philadelphia eine Tagung statt, bei der man sich mit der mathematischen Wahrscheinlichkeit der Evolutionstheorie beschäftigte.

Zur Frage, ob Zufallsmutationen auf dem Wege über die natürliche Selektion in einem hinreichend langen Zeitraum komplexe Lebenssysteme schaffen können, meinte der Computerwissenschaftler Marcel Schutzenberger von der Sorbonne in Paris: «Wir halten es für unmöglich. Denn wenn wir versuchen, eine solche Situation durch Zufallsveränderungen auf der typographischen Ebene in Computerprogrammen zu simulieren, so stellen wir fest, daß wir keine Chance haben (das heißt eine Wahrscheinlichkeit von weniger als $1/10^{1000}$), auch nur zu sehen, was das modifizierte Programm errechnet; es gibt nur Blockierungen.»[106]

Unter Verwendung der neuesten Computergenerationen und ausgeklügelter mathematischer Modelle sind diese Wissenschaftler zu folgendem Schluß gekommen: «Wenn wir den Begriff der ‹Zufälligkeit› einer ernsthaften und strengen Definition aus probabilistischer Sicht unterziehen, so behaupten wir, daß das Zufallspostulat äußerst unwahrscheinlich ist und daß eine angemessene wissenschaftliche Evolutionstheorie auf die Entdeckung neuer Naturgesetze warten muß.»[107]

Die Resultate der Mathematiker waren bestürzend. Schließlich verdankt die Evolutionstheorie ihre Existenz doch gerade der Wahrscheinlichkeitstheorie. Fast ein Jahrhundert lang haben Biologen gepredigt, daß Zufallsmutationen in einer hinlänglich ausgedehnten Zeitspanne eine sinnvolle morphologische Organisation und Reorganisation erklären können, und sie haben diese These mit dem Begriff der statistischen Wahrscheinlichkeit gestützt. Heute erklären namhafte Mathematiker in aller Welt, daß statistisch gesehen lange nicht genug Zeit verstrichen ist, um die Entstehung komplexer und sinnreich konstruierter Lebewesen durch das zufällige Vorkommen von Mutationen zu erklären. Ihre Schlußfolgerung ist zugleich eine Zusammenfassung und eine Grabinschrift für die neodarwinistische Synthese: «Deshalb kommen wir zu dem Schluß, daß eine beträchtliche Lücke in der neodarwinistischen Evolutionstheorie klafft und daß sich diese Lücke mit den heutigen biologischen Begriffen nicht überbrücken läßt.»[108]

Die gegenwärtige Beweislage spricht ein so vernichtendes Urteil über die neodarwinistische Synthese, daß schwer verständlich ist, warum man in vielen Bereichen des wissenschaftlichen Establishments so hartnäckig und unbeirrbar an ihr festhält. Arthur Koestler, einer der wichtigsten Wissenschaftsautoren des 20. Jahrhunderts, hat sich einmal Gedanken darüber gemacht, warum die Theorie sich eines so zähen Lebens erfreut. Der einzige plausible Grund sei, so Koestler, daß die Wissenschaftler wohl der Meinung sind, «eine schlechte Theorie sei besser als gar keine Theorie».[109] Folglich seien sie «nicht in der Lage oder nicht bereit, sich klarzumachen, daß die Zitadelle, die sie verteidigen, bereits verloren ist».[110]

Zum Nachdenken über die Frage, wie ein wissenschaftlich so bankrottes System wie die Darwinsche Theorie jemals zur herrschenden Orthodoxie habe werden können, kommt der Biologe und Philosoph Ludwig von Bertalanffy zu folgendem Schluß: «Ich glaube, der Umstand, daß eine Theorie zum Dogma geworden ist, die so unscharf, so schwer verifizierbar und so weit von allen Kriterien entfernt ist, die sonst in der ‹harten› Wissenschaft Anwendung finden, läßt sich nur soziologisch erklären. Gesellschaft und Wissenschaft waren so tief verwurzelt in mechanistischem Gedankengut, Utilitarismus und dem Wirtschaftsbegriff des freien Wettbewerbs, daß sie Gott als höchste Wirklichkeit durch die Selektion ersetzten.»[111]

TEIL FÜNF

Das Leben umdenken und neu gestalten

Eine neue «zeitliche» Naturtheorie, maßgeschneidert für das biotechnische Zeitalter

Unsere Kinder werden sich die Welt nicht in Darwinschen Kategorien vorstellen. Sie werden nicht in Darwinscher Art und Weise auf die Welt einwirken. Für unsere Generation lieferte Darwin die allumfassende Erklärung der natürlichen Ordnung der Dinge. Für die Generation unserer Kinder wird er kaum mehr als eine historische Kuriosität sein. Die Welt wird anders aussehen, wenn wir sie nicht mehr durch die Darwinsche Sichtblende abschirmen können. Jeden Aspekt der Welt werden unsere Kinder durch eine andere Brille sehen, durch eine, die getönt ist, um den Glanz einer biologisch total manipulierten Welt zu dämpfen.

Nichts unterscheidet eine Generation so sehr von einer anderen wie eine unterschiedliche Interpretation dessen, was unter «lebendig» zu verstehen ist: Definition, Entstehung, Sinn und Zweck. Für fünf Generationen galt Darwins *‹Entstehung der Arten›* als offizieller Bezugspunkt. Immer wenn unsere Gedanken in die fernen Gefilde der Geisteswelt abschweiften und den letzten Fragen des Lebens nachgingen, wartete dort die Darwinsche Kosmologie mit fertigen Antworten, Antworten, die sinnvoll waren in einer Welt, die sich ihren Rhythmus vom Stampfen und Zischen der Industriemaschinen diktieren ließ.

Heute schicken sich unsere Kinder an, zu einer anderen Musik zu tanzen, einer, die bestimmt ist vom Summen der Computerkonsolen und dem Tempo der Gensynthetisierung und der Zellteilung. In dieser neuen Welt – der zweiten in der Menschheitsgeschichte – bildet sich eine neue Interpretation des Lebens heraus. Bald wird sie der einzige Bezugspunkt sein, wenn es gilt, die Frage zu beantworten, was die Bedeutung des Lebens ausmacht.

In den kommenden Jahrhunderten wird man sich an Darwins Evolutionstheorie als eine kosmologische Brücke zwischen den beiden Menschheitsepochen erinnern. Sie war der Höhepunkt einer Denkweise, die Hand in Hand mit dem pyrotechnischen Zeitalter einherging. Zugleich enthielt sie den Keim zu einer neuen Denkweise, die die nächste große Weltepoche, das biotechnische Zeitalter, bestimmen wird.

Wenn wir danach fragen, wodurch Darwins Evolutionstheorie ersetzt werden wird, brauchen wir uns nur umzuschauen und festzustellen, wodurch das industrielle Zeitalter ersetzt werden wird, und wir haben die Antwort. Das Zeitalter der Biotechnik bringt eine neue Methode, die Natur zu organisieren. Und wenn uns die Geschichte irgend etwas lehrt, so dürfen wir mit Sicherheit davon ausgehen, daß diese neue Organisationsweise ihre Rechtfertigung finden wird in der Konstruktion einer neuen Kosmologie, die den Umgang der Menschen mit der Natur so erklären wird, daß es zu einer bemerkenswerten Deckung von Kosmologie und menschlichem Verhalten in jenem winzigen Ausschnitt der natürlichen Welt kommt, auf den das Wirken der Menschheit beschränkt ist. Die neue Generation, die erste des biotechnischen Zeitalters, wird sich also zuversichtlich ans Werk machen, in der festen Überzeugung, daß das, was sie ihrer unmittelbaren Umwelt antut, den Prozessen entspricht, die seit jeher das Naturgeschehen im großen Maßstab bestimmen.

Betrachtet man vergangene Kosmologien, so kann man interessanterweise feststellen, daß man, je weiter man zurückgeht, um so eher glaubt, der jeweilige Naturbegriff sei aus der Kultur abgeleitet, in der er formuliert wurde. Heute sind sogar einige unserer führenden Biologen und Wissenschaftshistoriker bereit, Darwins ursprüngliche Kosmologie eher als eine Projektion der kulturellen und ökonomischen Vorurteile ihrer Entstehungszeit zu betrachten denn als eine objektiv entdeckte Wahrheit über das tatsächliche Naturgeschehen. Doch kommt man auf die Gegenwart zu sprechen, scheinen weder die Wissenschaftler noch die Öffentlichkeit bereit zu sein, die heutigen kosmologischen Neuformulierungen der gleichen Kritik zu unterwerfen. Statt dessen wird in ziemlich aggressiver Weise die Auffassung vertreten, daß die Menschheit zum erstenmal in der Geschichte und ein für allemal die wirklichen Geheimnisse der Natur enthülle. Hält man sich an die Wahrscheinlichkeitstheorie, so wäre das zwar statistisch tatsächlich möglich, aber doch äußerst unwahrscheinlich.

Viel glaubhafter ist der Gedanke, daß die neue Kosmologie, die den Darwinismus verdrängen und das Tun und Treiben des biotechnischen Zeitalters sanktionieren wird, von den technologischen, kulturellen und ökonomischen Vorurteilen ihrer Zeit ebenso durchtränkt sein wird wie alle Kosmologien vorher. Unter diesem Gesichtspunkt müßte es ebenso möglich sein, die Frage kosmologischer Konstruktionen einer vorausschauenden Analyse zu unterziehen, wie wir sie einer Untersuchung in der Rückschau zugänglich machen konnten. Wir müssen also beurteilen, welches Maß an Veränderung die biotechnische Einwirkung auf das Leben für unsere Gesellschaft heraufbeschwören wird, und uns dann überlegen, was für eine Kosmologie erforderlich sein wird, um die Herstellung des Lebens durch Menschenhand zu legitimieren.

Es soll der Versuch folgen, den allgemeinen Rahmen einer neuen Kosmologie abzustecken, die Darwins Evolutionstheorie mit einer gewissen Wahrscheinlichkeit ersetzen könnte. Die Überzeugung, daß sich ein solcher Naturbegriff entwickeln wird, gründet sich nicht – das sei noch einmal ausdrücklich betont – auf die Meinung, es handle sich hier um die ewigen Wahrheiten der Natur, sondern auf die Überzeugung, daß jede Gesellschaft und jede geschichtliche Epoche das uralte Bedürfnis verspürt, jenes vereinheitlichende Grundgesetz in der Natur zu entdecken, welches dem alltäglichen Tun der Menschen eine bedingungslose Rechtfertigung liefert. Damit soll nicht gesagt sein, daß es der neuen Kosmologie an jeglicher faktischen Grundlage in der wirklichen Welt der Natur fehlen wird. Das Problem liegt darin, daß sie wie alle Kosmologien vor ihr behaupten wird, daß ein paar isolierte naturwissenschaftliche Fakten, die sie für ihre speziellen Zwecke ausnutzt, den gesamten Funktionszusammenhang der Natur erklären. Anhand von ein paar winzigen Ausschnitten wird man das Gesamtbild entwerfen. Die Ausschnitte sind sehr real, das Gesamtbild, das aus ihnen gewonnen wird, ist nichts als Selbstbetrug.

Genotyp und Phänotyp

Solange die moderne synthetische Evolutionstheorie galt, gab es von Zeit zu Zeit leichte Unstimmigkeiten über die Beziehung zwischen Genotyp und Phänotyp. Diese Unstimmigkeiten haben sich plötzlich zu einem offenen Streit ausgewachsen, der die biologische Fachwelt in zwei sich heftig befehdende Lager gespalten hat. Hier erlebt das neodarwinistische Konzept sein Waterloo, muß es doch den Aufstieg einer neuen paradigmatischen Kraft mitansehen.

Auf der einen Seite der Frontlinie haben sich die orthodoxen Neodarwinisten formiert. Sie vertreten die Auffassung, daß die Entwicklung des Organismus (Phänotyp) streng festgelegt werde durch die genetische Information, die ihm mitgegeben ist (Genotyp). Nach dieser traditionellen

Ansicht ist der Organismus für alle Umweltfaktoren unzugänglich und verdankt alles, was er ist, einem vorher festgelegten genetischen Plan. Mit anderen Worten, der Phänotyp ist das bloße Produkt seiner genetischen Information. Für den Neodarwinisten wird der Entwicklungsprozeß vom Genotyp beherrscht.

Auf der anderen Seite der Frontlinie stehen die Väter des neuen Paradigmas, die meinen, der Genotyp sei keineswegs allein verantwortlich für die Entwicklung des Organismus. Eifrig führen sie ins Feld, daß die wissenschaftlichen Daten die simple Gleichung widerlegen würden, nach der der Phänotyp ein bloßer Ausdruck des Genotyps ist. Nach der neuen Denkweise erklärt die genetische Information zwar einen Teil des Entwicklungsprozesses, ist aber beileibe nicht der einzige Faktor. Søren Løvtrup von der Universität von Umeå in Schweden kann sich sicherlich auf die Zustimmung vieler Kollegen berufen, wenn er erklärt: «. . . auch die extranuklearen Faktoren sind von großer Bedeutung, vor allem in den ersten Entwicklungsstadien, wenn die Grundstruktur des Körperbaus festgelegt wird, woraus sich die Schlußfolgerung ergibt, daß sich die Neodarwinisten nicht anheischig machen können, alle Aspekte der Vererbung mit der Evolution zu erklären.»[1]

Die neue Schule behauptet, daß «für ein Verständnis der Evolution ein Verständnis der Entwicklung erforderlich ist»[2] und daß sich dieses umfassendere Problem nicht durch genetischen Reduktionismus lösen lasse. Sie begründet ihre Ablehnung der Vorstellung, daß sich alles auf einen genetischen Plan zurückführen lasse, mit konkreten, beobachtbaren Fakten.

Zunächst einmal weist C. H. Waddington darauf hin, daß «identische Phänotypen unterschiedliche Genotypen besitzen können . . .»[3] Die Neodarwinisten sind nicht in der Lage, dieses ziemlich merkwürdige Faktum zu erklären. Wie können zwei Organismen praktisch identisch sein, wenn sie «deutlich verschiedene Genotypen» enthalten?[4] Und wie ist es umgekehrt möglich, daß zwei Organismen sehr verschieden ausfallen, wenn ihre Genotypen gleich sind? Wenn der Organismus nur die konkrete Ausführung seines genetischen Plans wäre, könnten diese Anomalien nicht vorkommen. Doch sie tun es, und da sie es tun, ist eine neue Generation von Wissenschaftlern eifrig bemüht, eine andere, befriedigendere Erklärung für die Abweichungen zwischen Phänotyp und Genotyp zu finden. Dabei stellen sie fest, daß die Entwicklung eines Organismus ebensosehr von der Umwelt wie vom Genom beeinflußt wird. Das legt einen revolutionären Wandel in unserem Denken nahe. Erinnern wir uns, daß nach der neodarwinistischen Theorie die Fähigkeit des Organismus, sich der Umwelt anzupassen, von Geburt an durch seine genetische

Ausstattung festgelegt ist. Jene Organismen, die durch einen glücklichen Zufall mit einem Genotyp ausgestattet sind, der der Umwelt besser entspricht, werden – so der Neodarwinismus – dank der natürlichen Selektion lange genug leben, um mehr Nachkommen in die Welt zu setzen, wodurch für die Fortdauer ihres Genotyps in künftigen Generationen gesorgt ist. Im neodarwinistischen Paradigma ist kein Platz für fortlaufende adaptive Veränderungen in Reaktion auf die Umwelt. Wie der Calvinist der Reformationszeit an die Prädestination glaubte, so ist auch die Frage, ob ein Organismus gerettet oder verdammt wird, prädeterminiert, und der Organismus hat keine Möglichkeit, das Ergebnis während seiner Lebenszeit zu verändern.

Dieses ziemlich fadenscheinige Argument des Neodarwinismus wird schon durch die alltägliche Beobachtung widerlegt. Wie vor kurzem der Biologe M. W. Ho von der Open University in England und der Mathematiker P. T. Saunders vom Queen Elizabeth College in London im *Journal of Theoretical Biology* dargelegt haben, verändern Organismen unablässig ihre morphologischen Eigenschaften und ihr Verhalten in Reaktion auf die Umwelt. Um Beispiele für solche Veränderungen zu finden, braucht man nur an «die Muskelentwicklung von Athleten und die Dunkelfärbung der Haut bei Sonneneinwirkung» zu denken.[5] Solche Veränderungen vollziehen sich alle Augenblicke im Leben des Organismus und sind unabhängig von der genotypischen Information, die in den Zellen des Organismus kodiert ist.

Organismen sind also keine rein passiven Strukturen, von Geburt an zur Hinnahme des Schicksals verurteilt, das ihnen von den Genen zugemessen ist. Vielmehr modifizieren Organismen fortlaufend ihr Verhalten und ihre Morphologie in Reaktion auf Veränderungen der Umweltreize. Diese Auffassung steht in klarem Gegensatz zur orthodoxen Vorstellung von der natürlichen Selektion. Solange man glaubte, daß der Phänotyp nur ein Ausdruck des Genotyps sei, konnte man die Auffassung vertreten, im Zuge der natürlichen Selektion würden bestimmte Genotypen eliminiert und andere erhalten. Sind wir hingegen der Meinung, Phänotypen seien mehr als nur ein bloßer Ausdruck ihrer Genotypen und Organismen würden ihre morphologische Entwicklung und ihr Verhalten in Reaktion auf Veränderungen der Umweltreize modifizieren, so wird aus der natürlichen Selektion mehr als nur ein Prozeß, bei dem eine Auswahl zwischen zufällig vorkommenden und miteinander in Wettbewerb stehenden Genomen getroffen wird. In die Auswahl einbezogen werden auch das modifizierte Verhalten und die Leistung des Organismus während seiner Entwicklung und Lebenszeit. Nach Waddington geht aus diesen Überlegungen hervor, daß natürliche Selektion und evolutionäre Entwicklung

Prozesse sind, die den schlichten Rahmen von «Zufall und Notwendigkeit» sprengen und «Lernen und Innovation» einbeziehen. Mit anderen Worten, selektiert werden nicht nur die zufälligen Genmutationen, die irgendeinen glücklichen Organismus auf dem Vorwege mit der besten Anpassung an die Umwelt versorgen, sondern auch die Veränderungen, die der Organismus im Laufe seines Lebens erlernt hat und die es ihm ermöglichen, sich immer wieder neuen Umweltbedingungen anzupassen.

Neue Entwicklungen auf dem Gebiet der Embryologie haben wesentlich zur Widerlegung der alten Vorstellung beigetragen, nach der der Organismus «eine festgelegte Maschine ist, deren Aufbau von ihrem Genom vollkommen vorherbestimmt ist».[6] 1982 erschien in *Newsweek* eine Titelgeschichte mit der Überschrift «How Human Life Begins», in der die Autoren schon im ersten Absatz deutlich machen, daß der orthodoxe Genbegriff nicht mehr gilt: «In einer Wissenschaft, in der die Doppelhelix zum heiligen Gral geworden ist, mag es ketzerisch erscheinen, wenn jemand die Bedeutung des allmächtigen Gens zu schmälern wagt. Doch die Biologen meinen heute, daß die Entwicklungsgesetze nicht ganz so unauslöschlich in die Gene eingetragen sind, wie sie einst geglaubt haben: Gene sind eine notwendige, aber keine hinreichende Bedingung.»[7]

Je tiefer die Forschung in die Geheimnisse der embryonalen Entwicklung eindringt, desto größer wird die Überzeugung, daß neben den Genen noch andere Kräfte am Aufbau des Organismus beteiligt sind. Immer deutlicher scheint sich herauszustellen, daß die Gene im Entwicklungsprozeß eine untergeordnete Rolle spielen und daß die «Lösung des Entwicklungsproblems eher auf zellularer und interzellularer Ebene als auf genetischer Ebene liegt».[8] Viele Wissenschaftler glauben, daß die größere Umwelt, in der sich die Mutter bewegt, den Entwicklungsprozeß innerhalb des Mutterleibs beeinflußt. Die Neurobiologin Ira Black vom Cornell Medical College bezeichnet diese Ergebnisse als «sensationell aus evolutionstheoretischer Sicht».[9]

Eine der faszinierendsten Entdeckungen der embryologischen Forschung betrifft die Beziehung zwischen den Zellen und ihrer Position. In einer Reihe von Experimenten wurde eine Zellgruppe dort entfernt, wo sich normalerweise das Neuralrohr des Embryos entwickelt, und in eine Region verpflanzt, wo sich normalerweise die Nerven bilden, die für die Pupillenreflexe zuständig sind. An ihrem Ursprungsort hätten die Zellen automatisch Nerven zur Verdauungssteuerung ausgebildet. An ihrem neuen Ort taten sie nichts dergleichen, sondern produzierten Reflexneuronen, paßten sich also den Bedürfnissen ihrer neuen Umgebung in dem sich entwickelnden Embryo an. Auf eine noch nicht geklärte Weise bestimmt der Ort, welche Gene in den Zellen aktiviert werden.

In einer anderen Untersuchung stellte Black fest, daß sogar chemische Substanzen, die über die Nabelschnur von der Mutter auf den Embryo übertragen werden, die Entwicklung des Fötus beeinflussen können. Als Black trächtige Ratten einer extremen Streßsituation aussetzte, «produzierten die Nervenzellen im Darm des Embryos auch weiterhin einen bestimmten Neurotransmitter, statt, wie normalerweise, auf einen anderen umzuschalten».[10]

Die entscheidende Frage in allen diesen Beispielen lautet: Welcher Faktor ist dafür verantwortlich, daß eine bestimmte Gruppe genetischer Anweisungen anstelle einer anderen aktiviert wird? Erinnern wir uns daran, daß jede Zelle des Organismus alle Anweisungen enthält, die erforderlich sind, um den ganzen Organismus aufzubauen. Doch im Prozeß der Entwicklung übernimmt jede der Milliarden von Zellen, die zum Aufbau des Organismus beitragen, auf noch ungeklärte Weise eine differenzierte Funktion innerhalb des Embryos. Welche Kräfte außerhalb der Zelle lösen diese Differenzierung aus? In einem Artikel für die philosophische Zeitschrift *Theoria to Theory* berichtet Tony Nuttal von der University of Sussex von einem Experiment mit einer Taufliege, welches deutlich macht, unter welch merkwürdigen Umständen sich die Differenzierung vollzieht und welche Fragen sie aufwirft. Nuttal sagt, daß sich das augenproduzierende Gewebe eines Taufliegenembryos, in die Abdominalhöhle einer ausgewachsenen Taufliege verpflanzt, zu einer flügelartigen Struktur entwickelt. Warum löste eine Veränderung des Ortes oder der Umwelt in diesem und in den vorstehenden Beispielen eine Veränderung in der genetischen Ablesung aus? Nach Nuttal ist der einzige logische Schluß, daß Ort oder Umwelt in irgendeiner Weise über das Zellverhalten entscheiden. Mit anderen Worten: Es erscheint einleuchtender, daß «sich die Struktur den materiellen Konstituenten aufdrängt, als daß die materiellen Konstituenten natürlich und zufällig eine Struktur erzeugen».[11]

Felder

Im Laufe der nächsten Jahre wird ein neues Wort in das Konversationslexikon aufgenommen werden und dem Gen den Rang als beliebtestes Objekt wissenschaftlicher Beobachtung streitig machen. Der Begriff «Feld» wurde für die Biologie erstmals 1922 von dem namhaften russischen Wissenschaftler Alexandr Gurwitsch vorgeschlagen. In den sechzig Jahren seither ist er immer häufiger in der wissenschaftlichen Literatur aufgetaucht.

Durch Felder läßt sich auf sehr knappe Weise die Organisation von Strukturen beschreiben. Felder sind unsichtbar, doch obgleich sie immateriell sind, wissen wir, daß es sie gibt. In der Physik ist der Feldbegriff zu Hause, seit Sir Isaac Newton seine ersten Gravitationsexperimente durchgeführt hat. Obwohl die Schwerkraft nicht sichtbar ist, ist sie sehr wohl zu spüren, und niemand von uns zweifelt daran, daß ihre Wirkung universell ist. Die Schwerkraft gibt es stets und überall auf der Erde, und alle Strukturen physikalischer Erscheinungen sind ihren Bedingungen unterworfen. Noch merkwürdiger sind die magnetischen Felder. Manch ein Kind hat endlose Stunden mit Eisenfeilspänen und einem Magneten verbracht, fasziniert von der unsichtbaren Kraft, die sie miteinander verbindet.

Ein bekanntes Experiment zeigt, wie ein unsichtbares Feld bestimmte Strukturen schafft. Wenn Eisenfeilspäne auf einen Pappdeckel gestreut werden, den man über einen Magneten hält, so ordnen sie sich in einem bestimmten Muster entlang der «Kraftlinien» des magnetischen Feldes an. Wissenschaftler vermuten heute, daß lebende Zellen wie Eisenfeilspäne irgendwie von einem unsichtbaren Feld angezogen werden und sich in einem bestimmten Muster entlang der Kraftlinien des Feldes anordnen. Donna Jeanne Haraway, Autorin des Buches *‹Crystals, Fabrics and Fields›*, legt dar, daß es zwar nur eine Art des elektromagnetischen Feldes oder des Gravitationsfeldes gibt, daß es aber wahrscheinlich «so viele potentielle biologische Felder gibt, wie es Organismen und Arten gibt».[12]

Paul Weiss von der Rockefeller University hat sich als einer der ersten gründlich mit dem Gedanken der biologischen Felder auseinandergesetzt. Als gelernter Ingenieur besaß Weiss Kenntnisse über die Ausbreitung von Lichtwellen und die elektromagnetische Lichttheorie. Nach Jahrzehnten eingehender Forschung kam Weiss zu dem Schluß, daß bei lebenden Organismen «die dynamische Struktur des ganzen Systems das Verhalten der Konstituenten koordiniert».[13] Vorbei ist es mit der alten Darwinschen Vorstellung, daß der ganze Organismus einfach die Summe der Einzelteile sei, die zu einer funktionsfähigen Maschine montiert würden. Die Metapher des Industriezeitalters ersetzt Weiss durch einen neuen Begriff. Die Teile werden nicht mehr «montiert», sie werden «integriert». Das Ganze ist kein «Aggregat» mehr, es ist ein «System».

Zu dieser neuen Auffassung gelangte Weiss, indem er die Beziehung zwischen den Einzelteilen eines Organismus und der Funktionsweise des Organismus als Einheit beobachtete. Ein einfaches Beispiel illustriert diese Beziehung.

Wenn Sie das nächste Mal Ihrem besten Freund ins Gesicht sehen, dann denken Sie an den ziemlich seltsamen Umstand, daß in einem halben Jahr nicht ein einziges der Moleküle, die sie jetzt erblicken, noch dort sein wird. Alle diese Milliarden Moleküle werden vollständig ersetzt sein. Nach orthodoxer darwinistischer Denkweise ist das Gesicht eine feste Masse aus kleinen Bausteinen, die Zellen genannt und von kleinen Genmaschinen in den Kernen der Zellen hergestellt werden. Nach dieser Theorie stellt man sich das Gesicht vor als eine Montage aus all den speziellen Produkten, die von den kleinen Genmaschinen hergestellt werden. Weiss distanziert sich von dieser veralteten Auffassung. Rhetorisch fragt er: «Wie können sich ungerichtete kleinkörnige Einheiten von allein zur grobkörnigen übergreifenden geometrischen ... Ordnung des Produkts ihres gemeinsamen Aufbaus zusammenfügen?»[14] Er antwortet mit einer Analogie: «Es ist etwa so, als frage man nach der Wahrscheinlichkeit, daß sich Sandkörner ohne äußeren Einfluß in gerader Linie anordnen – und das nicht nur einmal durch Zufall, sondern systematisch und ständig.»[15] Statt dessen meint Weiss, das Gesicht sei eine unsichtbare Struktur, der es auf irgendeine Weise gelänge, ihre Einzelteile zu koordinieren. Wie sonst, so fragt er, ließe sich die Tatsache erklären, daß die physische Substanz des Gesichts ständig kommt und geht, während das Gesicht selbst überdauert. Weiss glaubt, daß die Zellen sich wie die Eisenfeilspäne entlang der Kraftlinien des Magnetfeldes am richtigen Ort in Übereinstimmung mit einem biologischen Feld anordnen und daß dieses Feld über das Verhalten innerhalb seiner Grenzen entscheidet. Er erklärt, wie das Feld funktioniert: «Jederzeit ‹weiß› jedes Teil über den Aufenthalt und das Verhalten aller anderen Teile Bescheid und ‹reagiert› auf jede Abweichung und Störung des kollektiven Gleichgewichts, als ‹wüßte› es genau, was zu tun ist, um in Übereinstimmung mit den anderen Komponenten Schaden vom Gesamtsystem abzuwenden.»[16]

Mit anderen Worten: Die Einzelteile – mögen es nun Moleküle, Gene, Zellen oder Organe sein – verhalten sich ständig so, daß sich ihr Verhalten dem größeren System anpaßt, in dem sie enthalten sind. Weiss behauptet, das Feld bestimme ihr Verhalten.

In seinem Buch *‹The Science of Life›* berichtet Weiss von einem Experiment, bei dem die Forscher die Anlage für eine Gliedmaße eines Embryos an verschiedene Positionen innerhalb des Dottersacks verpflanzten. Jedesmal hing es «im wesentlichen von der Orientierung zu den Hauptkörperachsen oder, genauer, von der Achsenstruktur der unmittelbaren Umgebung ab», ob sich aus der Anlage eine rechte oder eine linke Gliedmaße entwickelte.[17] Andere Experimente haben zu den gleichen Ergebnissen geführt. Beispielsweise kann aus dem abgetrennten Fühler einer Gottesanbeterin nicht nur ein neuer Fühler, sondern auch ein Bein hervorwachsen, je nachdem, in welche Region des Organismus er verpflanzt wird. Weiss meint, in diesen Fällen stünden zwei Entwicklungswege offen. «Welche der beiden Alternativen die Oberhand gewinnt, hängt von dem Ort ab, den die Zellgruppe innerhalb des größeren Komplexes einnimmt.»[18] Mit anderen Worten: Die Position im Feld bestimmt das Verhalten.

Einer scharfen Kritik unterzieht Weiss die eingefleischten Neodarwinisten, die noch immer versuchen, die Entwicklung und Morphologie von Organismen ausschließlich anhand der Gene zu erklären. Zur Behauptung einiger Traditionalisten, daß die Stabilität der Gesamtstruktur eines Organismus auf einige hypothetische (bisher niemals beobachtete) Gene zurückzuführen sei, die eine «Steuer-» oder «Koordinierungsfunktion» ausübten, meint Weiss: «Die Zellen, die sie [die Gene] tragen, bewegen sich ohne festen Bezugspunkt umher.»[19] Im Hinblick auf diese Tatsache schreibt Weiss: «Die Struktur der Gesamtform müßte also *de novo* aus der bloßen algebraischen Mischung einer Anzahl von Genträgern entstehen – Geometrie wäre aus Algebra abzuleiten –, ein Kunststück, das ohne Zauberei nicht zu bewerkstelligen ist, und eine Behauptung, auf die jede seriöse Wissenschaft verzichten wird.»[20]

Die einzige logische Erklärung ist nach Weiss, daß die Gene und die Zellen, die sie beherbergen, nicht von sich aus die Struktur des Gesamtorganismus schaffen, sondern von einem biologischen Feld organisiert werden, das die separaten Einheiten in ein übergreifendes System integriert.

Ein anderer Vertreter der biologischen Feldtheorie ist der Entwicklungsbiologe Brian Goodwin von der University of Sussex in England. Wie Weiss steht er allen Behauptungen, die bezüglich der Gene aufgestellt werden, skeptisch gegenüber. Goodwin erklärt, zwar seien die Gene unentbehrlich als Datenbank des Organismus, doch sie würden «keine raumorganisierenden Prinzipien aufweisen».[21] Deshalb müsse man sich an biologische Felder halten. In diesem Zusammenhang nennt Goodwin verschiedene Experimente mit der Schirmalge *Acetabularia mediterranea*, die nur aus einer einzigen, ziemlich großen Zelle besteht. An dem einen Ende des Organismus befindet sich ein verzweigtes, wurzelähnliches Gebilde, das sogenannte Rhizoid, am anderen Ende ein Schirm. Beide Enden sind durch einen schmalen Stiel verbunden. Der Zellkern ist im Rhizoid untergebracht. Werden Schirm und Rhizoid abgetrennt, so daß nur der Stiel zurückbleibt, so wird von ihm der Schirm regeneriert. Goodwin: «Entscheidend ist, daß ein undifferenzierter Stiel ohne Kern [der alle Gene enthält] den äußerst differenzierten Schirm regenerieren kann, daß also alle ‹Entscheidungen› darüber, welche Enzyme zu synthetisieren sind, wie die speziellen Proteine zusammenzusetzen sind und wie die komplexe und schwierige Struktur des Schirms wiederherzustellen ist, in Abwesenheit eines Kerns getroffen werden.»[22] Wie kann das geschehen, ohne daß Gene da sind, die diese Entwicklung koordinieren? Natürlich müsse man daraus schließen, so Goodwin, «daß irgendein morphogenetisches Feld im Zytoplasma dieses Organismus wirkt».[23]

Noch merkwürdiger erscheint der Umstand, daß es Goodwin gelungen ist, biologische Felder durch elektrische Potentiale und Ströme zu beeinflussen. Wenn eine Spannung von 30 Millivolt an die beiden Enden des Stiels gelegt wird, «so bildet sich der Schirm an dem Ende, wo das äußere elektrische Feld positiver ist».[24] Es hat also den Anschein, als ob elektrische Felder und Ströme Eigenschaften biologischer Felder sind, wenn auch, wie Goodwin rasch versichert, nicht deren einzige Eigenschaften. So hat man festgestellt, daß auch chemische Substanzen auf die Entwicklungswege einwirken. Solche Substanzen ließen sich also zusammen mit elektrischen Strömen in eine Beschreibung der biologischen Feldeigenschaften aufnehmen.

Angesichts eines wachsenden Bestands an experimenteller Evidenz erklären Goodwin und sein Kollege Webster, gleichfalls von der University of Sussex: «Die primäre Entität, die die Biologie zu erklären hat, der lebende Organismus mit seiner extrem integrierten und einheitlichen Beschaffenheit und seiner typischen Generations- und Regenerationsfähigkeit, bedeutet für diese atomistischen oder reduktionistischen . . . Theorien ein Problem, für das sie keine angemessene Erklärung zu liefern vermögen.»[25]

In der Zeitschrift *Theoria to Theory* schlagen Goodwin und Webster vor, «den darwinistischen Organismusbegriff aufzugeben und ihn durch eine strukturalistische Organismustheorie zu ersetzen, basierend auf dem Konzept, daß lebende Einheiten zu verstehen sind als ein Beziehungsmuster zwischen spezifischen Eigenschaften, die zu tun haben mit Invarianz, Transformation und der Beziehung zwischen Teil und Ganzem. Das definiert eine Feldtheorie des Organismus.»[26]

Niemand hat sich eingehender mit dem elektrodynamischen Aspekt biologischer Felder befaßt als Harold Saxton Burr von der Yale University. Wie Goodwin und Weiss geht Burr hart ins Gericht mit der orthodoxen Doktrin und ihrer Behauptung, daß «die chemischen Elemente den Aufbau und die Organisation des Organismus bestimmen».[27] Wie andere Feldtheoretiker meint Burr, daß eine solche Erklärung «nicht erklärt, warum trotz ständiger Stoffwechsel- und chemischer Austauschprozesse eine bestimmte morphologische Konstanz erhalten bleibt».[28] Burr glaubt, die Antwort müsse man in der Feldtheorie suchen. Seine eigenen Untersuchungen und ein wachsender Datenbestand aus den Forschungsarbeiten anderer lassen die These plausibel erscheinen, daß elektrodynamische Felder eine gewisse Bedeutung für biologische Felder haben. In seiner zukunftsweisenden Arbeit ‹*Blueprint for Immortality*› formuliert Burr eine elektrodynamische Feldtheorie der biologischen Entwicklung: «Die Struktur oder Organisation eines jeden biologischen Systems wird durch ein komplexes elektrodynamisches Feld hergestellt ... Dieses Feld ist elektrisch im physikalischen Sinne und bringt die Einheiten des biologischen Systems dank seiner Eigenschaften in eine charakteristische Beziehung zueinander.»[29]

Burr: «Das Feld ist primär und der Ursprung all der unzähligen Konsequenzen, die wir in der Natur erblicken.»[30] Burr hat in den letzten Jahren zahlreiche Untersuchungen durchgeführt, in denen er die Beziehung zwischen der Entwicklung lebender Organismen und elektrodynamischer Felder überprüft hat. In einer dieser Untersuchungen beschäftigte sich Burr mit der elektrischen Struktur in sieben verschiedenen Getreidearten. Es handelte sich um vier preisgekrönte Getreidearten und drei Hybriden. Burr ermittelte eine «bemerkenswerte» Korrelation zwischen der elektromagnetischen Aktivität der Saatkörner und ihrem Wachstumspotential. Nach Burr «scheint die Schlußfolgerung unabweislich, daß es eine sehr enge Beziehung zwischen genetischer Konstitution und elektrischem Muster gibt».[31]

Nach Jahrzehnten geduldiger Experimentalforschung ist Burr zu der Überzeugung gelangt, daß der chemische Haushalt eines lebenden Systems zwar «der Brennstoff ist, der das Gefährt in Gang hält», daß er aber «die funktionalen Eigenschaften eines lebenden Systems ebensowenig bestimmt, wie durch Gasgeben aus einem Ford ein Rolls-Royce wird».[32] Was bestimmt also, daß eine Maus eine Maus und eine Katze eine Katze ist? Dazu Burr: «Die Chemie liefert die Energie, doch die elektrischen Phänomene des elektrodynamischen Feldes bestimmen die Richtung, in welche die Energie innerhalb des lebenden Systems fließt.»[33]

Die Vorstellung, daß unsichtbare Felder in der Lage sind, chemische Komponenten zu einheitlichen Strukturen anzuordnen, lebende Organismen genannt, ist fast erschreckend. Und doch scheint sich in einigen Bereichen des wissenschaftlichen Establishments die Erkenntnis durchzusetzen, daß Burr, Goodwin, Weiss, Waddington und die anderen Vertreter der Feldtheorie auf der Suche nach einer Erklärung für die Entstehung und Entwicklung der Arten einen vielversprechenden neuen Weg eingeschlagen haben.

Biologische Uhren

Nicht nur die Feldtheorie erfreut sich in der Biologie wachsenden Interesses, auch ein anderes Forschungsgebiet hat die Aufmerksamkeit vieler Wissenschaftler auf sich gezogen. Forscher in aller Welt beschäftigen sich mit den biologischen Uhren, und der Eifer, mit dem das geschieht, bringt sogar den Laien zu der Vermutung, daß die Fachleute an der Schwelle einer Entdeckung stehen, die neues Licht auf die biologische Entwicklung werfen könnte.

Seit langem ist bekannt, daß Lebewesen in bestimmter Weise auf die rhythmischen Zyklen der Natur reagieren. Doch erst seit kurzem vermuten die Wissenschaftler, daß lebende Organismen irgendeinen Mechanismus zur Zeitmessung in sich tragen. In den fünfziger Jahren lagen genügend Experimentaldaten vor, um die Forscher davon zu überzeugen, daß in allen Lebewesen, vom Einzeller bis zum *Homo sapiens*, tatsächlich biologische Uhren vorhanden sind.

In einer Reihe inzwischen klassisch gewordener Experimente untersuchte der Biologe Frank A. Brown von der Northwestern University die Fähigkeit von Winkerkrabben, ihr Verhalten unabhängig von Umweltreizen zu steuern. Brown nahm den Krabben jede Möglichkeit, Sonne und Mond wahrzunehmen, um festzustellen, wie sie in Abwesenheit von externen Stimuli reagieren. Um den Krabben die Orientierung noch schwerer zu machen, erhöhten Brown und seine Mitarbeiter die Temperatur der isolierten Versuchsumwelt, weil sie wußten, daß solche Temperatursteigerung normalerweise die Stoffwechselprozesse beschleunigt. Trotz Isolierung und trotz Temperatursteigerung behielten die Krabben ihren normalen 24-Stunden-Rhythmus mit erstaunlicher Genauigkeit bei. Brown zog daraus den Schluß, daß «die Tiere über irgendeine temperaturunabhängige Methode der Zeitmessung verfügen, eine Tatsache, die nach allen bis heute bekannten physiologischen Gesetzen völlig unerklärlich ist».[34]

Die Leistung der Krabben steht keineswegs alleine da. Nach ähnlichen Experimenten mit Kalifornischen Ährenfischen, Bermudagarnelen und australischen Reihern kam Brown zu dem Ergebnis, daß das Zeitgefühl dieser Tiere ebenso zuverlässig ist wie das der Winkerkrabben. Brown vermutet, daß alle diese Organismen, obwohl von der Außenwelt abgeschnitten, «Zugang zu Informationen aus der Außenwelt hatten wie etwa der Tageszeit (oder dem Sonnenstand), der Zeit des Mondtages (oder dem Mondstand), der Zeit des Lunarmonats oder sogar der Jahreszeit».[35]

In einer anderen Experimentalreihe überprüfte der Psychobiologe C. P.

Richter von der Johns Hopkins Medical School die Wirkung der biologischen Uhren an zwei weiblichen Totenkopfäffchen. Die Tiere wurden bei der Geburt ihres Augenlichtes beraubt, isoliert und dann vier Jahre lang beobachtet. Beide Affen zeigten während des gesamten Beobachtungszeitraums eine natürliche Aktivitätsphase von 24 Stunden und 50 Minuten sowie einen Zyklus von ungefähr 30 Tagen. Nach Richter lassen die Daten darauf schließen, daß die inneren Uhren durch ihren evolutionären Ursprung in irgendeiner Beziehung zu den Mondzyklen stehen. Wie sonst ließe sich die genaue Entsprechung zwischen den Tages- und Mondzyklen der Affen einerseits und dem 29,5 Tage umfassenden Lunarmonat andererseits erklären? Richter hätte gar nicht so weit nach geeigneten Untersuchungsobjekten suchen müssen. Auch die durchschnittliche Aktivitätsphase des Menschen entspricht dem vierundzwanzigstündigen Tageszyklus, wie jeder bestätigen kann, der sich je an den Wechsel der Zeitzone nach einem Flug anzupassen hatte. Und der weibliche Zyklus beträgt beim Menschen im Durchschnitt genau 29,5 Tage, exakt die Dauer eines Lunarmonats.

Andere Experimente haben bestätigt, daß lebende Organismen innere biologische Uhren haben und daß diese Uhren zwar auf andere regelmäßige Abläufe der Umwelt abgestimmt sind, daß sie aber auch in der Lage sind, isoliert von den Rhythmen der Umgebung noch eine Zeitlang ihr genaues Zeitmaß beizubehalten. Beispielsweise behalten Würmer, die in Wattregionen leben, ihre den Gezeiten entsprechenden Farb- und Bewegungsveränderungen bei, auch wenn sie sich längst in der Petrischale eines Labors befinden, und manche Muscheln, die man bei Cape Cod aus dem Wasser holt, quer über den Kontinent schafft und im Pazifischen Ozean aussetzt, werden noch einige Wochen Antriebsbewegungen beibehalten, die zeitlich auf die Tiden des Atlantiks abgestimmt sind.

Die Biologen vermuten sogar, daß schon die Zellen im Embryo ein Zeitgefühl entwickeln und daß diese Fähigkeit zur Zeitmessung den Entwicklungsverlauf des Fötus beeinflußt. Viele Embryologen glauben, daß die Zellen ihre Bewegungen einem Zeitmaß unterwerfen und daß die Gewebeart, die sie aufbauen, davon abhängt, wie lange sie sich in einer Region aufhalten, bevor sie sich in eine andere bewegen. Das versuchte der Biologe Lewis Wolpert von der Middlesex Hospital Medical School in London in einem Experiment zu beweisen. Wolpert zerstörte einige Zellen an der Flügelspitze eines Hühnerembryos. Die verbleibenden Zellen setzten ihre Teilung fort, bis die Lücke gefüllt war. Diese Erneuerungsarbeit zwang die Zellen, sehr viel mehr Zeit an diesem Ort zu verbringen, als es normalerweise der Fall gewesen wäre. Nach Wolpert erweckte der lange Aufenthalt in den Zellen den irrigen Eindruck, sie seien schon am Ende des Flügels angekommen. Offensichtlich messen ihre inneren Uhren jedem Entwicklungsabschnitt einen bestimmten Zeitraum zu. Nach ihren eigenen «Zeitplan» waren sie deshalb zu der Überzeugung gelangt, sie seien schon am Ende des Flügels angekommen. Folglich begannen sie auf der Stelle, Finger* auszubilden. Leider waren sie zur rechten Zeit an der falschen Stelle.

Innere Uhren behalten in der Regel ihr Tempo bei und erweisen sich im allgemeinen für geringfügige äußere Einflüsse unzugänglich. Andererseits sind sie in der Lage, ihr Zeitmaß umzustellen, wenn sich die externen Rhythmen radikal verändern. Diese Anpassung heißt Phasenverschiebung, und solche Veränderungen scheinen durch zahlreiche Umweltreize ausgelöst werden zu können. Der Biologe V. G. Bruce von der Princeton University hat einige der wichtigsten zusammengestellt. Ganz oben auf der Liste stehen Veränderungen der Temperatur und der Lichtverhältnisse. Beide spielen eine wichtige Rolle beim Umstellen der inneren biologischen Uhren. Man hat auch festgestellt, daß elektrischer Strom diese Uhren beeinflussen kann. Experimente an Mäusen und Menschen mit elektrostatischen Feldern haben bei beiden die 24-Stunden-Rhythmen verändert. Man hat festgestellt, daß sogar soziale Interaktionen zwischen Mitgliedern der gleichen Art die biologischen Uhren eines jeden Organismus ändern können. Beispielsweise hat sich unlängst in einer Fülle gleichartiger Studien gezeigt, daß Frauen, die eng zusammenleben, etwa in Collegeschlafsälen, dazu tendieren, zur gleichen Zeit zu menstruieren.

Daraus folgt, daß fast alle biologischen Uhren innerhalb gewisser Grenzen Phasenverschiebungen unterworfen werden können. Es wird auch immer deutlicher, daß diese Uhren einen wichtigen, vielleicht den wichtigsten Überlebensmechanismus darstellen. Zum Überlebenswert der biologischen Uhren für den einzelnen Organismus meint Jürgen Aschoff, Physiologe und ehemaliger Direktor des Max-Planck-Instituts für Verhaltensphysiologie: «Die adaptive Bedeutung der 24-Stunden-Rhythmik liegt darin, daß sie dem Organismus ermöglicht, die veränderlichen Bedingungen in einer zeitlich programmierten Welt zu meistern – das heißt, das Richtige zur richtigen Zeit zu tun.»[36]

Die alte darwinistische Vorstellung vom Überleben des Tüchtigsten, das Bild einer geographisch abgegrenzten Umwelt, in der der Kampf ums Dasein mit nackter Gewalt und Körperkraft ausgetragen wird, weicht einem neuen Konzept, nach dem das Überleben des Organismus eher von

* Endglieder der bei Vögeln umgebildeten Vordergliedmaßen, die hier natürlich eine andere Funktion übernehmen (*R. H.*).

seinem angeborenen Zeitgefühl abhängt. Statt eines Organismus, der sich veränderlichen räumlichen Verhältnissen anpaßt, geht man nach der neuen Auffassung von einem Organismus aus, der sich immer neuen zeitlichen Verhältnissen anzupassen hat. B. C. Goodwin bringt so etwas wie einen neu entstehenden Konsens zum Ausdruck, wenn er erklärt, daß die «biologische Zeit unauflöslich mit der biologischen Struktur verwoben ist».[37] Dazu meint der Zeitphilosoph J. T. Fraser: «Die Fähigkeit, physiologische Uhren in Reaktion auf Umweltrhythmen zu schaffen, scheint eine notwendige Voraussetzung aller Lebewesen zu sein.»[38]

Schließlich ist noch darauf hinzuweisen, daß eine Beziehung zwischen Uhren und Feldern zwar noch nicht zwingend nachgewiesen werden konnte, daß aber viele Wissenschaftler meinen, die beiden könnten eng miteinander verknüpft oder gar verschiedene Manifestationen eines neuen vereinheitlichenden biologischen Gesetzes sein. Es ist durchaus möglich, daß Frank A. Brown im Schlußteil seines vielbewunderten Aufsatzes «The Rhythmic Nature of Animals and Plants» ein neues biologisches Paradigma skizziert hat. Brown macht sich dort Gedanken über die Beziehung zwischen inneren biologischen Uhren und den Rhythmen der Umwelt. Angesichts der Tatsache, daß Organismen ihre Uhren nach der Erdumdrehung und nach den periodischen Bewegungen von Sonne und Mond stellen und daß sie von Licht, Wärme, elektrischem Strom und atmosphärischen Bedingungen beeinflußt werden, glaubt Brown, alle diese Dinge zusammengenommen würden den «unbestreitbaren Beweis»[39] dafür liefern, daß sich die Rhythmen des Universums dem Organismus in irgendeiner Weise einprägen. Die Beziehung zwischen Rhythmen (oder biologischen Uhren) und Feldern könnte wie folgt aussehen: Rhythmen könnten sich als Felder manifestieren. Lebende Organismen und alle anderen Erscheinungen ließen sich dann als besondere rhythmische Anordnungen verstehen, die ihrerseits spezifische Manifestationen von Feldern wären.

Eine zeitliche Evolutionstheorie

Die neodarwinistische Evolutionstheorie beruht auf der Annahme, daß das Überleben eines Tieres davon abhängt, zur richtigen Zeit am richtigen Ort zu sein. Leider steht es nicht in der Macht des Organismus, sein Schicksal selbst in die Hand zu nehmen. Er kann nichts tun, um sich angemessen für den Kampf zu rüsten. Nach neodarwinistischer Auffassung sind Struktur und Verhalten des Organismus von Geburt an unausweichlich durch das genetische Programm bestimmt. Der Organismus wird in eine Umwelt geworfen, die relativ gleichförmig ist. Er durchläuft seinen Lebenszyklus in strenger Übereinstimmung mit dem genetischen Plan, unfähig zu irgendwelchen ins Gewicht fallenden Erneuerungen in der Entwicklung oder im Verhalten, dank derer er sich besser an Umweltveränderungen anpassen könnte. Er ist ein Gefangener seiner Gene. Wenn er indessen das Glück hat, mit einem genetischen Programm ausgestattet zu sein, das zufällig den Umweltbedingungen entspricht, mit denen er sich auseinanderzusetzen hat, so wird er lange genug leben, um seine genetische Ausstattung an seine Nachkommen weiterzugeben. Voilà! Das ist die ganze natürliche Selektion!

Das neodarwinistische Konzept ist rigide und statisch, und doch hat man Darwin gerade dafür gefeiert, daß er mit der traditionellen Auffassung von der Natur als einer streng determinierten Schöpfung Schluß gemacht hat. Darwin hat den Zeitbegriff in die Natur eingeführt. Er hat die Vorstellung durchgesetzt, daß sich die lebenden Arten im Laufe der Zeit verändern. Allerdings konnte er seine zeitliche Theorie nicht genügend erweitern, um auch den Aspekt zu berücksichtigen, daß jeder Organismus sich im Laufe seines Lebens verändert. Für Darwin war der einzelne Organismus mit der Empfängnis ein für allemal festgelegt und unfähig, an seinem vorherbestimmten Schicksal irgend etwas zu verändern. Dagegen verändert sich seiner Theorie zufolge die Art als ganze unablässig aufgrund der natürlichen Selektion, die ständig die tüchtigsten Individuen der Population ausliest und erwählt.

Gegenwärtig entsteht eine neue Evolutionstheorie aus den Forschungsergebnissen der Embryologie, der Feldtheorie und den Untersuchungen zur biologischen Uhr. Während Darwin den Gedanken in Frage stellte, daß die Arten in der geologischen Zeit festgelegt und fertig seien, stellt die neue Theorie die Vorstellung in Frage, daß der einzelne Organismus in seiner Lebenszeit festgelegt und fertig sei. Nach der neuen Theorie ist nichts festgelegt. Alles ist in Fluß, ständig im Begriff, sich den Veränderungen rundum anzupassen. Im Unterschied zu Darwins Theorie der natürlichen Selektion, nach der Organismen der veränderlichen physischen Umwelt entweder angepaßt waren oder nicht, ist es nach der neuen Theorie die wesentliche Frage, ob sich die Organismen den veränderlichen Zeitverhältnissen anzupassen vermögen oder nicht. Darwins Evolutionstheorie war eine räumlich konzipierte Kosmologie, auch wenn sie eine ausgeprägte zeitliche Komponente enthielt. Insofern war sie die Erbin – wenn auch eine rebellische – einer langen kosmologischen Tradition, die bis in die Anfänge der abendländischen Kultur zurückreicht. Die neue Kosmologie besitzt indessen eindeutig zeitlichen Charakter und markiert einen radikalen Bruch in unserer Auffassung von der Natur und unserem Platz in ihr.

Der Wechsel von einem räumlichen zu einem zeitlichen Naturbegriff ist eine der spektakulärsten Veränderungen im kosmologischen Denken seit Beginn der Menschheitsgeschichte. Um die Größenordnung dieses Wandels zu verstehen, müssen wir einen Augenblick innehalten und uns mit der Geschichte unserer Zeitwahrnehmung befassen.

Augustinus schrieb einmal: «Ich weiß, was die Zeit ist, wenn niemand mich fragt, doch wenn ich versuche, es jemandem zu erklären, der mich danach fragt, weiß ich es nicht mehr.»[40] Während des größten Teils der menschlichen Geschichte mußte die Zeit hinter dem Raum herlaufen. Stets hat sie die zweite Geige gespielt, weil die Weltsicht der Menschen von räumlichen Aspekten geprägt war. Es ist leicht einzusehen, warum die Menschheit in ihren Begriffssystemen den Raum gegenüber der Zeit bevorzugte. Dazu der Philosoph Milič Čapek von der Boston University: «Räumliche Beziehungen erscheinen uns irgendwie fundamentaler, *körperlicher* und leichter zu erfassen als die unbestimmten zeitlichen Beziehungen.»[41] Da der Raum leichter zu erfassen ist als die Zeit, waren Kosmologen immer geneigt, die Zeit in den Raum zu verlegen, sie zu konkretisieren, auf eine physische Ebene zu verlagern. Die Eleaten im alten Griechenland haben als erste eine formale Reduktion der Zeit auf den Raum versucht. Nach dem griechischen Philosophen Zenon läßt sich die Zeit am besten in Form von Intervallen entlang eines Raumabschnitts symbolisieren. Freilich ist die bequeme, verkürzende Abbildung der Zeit auf den Raum ein illusorischer Begriff, geboren aus dem Bedürfnis des Menschen, der Natur der Dinge ewige Dauer zu verleihen. Indem die Menschen die Zeit auf den Raum reduzierten, konnten sie es sich ersparen, über so mißliche Dinge nachzudenken wie Unwiderruflichkeit, Endlichkeit und Tod. Stets hat sich der Abendländer den Raum als ewig vorgestellt. Solange er die Zeit einschloß, konnte die Menschheit folglich die Fiktion aufrechterhalten, daß nichts sich verändert und daß alles in einem Zustand ewigen Seins erhalten bleibt.

Die Zeit ist ein Opfer des menschlichen Bedürfnisses, den Prozeß des Werdens zu unterdrücken. Das Bestreben, den Tod zu überwinden, hat das menschliche Dasein von Anfang an gekennzeichnet. Die Zeit ist eine ewige Erinnerung an die Vergeblichkeit unseres Bemühens um Unsterblichkeit. Das Verstreichen der Zeit macht all unsere Mühen zunichte, und da das Streben nach Dauer und Ewigkeit unser höchstes Anliegen ist, hat unser Verstand unzählige Wege ersonnen, diesen fundamentalsten Aspekt unserer Wirklichkeit abzuschwächen.

In einigen Kosmologien wird die Zeit als zyklischer Prozeß gesehen, unablässig damit beschäftigt, das ewig gleiche Bild wiederzuerschaffen. In anderen versteht man sie als vorübergehende Verbannung aus dem ewigen Zustand himmlischer Glückseligkeit und in wieder anderen als blassen Abglanz oder rührendes Abbild der Ewigkeit. Kosmologien sind ein Spiegelbild des menschlichen Wunsches, die Zeit abzuschaffen. Das Kunststück wurde vollbracht, indem man zwei unabhängige Daseinsbereiche postulierte, das Sein und das Werden, und dann behauptete, letzteres sei ein Teil des ersteren. Die Seinsphilosophie ist ein räumlicher Entwurf und behauptet, daß es jenseits unserer Zeiterfahrung eine höhere Realität der Dauer gibt. Die Philosophie des Werdens ist ein zeitlicher Entwurf und behauptet, daß die höchste Realität der Welt die Realität der reinen Veränderung ist. Bis ins 19. Jahrhundert vertrat praktisch jede Kosmologie die Auffassung, daß das Werden ein Teil des Seins sei oder daß die Veränderung in die Dauer eingebunden sei. Danach wurde die Zeit vom Raum eingegrenzt. Sie konnte ihren Weg nicht nach eigenen Gesetzen bestimmen, sondern war stets begrenzt von einem zeitlosen Rahmen. Indem man die Zeit zum Handlanger des Raums degradierte, konnte man an der Überzeugung festhalten, daß die Vergänglichkeit des Lebens eine untergeordnete Realität sei, eingebunden in eine umfassende Realität von ewiger Dauer.

Da im Mittelpunkt der menschlichen Zeitfeindlichkeit der Wunsch nach Unzerstörbarkeit steht, ist zu vermuten, daß die Menschheit um so weniger bereit sein wird, die Existenz der Zeit in ihren Kosmologien anzuerkennen, je weniger sie in der Lage ist, ihre Zukunft zu kontrollieren. Entsprechend hat die Menschheit in dem Maße, wie es ihr gelang, ihr Bewußtsein zu erweitern, ihre Vorhersagefähigkeit zu vergrößern und den Prozeß des Werdens in der Natur besser zu kontrollieren, eine immer größere Bereitschaft gezeigt, die Rolle der Zeit in ihren kosmologischen Entwürfen zu berücksichtigen. In der langen Geschichte der abendländischen Kultur haben sich die Naturkonzepte mit dem wachsenden Vermögen, das eigene Geschick zu kontrollieren, von einer festgelegten räumlichen Orientierung allmählich zu einer fließenderen, zeitlichen Orientierung entwickelt. Da es der Menschheit immer besser gelang, die Zeit zum eigenen Vorteil zu manipulieren, hat sie ihr auch einen immer höheren Status eingeräumt. Je größer die Kontrolle über die Zukunft wird, desto mehr verliert die Zeit den Charakter des Schreckens und wird zu einem Werkzeug, das sich manipulieren läßt. Die Zeit, einst ausschließlich als Bedrohung der menschlichen Dauer erlebt, wird zu einer Kraft, die die Menschen zur Sicherung ihrer Zukunft einsetzen können.

Langsam, ganz langsam hat die Menschheit die Zeit von den Fesseln des Raumes befreit und ihr immer größere Unabhängigkeit und Macht eingeräumt. Die Befreiung der Zeit vom Raum spiegelt sich in der Einführung des Geschichtssinns in die Naturkosmologien. Mit zunehmender Kontrolle über die Zukunft haben die Menschen ihr Bewußtsein für die Vergangenheit erweitert. Jede neue Kosmologie berücksichtigt die Geschichte in höherem Maße als ihre Vorgänger. Für den altsteinzeitlichen Jäger war alles ungeschichtlich und mythisch. Die jungsteinzeitlichen Bauern und später die Sumerer begannen einen Hauch von Geschichte in ihre Kosmologien aufzunehmen. Die Juden schufen sich als erste eine Kosmologie mit Geschichte. Für die Israeliten hatte die Schöpfung einen konkreten Anfang und bewegte sich linear auf einen Endpunkt zu, die Ankunft des Messias.

Doch erst mit der Evolutionstheorie Darwins verlor die Zeit ihre Fixierung so gründlich, daß ihre völlige Befreiung aus ihrer räumlichen Einbindung drohte. Darwin führte die Geschichte in die Natur ein. Zum erstenmal stellte eine Kosmologie die Vorstellung einer auf ewig festgelegten Schöpfung in Frage. Der englische Naturforscher vertrat die Auffassung, daß Lebewesen der Geschichte unterworfen sind und sich im Laufe der Zeit verwandeln. Darwin verlieh einer Empfindung konkreten Ausdruck, die stetig an Popularität gewann, seit der Philosoph René Descartes verkündet hatte, die Natur konkreter Dinge lasse sich leichter verstehen, wenn man sie auf einen allmählichen Entstehungsprozeß zurückführe, als wenn man sich vorstelle, sie sei in einem fertigen und vollkommenen Zustand geschaffen worden.[42] Mit dem Gedanken, daß das Leben das Produkt einer historischen Entwicklung und deshalb der Vergänglichkeit der Zeit unterworfen ist, beschwor Darwin die erschreckende Vorstellung herauf, daß die Zeit für die begriffliche Erfassung der Natur möglicherweise genauso wichtig oder sogar noch wichtiger als der Raum sein könnte.

Die endgültige Befreiung der Zeit vom Raum ist das Ergebnis von drei verwandten Entwicklungen in den letzten hundert Jahren: der Entstehung der Ökologie, dem Begriffswandel in der Physik und der Einführung der Prozeßphilosophie in das Denken der abendländischen Kultur. Alle drei haben das Fundament für einen neuen Naturbegriff gelegt, in dem die Zeit und nicht der Raum der entscheidende Faktor ist.

Ökologie, Physik und Prozeßphilosophie

Der Begriff «Ökologie» wurde 1866 geprägt. Wir verdanken ihn dem deutschen Naturforscher Ernst Haeckel, der ihn von einem altgriechischen Wort ableitete, mit dem die täglichen Vorgänge in einem Familienhaushalt bezeichnet wurden. Haeckel meinte, die Natur sei wie ein Haushalt eine geschlossene Wirtschaftseinheit, in der jedes Mitglied in enger Beziehung zu allen anderen arbeite. Ausdrücklich hat Haeckel die Ökologie als einen eigenständigen Zweig der Biologie beschrieben, als die Wissenschaft von den Beziehungen zwischen den lebenden Organismen und der Außenwelt, ihrem Habitat, ihren Gewohnheiten, Energien usw.[43] Die Ökologie wurde die Wissenschaft von den Lebensgemeinschaften oder, genauer, die Wissenschaft, die sich mit der Frage beschäftigt, wie sich Lebensgemeinschaften entwickeln und erhalten.

Als die Pioniere auf dem neuen Gebiet ihre Aufmerksamkeit auf die Entwicklungen der Lebensgemeinschaften richteten, wurde ihnen klar, daß die Zeit eine Schlüsselvariable war. Da Lebenssysteme sich im Laufe der Zeit verändern, verlangt dies, wie der Historiker Donald Worster darlegt, von jedem Ökologen, zu einem Naturhistoriker zu werden, «der die Geschichte der Abfolge von Pflanzengesellschaften beschreibt, die eine Zeitlang an einem Standort vorkommen, bevor sie still in die fossile Vergangenheit entschwinden».[44]

Während die Darwinisten mehr am Bau eines Organismus interessiert waren, beschäftigten sich die Ökologen mehr mit seinem Verhalten in bezug auf die Umwelt. Insofern unterschied sich der Ansatz der Ökologen grundsätzlich von dem anderer Biologen, die die isolierte Untersuchung einzelner Tiere und Pflanzen vorzogen. Die Ökologen waren weit mehr daran interessiert, wie sich ein Organismus verhält. Für sie war das Verhalten einer Pflanze oder eines Tiers weit wichtiger als das Aussehen. Nichts ist statisch, so behaupteten sie. Alles ist in Fluß, und deshalb muß sich der Naturwissenschaftler in seinen Untersuchungen mit der Bewegung in der Zeit beschäftigen. Die Ökologen führten die Zeit als einen Faktor ein, den es zu berücksichtigen galt. Doch erst als die Physiker eine radikal neue Perspektive innerhalb eines zeitlichen Bezugssystems entwarfen, begannen die Biologen mit größerer Aufmerksamkeit auf das zu hören, was ihnen die Ökologen zu sagen versuchten.

Die klassische Physik definiert Materie als undurchdringliche feste Substanzen. Newtons Gesetze beruhen auf der Voraussetzung, daß zwei Teilchen unmöglich zur selben Zeit am selben Ort sein können, da sie getrennte Körper sind, die jeder für sich einen gewissen Raum beanspruchen. Anfang unseres Jahrhunderts wurde die orthodoxe Auffassung der physikalischen Phänomene durch eine völlig neue Vorstellung ersetzt. Als die Physiker tiefer in die unsichtbare Welt des Atoms vordrangen, wurde ihnen klar, daß ihre ursprünglichen Vorstellungen über feste Materie, die einen bestimmten Raum einnimmt, recht naiv waren. Zu ihrer Überraschung stellten sie fest, daß das Atom alles andere als bewegungslos war. Es stellte sich sogar heraus, daß das Atom kein Objekt im materiellen Sinne ist, sondern eher ein Bündel von Beziehungen, die einem bestimmten Rhythmus unterworfen sind. Diese Entdeckung verursachte große Aufregung. Beziehungen oder Rhythmen können nicht momentan existieren. Wie der Historiker und Philosoph R. G. Collingwood von der Oxford University dargelegt hat, können Beziehungen und Rhythmen nur in «einer Zeitspanne existieren, die lang genug ist, daß der Rhythmus der Bewegung sich etablieren kann».[45] Der Philosoph und Nobelpreisträger Henri Bergson hat einmal geschrieben: «Ein musikalischer Ton ist nichts in einem Augenblick.»[46] Mit anderen Worten, ein einzelner Ton kann noch nicht Musik sein, sondern braucht dazu andere Töne, die ihm in der Zeit vorausgehen und nachfolgen. Nach der neuen Physik gilt dies für alle Phänomene. Nehmen wir beispielsweise das Atom. Wenn ein Atom ein Bündel von Beziehungen ist, die einem bestimmten Rhythmus unterworfen sind, dann «verfügt das Atom zu einem bestimmten Augenblick der Zeit über keine dieser Eigenschaften».[47]

Mit diesem gewaltigen logischen Sprung löste man sich von der alten Vorstellung einer Struktur, die unabhängig von der Funktion sei. Alles ist reine Aktivität. Nichts ist statisch. Deshalb existieren die Dinge nicht mehr unabhängig von der Zeit, sondern durch die Zeit. Der große Wissenschaftsphilosoph Alfred North Whitehead stellt die traditionelle physikalische Vorstellung der neuen Auffassung gegenüber, die Anfang dieses Jahrhunderts an die Stelle jener trat: «Der ältere Standpunkt ermöglicht uns, von Veränderung abzusehen und die ganze Wirklichkeit der Natur *in einem Augenblick* zu erkennen, abstrahiert von jeder zeitlichen Dauer und charakterisiert . . . allein durch die augenblickliche Verteilung der Materie im Raum . . . Nach moderner Auffassung sind Prozeß, Aktivität und Veränderungen die Tatsachen. In einem Augenblick gibt es gar nichts. Jeder Augenblick ist nur eine bestimmte Weise, die Tatsachen zu gruppieren. Da es also keine Augenblicke gibt, verstanden als einfache primäre Entitäten, gibt es keine Natur in einem Augenblick.»[48]

Nach der neuen Physik ist Materie eine Erscheinungsform der Energie und Energie reine Aktivität. Für immer vorbei ist es mit der merkwürdigen Vorstellung von festen Substanzen, die in einem «statischen Netz räumlicher Beziehungen» existieren.[49] Über den Gedanken, daß der Raum die entscheidende Eigenschaft der Natur sei, fällt Whitehead ein vernichtendes Urteil: «. . . der Raumbegriff mit seiner passiven, systematischen, geometrischen Beziehung ist völlig unangemessen.»[50]

Whitehead faßt die Revolution, die unser Denken nach Jahrtausenden langsamer Entwicklung im 20. Jahrhundert veränderte, in ein paar knappen Worten zusammen: «Es gibt keine Natur ohne Übergang und keinen Übergang ohne zeitliche Dauer.»[51]

Es sei angemerkt, daß die Physiker, wenn sie die vorrangige Bedeutung der Zeit anerkennen, deshalb keineswegs den Raum als sinnvollen Begriff abschaffen wollen. Sie vertreten vielmehr die Auffassung, daß Zeit und Raum Abstraktionen sind, die einen Sinn nur in Beziehung zueinander ergeben. Es sei unmöglich, so sagen sie, Existenz ohne zeitliche Dauer zu erklären. Zeit gilt also nicht mehr als etwas, das dem Leben äußerlich ist, sondern als eines seiner wesentlichen Attribute.

Es war eine lange Reise. Seit unvordenklichen Zeiten hatte die Menschheit geglaubt, die Zeit sei im Raum enthalten. Jetzt hat sich, wie Whitehead schreibt, die radikal neue Idee durchgesetzt, daß «sich räumliche Beziehungen durch die Zeit erstrecken müssen».[52] Zum erstenmal in der Geschichte der abendländischen Kultur ist die Menschheit zu der Erkenntnis gelangt, daß die zeitlichen Beziehungen von fundamentaler Bedeutung sind und daß die räumlichen Beziehungen in Wirklichkeit nur bequeme Werkzeuge unseres Denkens sind, die wir dazu benutzen, uns aus der Zeit einen fiktiven Augenblick herauszuschneiden. «Solche momentanen Ausschnitte haben ihren Nutzen», schreibt Milič Čapek, «doch ihr pragmatischer Nutzen darf nicht mit ihrer objektiven ontologischen Bedeutung verwechselt werden.»[53]

Jahrtausendelang war die Menschheit davon überzeugt, daß die Natur in zwei Kategorien zerfalle – Struktur und Funktion. Da gab es einmal das, was etwas war, und dann gab es das, was es tat. Die Funktion verstand man als Attribut der Struktur, als etwas, das sich aus ihr herleitet. Die neue Physik kehrte diese Beziehung um. Was etwas ist, so erklären die Physiker, kann nur anhand dessen entschieden werden, was es tut. Die Struktur gibt es nicht unabhängig von der Funktion. Sie ist nur ein anderer Ausdruck für ein Aktivitätsmuster. Das Ergebnis, zu dem die neue Physik gelangt, ist zugleich einfach und revolutionär.

Da die Natur aus Aktivitätsmustern in der Zeit besteht, hängt die Art und Weise, wie sie beschrieben wird, davon ab, wieviel Zeit wir mit ihrer Beobachtung zubringen. Beispielsweise wird ein Mensch, der im Wald spazierengeht, die Natur ganz anders wahrnehmen als ein Reisender, der im Zug vorbeifährt, oder ein Düsenpilot, der am Himmel entlangrast. Bei größeren Geschwindigkeiten und bei größeren Entfernungen vom Wald hat man möglicherweise einen besseren Blick auf seine Oberfläche, dafür kann man aber die Dinge, die in seinem Inneren geschehen, nicht berühren, riechen und hören.

Nach dem alten räumlichen Naturbegriff meinte man, die Dinge würden unabhängig von der Zeit existieren. Infolgedessen ging man lange Zeit davon aus, solche ein für allemal festgelegten Gegenstände ließen sich mit Hilfe der wissenschaftlichen Methode untersuchen und man könnte auf der Grundlage einer solchen «objektiven» Untersuchung zu absoluten Schlußfolgerungen gelangen. Nach dem neuen zeitlichen Konzept hängen die Schlußfolgerungen, zu denen man bezüglich der Natur gelangt, von der Beziehung ab, die zwischen dem zeitlichen Bezugssystem des Beobachters und der Geschwindigkeit dessen, was beobachtet wird, besteht. Der Gedanke, daß das, was wir in der Welt um uns her wahrnehmen, davon abhängt, wie schnell wir uns in Beziehung zu den Dingen bewegen, die wir beobachten, wurde zuerst von Einstein mathematisch formuliert. Im neuen zeitlichen Bezugssystem wird «Objektivität» durch «Perspektive» als Ansatz zur begrifflichen Erfassung der Natur ersetzt. R. G. Collingwood illustriert dies durch folgende Analogie: «Tiere, die sehr viel größer oder sehr viel kleiner als wir sind und deren Leben nach einem sehr viel langsameren oder schnelleren Rhythmus abläuft als das unsere, würden Prozesse ganz anders als wir wahrnehmen und würden aufgrund dieser Beobachtungen zu einer ganz anderen Vorstellung von der Welt gelangen als wir.»[54]

Nehmen wir als Beispiel eine Stahlplatte. Aus unserer Perspektive erscheint sie als ein hartes, festes, statisches Stück massiver Materie. Wir müssen unsere Phantasie ganz schön anstrengen, um uns vorzustellen, daß wir nur ein Aktivitätsmuster vor uns haben. Der Eindruck, den wir haben, hängt indessen von dem zeitlichen Bezugssystem ab, in dem wir die Beobachtung vornehmen. Könnten wir auf die Größe eines Atoms schrumpfen, würden wir aus unserer mikroskopischen Perspektive den Stahl ganz anders wahrnehmen. Wir würden keine feste, glatte Oberfläche mehr sehen, sondern nur noch die rasche Bewegung von Teilchen rings um uns her.

Jeder, der schon einmal einen Filmprojektor bedient hat, wird den Gedanken der zeitlichen Perspektive verstehen. Ist der Film fest verankert in unserem zeitlichen Bezugssystem, so erkennt man das Bild einer Familie beim Abendessen. Alle Strukturen haben ihren festen Platz und sind leicht als Elemente des Bildes zu erkennen – die Menschen, Gläser, Schüsseln und Stühle. Lassen wir den Film schneller laufen, als es dem normalen zeitlichen Rahmen unserer Beobachtung entspricht, so verschwimmen die Bilder in den hastigen, ruckartigen Bewegungen, mit denen die Menschen sich die Schüsseln reichen, das Essen in den Mund stopfen, aufstehen, sich setzen, die Plätze tauschen, vom Eßzimmer in die Küche rennen, den Tisch abdecken usw. Die Aktivität beginnt die Formen zu überlagern. Schließlich wird die Bewegung so intensiv, daß es nicht mehr möglich ist, einzelne Menschen, Speisen oder Schüsseln zu erkennen. Alles geht unter in einem Durcheinander reiner Bewegung bar aller Struktur.

Nehmen wir an, man benutzt das Zeitrafferverfahren, um das Wachstum einer Pflanze zu zeigen. Zeigen wir den Film in unserem normalen zeitlichen Bezugssystem, so erscheint die Pflanze passiv und unbeweglich. Wenn wir den Film jedoch schneller ablaufen lassen, so wird die Pflanze sehr aktiv erscheinen und sich in ständiger Bewegung befinden. Wenn wir das Wiedergabetempo noch mehr steigern, wird die Pflanze ihr Erscheinungsbild völlig einbüßen und sich in eine schattenhafte, undifferenzierte Aktivität auflösen, die über die Leinwand flimmert. Wie wir die Natur wahrnehmen, wird also von der zeitlichen Perspektive bestimmt, unter der wir sie beobachten.

Die Fortschritte in der Physik und der Ökologie erschütterten die philosophische Welt in ihren Grundfesten. Nachdem man jahrhundertelang die Welt von einem räumlichen Bezugssystem her verstanden hatte, befindet sich eine neue Generation von Denkern in der mißlichen Situation, alle Voraussetzungen neu überdenken zu müssen, auch diejenigen, die als unantastbar galten. Einer von ihnen entwarf eine neue Philosophie, kommensurabel mit dem Zeitbegriff, der in der Naturwissenschaft entwickelt worden war. Es war Alfred North Whitehead, den die Geschichte wahrscheinlich als den Francis Bacon des biologischen Zeitalters im Gedächtnis behalten wird. Whitehead ist der Vater der Prozeßphilosophie, eines erkenntnistheoretischen Ansatzes zur begrifflichen Erfassung der Natur, der auf der Einsicht beruht, daß die Dinge nicht unabhängig von der Zeit, sondern durch die Zeit existieren.

Whitehead geht von der Annahme aus, daß der gesamte Bereich der Natur aus Aktivitätsmustern besteht, die sich in Wechselwirkung mit anderen Aktivitätsmustern befinden. Jeder Organismus ist ein Bündel von Beziehungen, die sich auf nicht näher geklärte Art erhalten, während sie in Wechselbeziehung zu allen anderen Beziehungen stehen, aus denen sich die Umwelt aufbaut. In der Wechselwirkung mit ihrer Umwelt nehmen die Organismen ständig die vielen Veränderungen «zur Kenntnis», die vor sich gehen, und verändern unablässig ihre eigene Aktivität, um sich der Flut von Aktivitäten rund um sie her anzupassen. Whitehead meint damit, daß jeder Organismus in gewisser Weise die Zukunft antizipiert und sich dann für eine von zahlreichen Möglichkeiten entscheidet, sein Verhalten auf die erwarteten Ereignisse einzustellen. Mit anderen Worten: Jeder Organismus zeigt ein gewisses Maß von Zweckbestimmtheit oder Zielgerichtetheit. Wäre ein Organismus nicht in der Lage, die

Zukunft zu antizipieren und sein Verhalten auf kommende Ereignisse einzustellen, könnte er angesichts der plötzlichen Veränderungen in den Aktivitätsmustern seiner Umwelt nicht überleben.

Ein angemessenes Zeitgefühl ist offenkundig unentbehrlich für Überleben und Erfolg. Alle Lebewesen stellen sich unablässig aufeinander ein, und wenn es ihnen nicht gelingt, eine Veränderung der Muster zu erkennen, geraten sie aus dem Tritt und bleiben hinter der unaufhaltsamen Entwicklung des Lebens zurück. Wir alle kennen Leute, deren Zeitgefühl gestört ist. Außerstande, Veränderungen der Umweltreize wahrzunehmen, sind sie nie im Gleichklang mit dem, was um sie her vorgeht.

Das Leben bringt uns einen endlosen Strom von Neuem. Jeder Augenblick präsentiert neue Bedingungen, die von uns Assimilation, Integration, Kompromiß oder Unterdrückung verlangen. Wenn der Strom des Neuen langsam und stetig ist, fällt es uns relativ leicht, uns anzupassen und mit dem Strom zu schwimmen. Verwandelt sich der Strom jedoch plötzlich in eine reißende Flut, so kann ein Organismus verschlungen sein, bevor er sich eine Möglichkeit hat einfallen lassen, oben zu bleiben und auf den Wellen zu reiten.

Zum Überleben brauchen alle Lebewesen die Fähigkeit, sich Neuem anzupassen. Um sich anzupassen, muß man «antizipieren» können, was geschehen wird, noch bevor es geschieht. Das meint Whitehead, wenn er von «Kenntnisnahme», oder «subjektiver Zielsetzung» spricht. J. T. Fraser weist darauf hin, daß Antizipation sich «überall im Tierreich zeigt».[55] Beispielsweise haben Studien gezeigt, daß Ratten ein bestimmtes Ereignis über einen Zeitraum von bis zu vier Minuten antizipieren können, und ein Schimpanse sogar bis zu zwei Tagen. Wie alle Lebewesen antizipieren auch die Menschen, um die Dinge unter ihre Kontrolle zu bringen. Wenn wir das wahrscheinliche Ergebnis eines Ereignisses vorhersagen können, bevor es eingetreten ist, können wir uns den Umständen auf dem Vorwege anpassen und uns in die bestmögliche Position bringen, um für unsere Interessen und unser Überleben zu sorgen. Immer «einen Schritt voraus zu sein» gehörte für den altsteinzeitlichen Jäger, der seine Beute stellte, ebenso zum geistigen Rüstzeug wie heute für den Börsenmakler an der Wall Street, der sich mit seiner Konkurrenz auseinandersetzt. Mit Hilfe von Antizipation können wir das schreckliche Gefühl der Angst überwinden, das sich einstellt, wenn wir nicht wissen, was der nächste Augenblick oder der nächste Tag für uns bereithält. Durch Vorhersage und Voraussicht können wir den Strom von Neuem unter Kontrolle bringen, der uns zu überschwemmen droht.

Antizipation beruht auf einem Ausdehnungsprozeß. Wenn wir uns einer unerwarteten Situation gegenübersehen, nehmen wir eine rasche geistige Neuorientierung vor. Zuerst suchen wir in unserem Vorrat an gespeicherten Erinnerungen nach Hinweisen, die helfen können. Wir versuchen, etwas in unseren früheren Erfahrungen zu finden, das in irgendeiner Weise die bevorstehenden Ereignisse erklären kann. Mit Hilfe unserer Erinnerungen versuchen wir, uns ein Bild von dem zu machen, was unserer Meinung nach geschehen wird. Mit anderen Worten: Wir versuchen, uns die ganze Lebensspanne des Ereignisses vorzustellen: seinen Anfang, seine Entwicklung und seinen Höhepunkt. Wenn wir die Geschichte eines Vorgangs entwerfen, bevor er Wirklichkeit geworden ist, können wir in Ruhe entscheiden, wann und wo wir in den Prozeß eingreifen wollen.

Die Kontrolle über Ebbe und Flut des Lebens ist um so wirksamer, je genauer man zu ahnen vermag, wann und wo man aktiv werden muß, um den Dingen eine Wendung zu geben, die für einen selbst am günstigsten ist. Beim Fußball liegt zum Beispiel das Geheimnis guter Abwehr in der Fähigkeit der Hintermannschaft, einen Spielzug zu antizipieren, bevor er sich entfaltet. Noch bevor der Ball in der eigenen Spielhälfte auftaucht, werden die Abwehrspieler sich überlegen, auf welcher Seite der Angriff stattfinden könnte, und sich entsprechend postieren. Sie werden ihr Gedächtnis nach vergleichbaren Situationen in früheren Spielen durchforschen. Während der Angriff auf sie zurollt, werden sie nach Hinweisen Ausschau halten, die ihnen erlauben, den Spielzug zu antizipieren, ehe er sich noch entwickelt hat. Je besser es ihnen gelingt, sich ein Vorstellungsbild von der gesamten Geschichte des Handlungsmusters zu machen, von Anfang bis Ende, noch bevor es realisiert worden ist, desto besser wird es ihnen gelingen, zum für sie günstigsten Augenblick in den Prozeß einzugreifen und das Spiel zu ihrem Vorteil zu gestalten.

Dieser immer wiederkehrende Doppelschritt von «Antizipation und Reaktion» ist bestimmend für die Dynamik allen Lebens. Bei genauerer Betrachtung erweist sich, daß «subjektive Zielsetzung» nur ein anderes Wort für Geist ist. Nach Whitehead gibt es Geist (oder subjektive Zielsetzung) auf jeder Stufe des Lebens. Pausenlos antizipieren Organismen die Zukunft und entscheiden darüber, wie sie auf sie reagieren wollen. Das ist die Arbeitsweise des Geistes.

Nach Whitehead ist der Geist nicht *in* der Natur, sondern er *ist* die Natur. Alle Lebewesen sind Aktivitätsmuster. Diese Aktivität hat das Ziel, die Zukunft zu antizipieren, um sich der Gegenwart anpassen zu können. Mit anderen Worten: Aktivität ist die Funktionsweise des Geistes. Wenn Whitehead die Natur als Prozeß beschreibt, dann beschreibt er die Natur in Wirklichkeit als Funktionsweise des Geistes. Damit löst Whitehead eines der großen Paradoxa im Darwinschen Denken: Wie kann bloße Materie Leben und Geist hervorbringen?[56] Nach Whitehead hat es den Geist schon immer gegeben. Natur ist reiner Geist, und jeder neue Organismus zeigt kraft seiner Fähigkeit, die Zukunft besser zu antizipieren und sich entsprechend anzupassen, ein wenig mehr von der geistigen Grundstruktur der Natur.

Die Evolution wird nicht mehr als geistloses, rein materielles Geschehen verstanden. Ganz im Gegenteil, sie ist der Geist, der mit der aufsteigenden Entwicklungsreihe der Arten sein Herrschaftsgebiet Stück um Stück erweitert. Während Darwin meinte, jede neue Art sei besser in der Lage, eine Welt zu assimilieren, die ausschließlich aus physischen Ressourcen bestehe, ist für die Prozeßphilosophie jede neue Art besser in der Lage, eine Welt zu assimilieren, die aus reinem Geist besteht.

In Whiteheads Philosophie ist jedes Lebewesen ein kleiner Widerschein des Totalgeistes, der das Universum aufbaut. Der Organismus ist ein Muster, gewoben aus einem größeren Muster. Mittels subjektiver Zielsetzung versucht jeder Organismus über den eigenen zeitlichen Horizont hinauszugelangen. Er strebt und sehnt sich nach der Totalität des Geistes, der das Universum durchwirkt. Evolution scheint also eine Bewegung zu sein, die danach trachtet, sich selbst zu vollenden. Ziel der Evolution ist die Expansion des Geistes, bis er das Universum erfüllt und eins mit ihm wird.

Ökologie, neue Physik und Prozeßphilosophie haben zur Entstehung einer neuen zeitlichen Evolutionstheorie beigetragen. J. T. Fraser hat 1975 in seinem Buch *‹Of Time, Passion and Knowledge›* einige Merkmale dieses neu entstehenden Paradigmas dargelegt. Sein Denken spiegelt viele der Ideen, über die in den Naturwissenschaften jetzt allmählich Einigkeit erzielt wird.

Zunächst erklärt Fraser, das Leben sei «von Anfang an durch das Bestreben gekennzeichnet, immer längere Zeitspannen der Zukunft zu kontrollieren und dergestalt die Ungewißheit und die daraus erwachsenden Spannungen in der Gegenwart abzubauen».[57] Nach Fraser ist jede Art in der aufsteigenden Entwicklungsreihe der Evolution, von den Protozoen bis zum *Homo sapiens*, besser als ihre Vorgänger gerüstet, eine längere Zukunft und eine größere Vielfalt von Umweltneuheit zu antizipieren. Unter dieser Voraussetzung hängt das Überleben davon ab, wie gut es einem Organismus gelingt, den Abstand zu verringern zwischen dem, was er erwartet, und dem, was seine Umwelt dann tatsächlich bereithält. Je besser ein Organismus antizipiert, was vor ihm liegt, desto besser wird er in der Lage sein, sein Verhalten anzupassen und sein Überleben zu sichern.

Die ständige Spannung zwischen Erwartung und Ereignis zwingt den Organismus, seine zeitlichen Fertigkeiten zu verbessern. Mit anderen Worten, seine inneren Uhren stellen sich unablässig auf die veränderlichen Rhythmen der weiteren Umgebung ein, um künftige Bewegungen vorwegzunehmen, die für sein Überleben wichtig sind. Je besser seine Uhren sind, desto größer die Bandbreite und die Vielfalt der externen Rhythmen, die der Organismus aufnehmen kann, desto größer auch die Kontrolle, die er über die Zukunft hat. Nach dieser Auffassung bilden die Arten eine Hierarchie immer komplexerer Zeiterfahrungen, deren jede besser in der Lage ist, ihr Geschick zu antizipieren und zu kontrollieren.

Das scheint gewiß eine vernünftige Annahme zu sein. Schließlich vermag ein Regenwurm kraft seiner biologischen Ausstattung nur einen Bruchteil der periodischen Vorgänge in seiner Umwelt zu erfassen, die ein Eichhörnchen aufnehmen kann. Die biologischen Uhren des Wurms sind im Vergleich zu denen des Eichhörnchens primitiv und können nur einen schmalen Ausschnitt der Aktivitäten eines eng gezogenen Horizontes antizipieren. Seine Fähigkeit, seine Zukunft zu kontrollieren, ist begrenzt durch seine Antizipationsfähigkeit, und diese wiederum ist begrenzt durch seine zeitliche Komplexität. Der Regenwurm kann Lichtreize in der Umgebung wahrnehmen, doch das Eichhörnchen kann darüber hinaus noch differenzierte Bilder, Laute und Gerüche registrieren. Dank dieses Umstandes kann es eine sehr viel größere Bandbreite von Umweltereignissen aufnehmen und behalten, was ihm wiederum ermöglicht, eine weit größere Zahl von Veränderungen in seiner Umgebung zu antizipieren und zu kontrollieren.

Verschiedene Arten lassen sich also anhand der Unterschiede in ihrer zeitlichen Komplexität voneinander abgrenzen. Doch warum entwickelt sich eine zeitliche Komplexität fort zu einer anderen, höheren zeitlichen Komplexität? Fraser schlägt eine neue Erklärung für die Entstehung und Entwicklung der Arten vor, die sich vom darwinistischen Konzept erheblich unterscheidet. Bekanntlich vertrat Darwin die Auffassung, die Organismen würden fortwährend Verteilungskämpfe um begrenzte Ressourcen austragen und die evolutionäre Entwicklung ergebe sich aus kleinen Veränderungen, dank derer einige Organismen in die Lage versetzt würden, sich den Einschränkungen der Natur besser anzupassen. Fraser dagegen meint, die Evolution resultiere aus der Anpassung der Organismen an eine Knappheit der Zeit, nicht eine Knappheit der Ressourcen. Zur Frage, wie es zu dieser zunehmenden Zeitverknappung komme, erklärt Fraser, daß die biologischen Uhren eines Organismus nicht nur die periodischen Vorgänge in der Außenwelt nachvollzögen, sondern auch eigene erzeugten, wodurch sich insgesamt die Zahl der periodischen Vorgänge in der Umwelt erhöhe. Dazu liefert Fraser das folgende Beispiel: «Insektenmünder, die zu einer größeren Leistung beim Absaugen des Nektars befähigen, beeinflussen den Nektarhaushalt der Blume; Fasanenfüße, ideal zum Gehen auf ebener Erde, kratzen diese Erde nicht unbeträchtlich auf... Seevögel, die das Süßwasser ausfiltern und eine konzentrierte Salzlösung ausscheiden, verändern den Salzgehalt des Meeres, wenn auch in sehr geringem Maße.»[58]

Die Zunahme an Neuheit, heraufbeschworen durch die Einführung neuer periodischer Vorgänge in die Umwelt, erhöht die Spannung zwischen Erwartung und Ereignis. Mit anderen Worten, das Hinzutreten ständig neuer Rhythmen vermehrt die Zahl der Dinge in der Umwelt, die jeder andere Organismus zu antizipieren hat, um zu überleben. Infolgedessen seien, so Fraser, vom Uranfang des Lebens bis heute «die Umweltrhythmen, die es nachzubilden galt, stets zahlreicher und komplizierter als die Rhythmen, die tatsächlich modelliert wurden».[59] Obwohl Fraser es an keiner Stelle ausspricht, postuliert er einen Malthusianismus der Zeit. Die Fähigkeit des Organismus oder der Art, neue periodische Abläufe aus der Umwelt zu übernehmen, bleibt immer hinter der raschen Entstehung neuer periodischer Vorgänge zurück, die als Ergebnis einer jeden zeitlichen Anpassung eines jeden lebenden Organismus Eingang in die Umwelt finden.

Ein Beispiel macht deutlich, worum es geht. Über weite Strecken der menschlichen Geschichte blieb die Bevölkerungsdichte ziemlich niedrig. Die Menschen lebten zumeist in kleinen Dörfern. Gemessen an modernen Maßstäben, waren die Sozialkontakte relativ bescheiden. Infolgedessen hatte man weit weniger Neuheit zu bewältigen, und die Menschen konnten relativ leicht antizipieren, was ihnen bevorstand. In einem stillen Dorf auf dem Lande ist die Zahl der künftigen Ereignisse, mit denen man sich an einem durchschnittlichen Tag auseinanderzusetzen hat, relativ gering im Vergleich zu den Vorkommnissen, denen sich ein Stadtbewohner an einem Achtstundentag in der City von Manhattan ausgesetzt sieht. Als die Dörfer Städten und Großstädten wichen, führte die daraus resultierende Bevölkerungsdichte zu einer erheblichen Vervielfältigung der Sozialkontakte. Die Menschen stellten fest, daß sie ein weit breiteres Spektrum an Aktivität zu antizipieren hatten. Der einzelne mußte seinen Zeitplan gründlich umstellen, um dem Aktivitätsfluß in seiner Umgebung gerecht zu werden. Doch da jeder das Zeitmaß seines täglichen Handelns beschleunigte, um mit dem Strom der Ereignisse Schritt zu halten, floß dieser Strom nur noch rascher dahin. Als die ersten modernen Großstädte mit Bevölkerungszahlen von einer Million und mehr entstanden, wurde die Zeit zur Mangelware, da die Menschen ihr Verhalten in sehr viel rascherem Tempo zu antizipieren und anzupassen hatten. Wie der Jongleur seine Bewegungen mit jedem neuen Teller, der ihm zugeworfen wird, beschleunigen muß, so muß auch die Menschheit mit zunehmendem Aktivitätsfluß ihre Reaktionszeit verkürzen, um nicht in der Flut unterzugehen.

Mit wachsender Bevölkerungsdichte schnellt also die Zahl der möglichen Sozialkontakte nach oben, so daß jeder einzelne gezwungen ist, eine größere Bandbreite möglicher Verhaltensweisen oder Rhythmen zu antizipieren und zu berücksichtigen. Wenn der einzelne seine Aktivitäten beschleunigt, trägt er zur allgemeinen Vervielfältigung der Sozialkontakte bei und zwingt alle anderen dazu, ihre Reaktionen zu beschleunigen. Das Problem liegt darin, daß der einzelne die Vielfalt neuer Rhythmen nicht so rasch aufnehmen kann, wie sie entstehen. Ein anschauliches Beispiel dafür ist das Leben in New York City. Die Zahl neuer periodischer Abläufe, die ständig in die Umwelt Eingang finden, überschreitet bei weitem das Maß dessen, was jeder einzelne Bewohner assimilieren kann.

Darwin verstand die Evolution als die Entwicklung effizienterer Methoden zur Nutzung begrenzter Ressourcen. Die neue Theorie sieht in der Evolution die Entwicklung effizienterer Methoden zur Nutzung einer immer knapper werdenden Zeit. Da die zeitlichen Anpassungsbemühungen nicht Schritt halten können mit dem Tempo, in dem die Komplexität der Zeit zunimmt, begünstigt die Evolution diejenigen Organismen, die in der kürzesten Zeit auf Umweltveränderungen reagieren können. Zeitersparnis ist ein zentraler Aspekt einer zeitlichen Theorie, so wie der sparsame Umgang mit den Ressourcen ein entscheidendes Element der Darwinschen Theorie war. Organismen sind gezwungen, ihre Reaktionszeit zu verkürzen, um den Ansturm zeitlicher Veränderungen in der Umwelt zu bewältigen. Ständig stellen die Organismen ihre biologischen Uhren um, und an bestimmten kritischen Schwellen führen die verbesserten zeitlichen Anpassungsleistungen zur Umwandlung in ein neues, komplexeres Zeitvermögen: zur Evolution einer neuen Art.

Die neue Theorie wirft eine entscheidende Frage auf: Ist die Evolution einer neuen Art das Ergebnis einer allmählichen Veränderung in der Einstellung der inneren biologischen Uhren oder das Ergebnis einer plötzlichen und radikalen Umstellung der inneren periodischen Abläufe. Da die fossilen Zeugnisse keinerlei Zwischenformen aufweisen, wird die neue Theorie wohl kaum von der Vorstellung ausgehen, daß eine vorhandene Art sich zu einer neuen Art durch einen langsamen Zuwachs an biologischen Rhythmen verwandelt. Um nicht den plötzlichen morphologischen Veränderungen zu widersprechen, die in den fossilen Zeugnissen ablesbar sind, wird die neue zeitliche Kosmologie von der Auffassung ausgehen, daß solche Verwandlungen nur stattfinden, wenn die Zahl der äußeren periodischen Vorgänge plötzlich und dramatisch emporschnellt, so daß die vorhandenen Arten ihre gesamte zeitliche Ausstattung reorganisieren müssen.

In den letzten zehn Jahren haben neue Entwicklungen auf dem Gebiet der Paläontologie die Voraussetzung dafür geschaffen, daß eine solche zeitliche Evolutionstheorie schließlich akzeptiert werden könnte. Unzufrieden mit der Tatsache, daß die fossilen Zeugnisse wenig oder keine Beweise für Zwischenformen erkennen lassen, hat eine neue Generation von Paläontologen unter Führung von Stephen Jay Gould von der Harvard University und Niles Eldredge vom American Museum of Natural History die These von einem «unterbrochenen Gleichgewicht» als Alternative zur orthodoxen Auffassung von der allmählichen evolutionären Entwicklung vertreten. Nach dieser Theorie verändern sich die Arten über lange Zeiträume wenig oder gar nicht. Artbeständigkeit, so die Vertreter dieser These, sei das vorherrschende Verhalten in der Natur. Doch gelegentlich wird diese Beständigkeit für einen kurzen Augenblick unterbrochen. Plötzlich wird eine kleine Population einer bestimmten Art geographisch isoliert und beginnt sich rasch zu einer völlig neuen Art zu entwickeln. Dieser schnelle Artenwandel kann sich in 50000 Jahren vollziehen, nach Erdzeitaltern gemessen ein winziger Augenblick. Nach Gould und Eldredge erklärt diese rasche Artbildung das Fehlen von Zwischenformen in den fossilen Funden. Die evolutionäre Veränderung, so ihre Theorie, vollziehe sich so extrem schnell, daß sich ihre Spur nicht in den geologischen Zeugnissen niederschlagen könne. Goulds und Eldredges Theorie beruht also auf der Annahme, daß die Evolutionsgeschichte lange Phasen des Gleichgewichts aufweist, unterbrochen von kurzen Phasen sehr plötzlicher Artbildung.[60]

Doch damit stellt sich die Frage, was für Umstände zu diesen periodischen Isolierungen und raschen Artbildungen geführt haben könnten. Die Antwort lautet: plötzliche Katastrophen. Im Unterschied zu Darwin, der die Ansicht vertreten hat, daß die physische Umwelt relativ konstant ist, ist eine neue Generation von Geologen der Auffassung, daß die Erdgeschichte immer wieder von schweren Katastrophen unterbrochen worden ist, von denen einige globale Ausmaße besaßen. Diese Katastrophen, zu denen wahrscheinlich Riesenüberschwemmungen, Epidemien, Erdbeben, Vulkanausbrüche, Meteoritenschauer und intergalaktische Störungen gehörten, waren wahrscheinlich für die periodische Isolierung einer Nachkommenschaft von der Stammrasse und die daraus resultierende rasche Artbildung verantwortlich. Man geht von der Annahme aus, daß diese katastrophalen Ereignisse bei den vorhandenen Arten eine Flut von genetischen Mutationen hervorgerufen haben, die zumeist tödlich waren. Ein paar dieser Mutanten gelang es indes zu überleben. Sie wurden die Vorläufer einer neuen Art.

Die Katastrophentheorie und die Theorie des «unterbrochenen Gleichgewichtes» sind Zwischenstufen auf dem Weg zu einer umfassenden zeitlichen Evolutionstheorie. Denn was sind katastrophale Vorkommnisse anderes als plötzliche und dramatische Verschiebungen der periodischen Abläufe oder Rhythmen der Außenwelt? Katastrophen schaffen eine Fülle neuer Bedingungen in der Umwelt. Die plötzliche Beschleunigung der externen Rhythmen übersteigt bei weitem das Maß dessen, was von den vorhandenen Organismen antizipiert und aufgenommen werden kann. Bei den existierenden Arten wird der Gang der biologischen Uhren gestört und unterbrochen. Im Kielwasser dieser durch Katastrophen ausgelösten Krisen entstehen neue Organismen, die in der Lage sind, die neuen externen Rhythmen zu übernehmen. Diese Organismen verkörpern völlig neue zeitliche Kapazitäten. Sie sind, mit anderen Worten, neue Arten.

Die Vorstellung, daß katastrophale Störungen das jähe Auftauchen völlig neuer Arten auslösen, entspricht der Idee, daß das Leben ein Prozeß plötzlicher Transformation ist. Frühere Evolutionstheorien gingen von der Annahme einer allmählichen Veränderung der Morphologie über lange Zeiträume aus. Einer transformativen Evolutionstheorie liegt dagegen die These zugrunde, daß es in relativ kurzen Zeitspannen tiefgreifende Veränderungen gegeben hat. Die Wissenschaft wird sich zunehmend an eine solche transformative Evolutionstheorie halten, wenn sie sich mit der Geschichte der Entstehung und Entwicklung der Arten beschäftigt.

Halten wir fest: Der Darwinismus versteht einen Organismus als eine konkrete Morphologie, die eine bestimmte Funktion erfüllt. Die neuere Theorie sieht in dem Organismus einen besonderen Komplex von Verhaltensmustern. Nach dieser neueren Denkweise ist der Verhaltenskomplex, den wir Organismus nennen, in Wahrheit ein Bündel zeitlicher Programme, die einige der in der größeren Umwelt vorkommenden Rhythmen und periodischen Ereignisse nachbilden. Diese Zeitprogramme sind Vorhersageinstrumente. Mit ihrer Hilfe antizipiert der Organismus die Zukunft, um das eigene Überleben zu sichern. Zeitprogramm ist nur ein anderes Wort für Geist – woraus hervorgeht, daß ein Organismus nichts anderes ist als Geist. Bezüglich der Arten meint man, daß sie sich durch die Fähigkeit unterscheiden, Zeit zu sparen oder rascher auf eine größere Bandbreite externer Rhythmen zu reagieren, was gleichbedeutend ist mit der Aussage, daß Arten sich hinsichtlich ihrer Intelligenz unterscheiden. Alle Arten sind also Wissenskomplexe, und jede Art unterscheidet sich durch ihre Intelligenz, das heißt durch das Tempo, mit dem sie ihr Wissen zu nutzen vermag, um die eigene Zukunft zu kontrollieren.

Die neue zeitliche Evolutionstheorie hat kaum noch Ähnlichkeit mit der darwinistischen Vorstellung der lebenden Organismen als Automaten ohne Wille und Ziel. Die zeitliche Theorie spricht allen Lebewesen Geist zu und erklärt ihn zur dynamischen Triebfeder des Lebens selbst.

Nach der neuen Vorstellung ist jeder Organismus ein Geflecht von zeitlichen Programmen, ein Ausschnitt aus dem Gesamtkomplex der Zeitprogramme, die die Rhythmen des Universums bestimmen. Kurz, er ist ein spezifischer Wissensvorrat, der dem Gesamtwissen entnommen ist, welches das Universum durchdringt. Die Natur wird nicht mehr als die Summe aller Einzelorganismen verstanden, sondern jeder Organismus wird begriffen als ein geistiges Muster, zusammengestellt aus dem größeren geistigen Muster, das es schon immer gab.

Interessanterweise tendieren die neuen Theorien der Biogenese zu der Idee, daß das Universum Geist ist. Es ist in letzter Zeit in Mode gekommen, sich zu der ziemlich radikalen Auffassung zu bekennen, daß das irdische Leben auf irgendeinem fernen kosmischen Schauplatz entstanden sei. Viele namhafte Wissenschaftler in aller Welt, unter ihnen auch Sir Francis Crick, der Mitentdecker der DNS-Doppelhelix, vertreten die Anschauung, daß das Leben in Form einfacher Bakterien auf die Erde gelangt sei. Crick glaubt an eine absichtliche Kolonisierung, vorgenommen von einer höheren Intelligenz, die daran interessiert war, ferne Galaxien zu bevölkern. Andere sind zwar wie Crick der Meinung, daß es intelligente Wesen zuerst auf anderen Planeten gab, halten die Einwanderung des Lebens allerdings für ein Zufallsereignis. Nach dieser These könnten die frühen Vorläufer des Lebens in Meteoriten eingebettet gewesen sein, die vor Jahrmilliarden auf die Erde stürzten.

Mit der These, daß es Intelligenz zuerst an anderer Stelle des Kosmos gab und daß das Leben hier ihm nachgebildet wurde, nähert sich die Wissenschaft der Idee, daß das Universum Geist ist, der von Wille und Absicht beseelt ist. Zwar meint sie gegenwärtig noch, die Existenz komme an einem oder mehreren bestimmten Orten des kosmischen Schauplatzes vor, doch so, wie das irdische Leben heute als ein Muster verstanden wird, das seine Entstehung irgendeinem komplexeren Intelligenzmuster von einem bestimmten Ort im All verdankt, könnte man logischerweise auch annehmen, daß die Intelligenz, die die unsere hervorgebracht hat, ihrerseits aus einem noch umfassenderen Intelligenzmuster hervorgegangen ist, und so fort. Auf diese Weise landet man schließlich bei der Idee, daß das Universum ein Geist ist, der alles überwacht, ordnet und strukturiert. Wenn diese Vorstellung des Universums als Geist eine merkwürdige Ähnlichkeit mit dem Feldgedanken aufzuweisen scheint, so ist das kein Zufall. Wenn die Wissenschaft sich bemüht, «Felder» im Universum zu definieren, so gerät sie in immer größere Nähe zu einem geistigen Naturbegriff. Dies ist der Fluchtpunkt, in dem Uhren und Felder, Organismen und

Umwelten zusammenlaufen, um den Anfang einer neuen vereinheitlichenden Theorie der biologischen Entwicklung zu bilden, einer Theorie, die auf einem zeitlichen Verständnis der Evolution beruht.

In dieser neuen zeitlichen Theorie ist die Vorstellung der Natur als Geist praktisch ununterscheidbar von der Vorstellung der Natur als einer Kombination von Feldern. Wenn es überhaupt einen Unterschied zwischen dem Begriff des Geistes und dem der Felder gibt, so liegt er wahrscheinlich in dem Umstand, daß mit dem Feld die Idee des Geistes in ein wissenschaftliches Bezugssystem gebracht wird, das sie der technologischen Nutzung preisgibt. Mit der Erkenntnis, daß Felder sich als Rhythmen oder periodische Abläufe (biologische Uhren) manifestieren, schafft die Menschheit die Möglichkeit selektiver Beeinflussung und Manipulation der unzähligen Naturvorgänge auf der fundamentalen Ebene der «Felder».

Kybernetik und Computer

Ökologie, neue Physik und Prozeßphilosophie haben alle zur Befreiung der Zeit und zur Grundsteinlegung einer zeitlichen Evolutionstheorie beigetragen. Jetzt vereinigt sich dieser tiefgreifende begriffliche Wandel mit einer revolutionären Veränderung, die sich in der Organisation alltäglichen menschlichen Handelns vollzieht. Die Welt erlebt eine radikale technologische Umgestaltung. Die Menschheit unterzieht die Beziehung zu ihrer Umwelt einer grundlegenden Veränderung. Diese Veränderung hat großen Einfluß darauf, wie die Menschen die Welt verstehen, in der sie leben. Deshalb kann sich uns das Wesen der neuen zeitlichen Evolutionstheorie erst ganz erschließen, wenn wir wissen, aus welcher technologischen Revolution sie sich speist.

Der römische Staatsmann Cicero hat gesagt, daß wir bestrebt sind, mit unseren Händen sozusagen eine zweite Welt innerhalb der natürlichen Welt zu erbauen. Mit der fortlaufenden Entwicklung des Bewußtseins setzte sich die Menschheit zunehmend von ihrer Umgebung ab. Aus der Distanz begannen wir die verschiedenen Elemente der Natur zu einem neuen Gebilde zusammenzusetzen, das den Stempel unseres Geistes trug. Wir wollten unverwundbar werden, und alles Streben der abendländischen Kultur zeugt von dem Wunsch des Menschen, die physischen Grenzen zu überwinden, die ihm von der Natur auferlegt sind, und einen

Zustand völliger Unabhängigkeit zu erreichen. Dabei war die Technologie das wichtigste Instrument, um dieses Ziel zu erreichen.

Die Technologie, das sind ganz einfach die Werkzeuge, die wir uns zur Erweiterung und Verstärkung des menschlichen Körpers einfallen lassen, um uns noch mehr Natur anverwandeln zu können. Die Kleider, die wir tragen, und die Häuser, in denen wir leben, sind Erweiterungen der menschlichen Haut. Die Behälter, die wir verwenden, sind Erweiterungen unserer hohlen Hände. Die Waffen, derer wir uns bedienen, sind Erweiterungen unserer Arme.

Die Technologie ist also ein Verwandlungsinstrument. Sie ermöglicht es uns, aus Naturvorkommen noch rascher Wirtschaftsgüter zu machen. Wir entwickeln immer neue und einfallsreichere Verfahren, um uns die in der Umwelt verfügbare Materie und Energie anzuverwandeln. Technologien erlauben uns, unsere biologischen Grenzen zu überschreiten, so daß wir eine noch größere Kontrolle über die Naturkräfte ausüben können. Durch die Technologie erobern wir Zeit und Raum. Wir umgeben uns mit Technologie, und sie umgibt uns mit einer Natur aus zweiter Hand. Kein Wunder, daß die Menschheit ihre Werkzeuge stets mit so viel Bewunderung bedacht hat. Wir bestaunen sie mit einer Mischung aus Ehrfurcht und Hochachtung, als wären es Organe unseres Körpers. Und in der Tat sind sie unser erweiterter Körper. Durch sie sind wir in der Lage, unser Ichgefühl weit über die Dimensionen hinaus aufzublähen, die uns die Natur ursprünglich zugemessen hat.

Wir hüten und pflegen unsere Werkzeuge und sind fortwährend bestrebt, sie auf neue Stufen der Vollkommenheit zu heben. In dem Maße, wie wir selbst immer mehr zum Gegenstand unserer Aufmerksamkeit werden, werden die Werkzeuge zu unserer Obsession. Während wir uns eine immer raffiniertere technologische Ausstattung zulegen, scheint die Natur zu schrumpfen und unserem Zugriff immer größere Gebiete preiszugeben.

Die Technologie übersetzt unsere tiefsten Wünsche nach Fülle, Sicherheit und Dauer in konkrete Formen, an denen wir Halt finden und an die wir glauben können. Je besser es uns gelingt, die Welt um uns her einzufangen, umzuwandeln und uns einzuverleiben, desto sicherer vertrauen wir auf die Fortdauer des Überflusses, die Sicherheit unserer Zukunft und die Ewigkeit unseres Daseins. Mit der Technologie beweisen wir uns selbst, daß wir die Oberhand behalten werden. Aus diesem Grund hat sie immer einen Sonderstatus genossen.

Mit Technologie erklären wir die Welt um uns her. Deshalb ist unser Verständnis der Welt zutiefst beeinflußt von der Art und Weise, wie wir sie organisieren. Abraham Maslow hat einmal gesagt: «Wer nur einen Hammer hat, dem erscheint die ganze Welt als Nagel.»[61] Deshalb ist es keine überraschende Tatsache, daß wir mit unseren Werkzeugen auch unsere Kosmologien gewechselt haben, die jeweils Spiegelbild eines neuen Verfahrens sind, die Natur einzufangen und sie uns anzuverwandeln. Durch unsere Technologie projizieren wir uns in die Natur. Durch unsere Kosmologie machen wir aus einer technologischen Beziehung zur Natur ein Bündel zeitloser Wahrheiten. Unsere Vorstellungen darüber, wie die Natur arbeitet, sind jeweils von der Art und Weise geprägt, wie wir den winzigen uns zugänglichen Ausschnitt des Universums bearbeiten. Wir reden uns ein, die ganze Natur sei so gestaltet, wie wir die zu unserer Disposition stehende Natur gestalten.

Die neue zeitliche Evolutionstheorie bringt, wie andere Naturbegriffe vor ihr, die neue Organisationsform zum Ausdruck, die unsere Beziehung zur Umwelt prägt. Unsere Technologie erlebt eine revolutionäre Verwandlung, und dieser Organisationswandel liefert die Voraussetzung für das Zeitalter der Biotechnik und die neue zeitliche Kosmologie, die es begleiten wird.

Anfang der fünfziger Jahre fanden zwei historische Entwicklungen statt, die gemeinsam den Anfang des biotechnischen Zeitalters bezeichneten. In England entdeckten zwei junge Wissenschaftler, James Watson und Francis Crick, die Doppelhelix, womit das Gen zum erstenmal in der Geschichte der menschlichen Neugier preisgegeben war. Jenseits des Atlantiks wurde in Blue Bell, Pennsylvania, für die amerikanische Volkszählungsbehörde der erste Computer in Dienst gestellt. Im Laufe der nächsten drei Jahrzehnte nahmen die Entwicklungen in der Biologie und in der Computerwissenschaft ihren Fortgang, auf getrennten Wegen zwar, aber in gleicher Richtung. Heute sind Computerwissenschaften und Biologie im Begriff, sich zu vereinigen. Die Verschmelzung des Computers mit lebendem Gewebe signalisiert das Ende des pyrotechnischen und den Beginn des biotechnischen Zeitalters.

Der erste Univac Computer, der in Blue Bell aufgestellt wurde, war ein abenteuerliches Gebilde. Zweieinhalb Meter hoch, fast ebenso breit und viereinhalb Meter lang, sah er nach Aussage eines Journalisten, der der Enthüllung beigewohnt hatte, aus wie «eine Mischung aus dem Spieltisch einer Orgel, einer Setzmaschine und einem Telefonschaltpult».[62] Bis zur Erfindung des Transistors und des Mikrochips blieb der Computer ein Monstrum. 1959 waren 6000 Computer angeschlossen, 1966 mehr als 15 000, 1970 über 80 000, die Aufgaben in mehr als 3000 verschiedenen Kategorien erfüllten. Heute sind es viele Millionen Computer, die alle Lebensbereiche erobert haben. IBM hat erklärt, es seien mehr Aufträge für 1980er Modelle eingegangen, als die Firma von 1950 bis 1979 insgesamt geliefert habe.

In den achtziger Jahren fand die elektronische Datenverarbeitung auch im privaten Haushalt Eingang. Heimcomputer werden augenblicklich von mehr als hundert Firmen hergestellt. Ein Einzelhändler: «Bald wird jeder Haushalt seinen Computer haben. Er wird so selbstverständlich sein wie das Badezimmer.»[63] Der Zukunftsforscher Alvin Toffler prophezeit, daß Computer in den nächsten Jahren überall eingebaut werden, «von der Klimaanlage und dem Auto bis zur Nähmaschine und der Waage. Sie werden den Energieverbrauch des Privathaushalts kontrollieren und auf ein Mindestmaß beschränken. Sie werden die Waschmittelmenge und die Wassertemperatur für jeden Arbeitsgang der Waschmaschine bestimmen. Sie werden für die Feinabstimmung im Brennstoffsystem des Autos sorgen. Sie werden uns signalisieren, wenn etwas reparaturbedürftig ist. Sie werden uns am Morgen den Radiowecker, den Toaster, die Kaffeemaschine und die Dusche in Gang setzen. Sie werden die Garage anwärmen, die Türen schließen und eine schwindelerregende Vielfalt anderer einfacher und nicht so einfacher Aufgaben erledigen.»[64]

Im Laufe der nächsten beiden Jahrzehnte wird der Computer Fabrik, Büro, Laden und Privathaushalt zu einem einzigen Netz zusammenschließen. Der Computer wird überall dort zu finden sein, wo irgendwelche Entscheidungen zu treffen sind. Der Computer ist eine künstliche Erweiterung des menschlichen Geistes und im Begriff, in jeden Winkel unserer Umwelt vorzudringen.

Die menschliche Umwelt ist immer komplexer geworden, wodurch ein höheres Maß an Antizipation und raschere Entscheidungen erforderlich geworden sind. Da der menschliche Geist nicht überall zur gleichen Zeit sein kann, werden wir immer stärker auf den Computer angewiesen sein, um unsere Zukunft zu bewältigen. Die Auswirkungen der Computerrevolution sind vergleichbar mit der Einführung der Dampfmaschine, die die industrielle Revolution auslöste. Mit der Dampfmaschine ersetzte die Menschheit die Muskelkraft durch eine unbelebte Energiequelle. Mit dem Computer ergänzt die Menschheit heute den eigenen Verstand durch eine künstliche Intelligenz.

Der Computer bezeichnet ein neues Kapitel in der Menschheitsgeschichte. Zum erstenmal haben wir ein «technologisches» Mittel entwickelt, um den menschlichen Geist direkt in die Natur zu projizieren. Dieses neue Verfahren zur Organisation der Umwelt führt zur radikalen Veränderung unserer Naturvorstellung. Bekanntlich war das industrielle Zeitalter gekennzeichnet durch die technologische Projektion des menschlichen Körpers in die Natur. Als die Maschine die Muskelkraft ersetzte, wandelte sich auch unsere Kosmologie und spiegelte die neue Organisationsmethode wider. Darwin entwarf die Natur nach dem Bild der Industriemaschine. Die neue zeitliche Evolutionstheorie rekonstruiert die Natur nach dem Bild des Computers. Natur als «Materie in Bewegung» wird ersetzt durch Natur als «Geist in Aktion».

Der Wandel der technologischen Verfahrensweisen führt bereits zu einer radikalen Veränderung der Arbeitsplatzpsychologie. Die Programmierung eines Computers verlangt eine ganz andere psychische Einstellung als die Bedienung einer Maschine. Im Industriezeitalter wurden Arbeiter für Sorgfalt und Zuverlässigkeit belohnt. «Industriell» kommt von dem lateinischen Wort «industrius» – fleißig, arbeitsam. Heute gilt «arbeitsam» nicht so viel wie zur Zeit unserer Eltern und Großeltern. Wenn wir heute jemanden als arbeitsam bezeichnen, so denken wir an jemanden, der hart arbeitet, der schuftet, der geachtet, aber nicht bewundert wird. Unter arbeitsamem Verhalten wird im allgemeinen körperliche Arbeit verstanden. Es leuchtet ein, daß in einem Zeitalter, welches den menschlichen Körper in Form der «Maschine» in die Umwelt projizierte, einem solchen Verhalten Vorrang eingeräumt wurde.

Die psychologische Motivation in der Computergesellschaft ist ganz anders gelagert. Der neue Arbeiter ist um Kreativität, Einfallsreichtum, Integration und Information bemüht. Die neue psychische Einstellung stellt den Scharfsinn über die Körperkraft und entspricht einem Zeitalter, das den menschlichen Geist in Form des «Computers» in die Umwelt projiziert. Psychologisch ausgedrückt: Wir erleben den Wechsel vom «Industriezeitalter» zum «Informationszeitalter».

Die psychische Umstellung des Arbeiters ist nur ein kleiner Ausschnitt der tiefgreifenden Veränderungen, die unsere Gesellschaft erlebt, da die Industriemaschine als wichtigster Organisationsfaktor vom Computer ersetzt wird.

Während der Computer einerseits die Industriemaschine rasch als entscheidendes technologisches Instrument unserer Zivilisation verdrängt und einen tiefgreifenden Wandel in der psychischen Einstellung zum arbeitsbezogenen Handeln heraufbeschwört, wird er andererseits auch zur wichtigsten Metapher für ein Neuverständnis der Entstehung und Entwicklung der Arten. Es ist kein bloßer Zufall, daß viele der Prinzipien, die das Verhalten von Computern steuern, von den Biologen heute auch zur Grundlage aller Lebenssysteme erklärt werden. Abermals borgen die Kosmologen bei der Gesellschaft die Technologie aus, mit der sie sich selbst und ihre Umwelt organisiert, und «projizieren» sie in die Natur. Auf die Frage «Wie funktioniert die Natur?» lautet die neue Antwort «Wie der Computer».

Um das Ausmaß dieser Projektion ganz zu begreifen, müssen wir uns mit den Funktionsprinzipien, die der Computerrevolution zugrundeliegen, etwas näher befassen. Diese Prinzipien nahmen feste Gestalt erstmals im Zweiten Weltkrieg an, als die amerikanische Regierung Arbeitsgruppen von Technikern und Wissenschaftlern zusammenrief und ihnen den Auftrag gab, neue Verfahren zu entwickeln, um die wachsenden Mengen höchst verschiedenartiger Informationen auf intelligente, überschaubare Weise zusammenzufassen. Das Unternehmen hieß «Operations Research», und es entwickelte sich daraus eine neue Organisationsmethode, Kybernetik genannt, die die Funktionsprinzipien für die Computerrevolution lieferte.

«Kybernetik» leitet sich von dem griechischen Wort *kybernatiké* (Steuermann) her. Dabei handelt es sich um eine allgemeine Theorie, die zu erklären versucht, wie sich bestimmte Phänomene über einen längeren Zeitraum selbst erhalten. Wie der Philosoph Carl Mitcham vom St. Cathrine's College erläutert, hat Kybernetik nichts mit dem zu tun, «was eine Sache ist, sondern damit, wie sie sich verhält».[65] Die Kybernetik führt das Verhalten auf zwei wesentliche Teilelemente zurück, die Information und das Feedback, wobei sie behauptet, alle Prozesse ließen sich als Erweiterungen und Verbindungen der beiden verstehen.

Der Mathematiker Norbert Wiener vom Massachusetts Institute of Technology, der die kybernetische Theorie durch populärwissenschaftliche Veröffentlichungen bekannt gemacht hat, definiert Information als «den Inhalt dessen, was mit der Außenwelt ausgetauscht wird, während wir uns an sie anpassen und mit unserer Anpassung auf sie einwirken. Der Prozeß der Informationsaufnahme und -verwendung ist der Prozeß unserer Anpassung an die Zufallsbedingungen der Außenwelt und unseres Bestrebens, unser Leben innerhalb dieser Umwelt erfolgreich zu gestalten».[66]

Information besteht also aus den zahllosen Botschaften, die zwischen den Dingen und ihrer Umwelt hin- und hergehen. Die Kybernetik ist die Theorie der Wechselwirkungen zwischen diesen Botschaften oder Informationsbruchstücken, aufgrund derer vorhersagbares Verhalten entsteht.

Laut der kybernetischen Theorie ist das Feedback der «Steuermechanismus», der alles Verhalten kontrolliert. Wer einmal einen Thermostat eingestellt hat, weiß, wie das Feedback funktioniert. Der Thermostat regelt die Zimmertemperatur, indem er die Temperaturveränderungen im Zimmer kontrolliert. Wenn sich das Zimmer abkühlt und die Temperatur unter den Wert absinkt, der auf der Skala eingestellt ist, setzt der Thermostat den Ofen in Betrieb, und der Ofen bleibt so lange an, bis die Zimmertemperatur abermals mit dem Skalenwert übereinstimmt. Daraufhin stellt der Thermostat den Ofen ab, bis die Zimmertemperatur erneut unter den gewünschten Wert absinkt, so daß mehr Wärme erforderlich wird. Dies ist ein Beispiel für negatives Feedback. Alle Systeme erhalten sich mit Hilfe des negativen Feedbacks. Sein Gegenteil, das positive Feedback, führt zu Ergebnissen ganz anderer Art. Beim positiven Feedback bewirkt eine Aktivitätsveränderung eine Verstärkung und Intensivierung des Prozesses aus sich selbst, statt daß es zu einer Anpassung an die Ausgangssituation und einer Dämpfung kommt. Beispielsweise kann jemand durch eine Halsentzündung zum Husten veranlaßt werden und das Husten seinerseits zu einer Verschlimmerung der Halsentzündung führen.

In der Kybernetik geht es in erster Linie um das negative Feedback. Nach Wiener muß «jede Maschine, die einer vielgestaltigen äußeren Umwelt ausgesetzt ist, um zuverlässig funktionieren zu können, Informationen über die Ergebnisse ihres eigenen Handelns als Teil jener Information erhalten, welche die Grundlage ihres nachfolgenden Handelns bildet».[67] Das Feedback gibt der Maschine Informationen über ihre tatsächliche Leistung, die gemessen wird an der erwarteten Leistung. Dank der Information kann die Maschine ihre Leistung entsprechend regulieren, um die Lücke zwischen erwartetem und tatsächlichem Verhalten zu schließen. Kybernetik ist die Theorie von der Selbststeuerung der Maschinen in veränderlichen Umwelten. Mehr noch, Kybernetik ist die Theorie, die das zielgerichtete Verhalten von Maschinen erklärt.

In einem maßgeblichen Artikel in der Zeitschrift *Philosophy of Science* hat Wiener 1943 erstmals den Gedanken geäußert, daß Maschinen Zielgerichtetheit besitzen könnten. Wiener definierte zielgerichtetes Verhalten als «einen Endzustand, in dem das Verhalten des Gegenstands eine bestimmte Beziehung in der Zeit oder im Raum zu einem anderen Gegenstand oder Ereignis einnimmt».[68] Für Wiener ist alles zielgerichtete Verhalten auf «Informationsverarbeitung» zurückzuführen. «Daraus ist ersichtlich, daß Information . . . zu den großen wissenschaftlichen Begriffen wie Materie, Energie und elektrische Ladung gehört. Unsere Anpassung an die Welt, die uns umgibt, hängt von den Informationsfenstern ab, die unsere Sinne aufstoßen.»[69]

Nach eingehender Überlegung kam Wiener zu dem Schluß, daß sich «die Gesellschaft nur durch die Untersuchung der Nachrichten- und Kommunikationseinrichtungen verstehen läßt, die zu ihr gehören».[70] Kein Wunder, daß er die Kybernetik sowohl als vereinheitlichende Theorie wie auch als Instrument zur Neuorganisation der ganzen Welt verstand. Offensichtlich war die nachfolgende Generation von Technikern und Wissenschaftlern darin ganz seiner Meinung. Dank des Computers ist die Kybernetik zum wichtigsten methodologischen Ansatz zur Organisation wirtschaftlicher und gesellschaftlicher Abläufe geworden. Praktisch jede einigermaßen wichtige Aktivität in der heutigen Gesellschaft unterliegt der Steuerung nach kybernetischen Prinzipien. «Informationsverarbeitung» durch den Computer wird rasch zum Gütezeichen unserer technologischen Gesellschaft. Nirgends zeigt sich das deutlicher als im Wirtschaftssystem. Einst eine nebensächliche Hilfe für die Leitung großer Wirtschaftsorganisationen, ist die Informationsverarbeitung längst in die Führungsspitzen der Unternehmen aufgestiegen und zu einem Qualitätsmerkmal der Organisation geworden. Mehr und mehr versteht man die Unternehmen heute als Informationssysteme. In ihrem Buch *‹Systems Analysis in Public Policy›* stellt die Soziologin Ida Hoos von der University of California fest, daß «der Zugang zur Information gleichbedeutend geworden ist mit der Leitung des Unternehmens».[71] Nach Hoos beschäftigt man sich nicht mehr mit «Herrschaft *über* Information, sondern mit Herrschaft *durch* Information».[72]

Die Kybernetik hat nicht nur die Art und Weise verändert, wie wir die Welt organisieren, sondern auch, wie wir sie begreifen. Zunächst einmal stehen die Grundannahmen der Kybernetik im Gegensatz zur orthodoxen Auffassung von der Beziehung zwischen den Teilen und dem Ganzen. Im industriellen Zeitalter ging man davon aus, daß das Ganze nur eine bloße Zusammensetzung der Teile sei, aus denen es besteht. Die Kybernetik indessen sieht in dem Ganzen ein integriertes System. Das ständige Feedback neuer Informationen aus der Umwelt und fortwährender Anpassung an die Umwelt löst einen Kreisprozeß aus, der sich im Gegensatz zur linearen Organisationsweise des Industriezeitalters befindet. Die sich selbst korrigierende Kreisförmigkeit dieser neuen Organisationsweise «verwischt den Unterschied zwischen Ursache und Wirkung».[73] Nach Auffassung der Kybernetiker läßt sich in einer immer komplexer werdenden Umwelt die Fiktion nicht mehr aufrechterhalten, daß ein isoliertes Ereignis zu einem anderen isolierten Ereignis führt. Uns wird allmählich klar, daß jedes Ereignis auf alle anderen in irgendeiner Weise einwirkt. Da alles mit jedem in Beziehung steht, muß Aktivität in integrierten Systemen organisiert werden.

Kybernetisches Denken hat auch Eingang in den Bau von Maschinen gefunden. Im industriellen Zeitalter wurden Maschinen aus vielen Einzelteilen zu einem funktionierenden Ganzen montiert. Heute ist die Kybernetik mit der Computerwissenschaft und der Elektrizität eine Verbindung eingegangen, mit deren Hilfe es möglich ist, «immer mehr Funktionen in immer weniger Teile zu integrieren und viele isolierte Teilelemente durch ‹Ganzheiten› zu ersetzen».[74] Die Uhr ist ein sehr anschauliches Beispiel für den Wandel, der im Denken und in der Konstruktion stattgefunden hat.

Dazu Alvin Toffler: «Während Uhren einst aus vielen hundert beweglichen Teilen bestanden, können wir heute Festkörper-Uhren herstellen, die genauer und zuverlässiger gehen – ohne ein einziges bewegliches Teil aufzuweisen.»[75]

In einem Artikel mit dem Titel «The Development of Cybernetics» faßt Charles R. Dechert, Politologe an der Catholic University of America, die Bedeutung jener neuen Organisationsprinzipien zusammen, welche die «Fließbandmentalität» des Industriezeitalters ersetzt haben: «Die Kybernetik erweitert den Umkreis der Prozesse, die sich kontrollieren lassen – dies ist ihre besondere Eigenschaft und ihr besonderes Verdienst.»[76] Damit niemand an Sinn und Nutzen dieser neuen Organisationsform zu zweifeln beginne, mahnt der Futurologe Robert Theobald, daß es keine Möglichkeit gebe, die Uhr zurückzudrehen. «Machen wir uns nichts vor: Die einzige Möglichkeit, die komplexe Gesellschaft der zweiten Hälfte des 20. Jahrhunderts zu organisieren und zu verwalten, bietet der Computer.»[77] Die immer stärkere Verwendung des Computers sorgt für die Institutionalisierung der kybernetischen Prinzipien als der zentralen Organisationsweise der Zukunft.

Hier sollte man darauf hinweisen, daß ohne Elektrizität Kybernetik und Computerrevolution nicht möglich gewesen wären. Die Elektrizität, so Marshall McLuhan, lieferte die Voraussetzung für die «Gleichzeitigkeit zahlreicher aufeinander abgestimmter Arbeitsvorgänge» und beendete dadurch «das alte mechanische Muster der linearen Abfolge von Arbeitsvorgängen».[78]

Die Elektrizität bedeutet einen erheblichen Fortschritt für die technologische Selbstprojektion der Menschheit. Jahrtausende hindurch hatten die Menschen mit ihren Erfindungen eine Verstärkung und Erweiterung ihrer Gliedmaßen angestrebt. Mit der Elektrizität begann für die Menschheit eine Erweiterung anderer Art. Marshall McLuhan: «Mit dem Aufkommen der Elektrotechnik schuf der Mensch außerhalb seiner selbst das lebendige Modell seines Zentralnervensystems.»[79] Als Ausdehnung des Nervensystems ermöglicht uns die Elektrizität, unsere Fähigkeit, immer höhere Aktivitätsniveaus in der Umwelt zu antizipieren und zu bewältigen, erheblich zu steigern.

Alle vorangegangenen Technologieformen waren notwendigerweise «partiell und fragmentarisch», da sie ihre räumliche Eingeschränktheit nicht überwinden konnten. Da Elektrizität sich mit Lichtgeschwindigkeit fortbewegt, kann sie alle räumlichen Einschränkungen überwinden. Dank der Elektrizität kann die Menschheit große räumliche Abstände praktisch augenblicklich überspringen. Marshall McLuhan hat als einer der ersten darauf hingewiesen, daß der Mensch dank des elektrischen

Mediums zum erstenmal in der Lage war, «die Dimension des Raumes abzuschaffen».[80] Heute kann jemand in den USA sein Fernsehgerät anschalten und dank elektrischer Impulse, die von Satelliten übertragen werden, ein Ereignis miterleben, das 12 000 Kilometer entfernt in Afrika stattfindet. Infolgedessen entsteht, so McLuhan, «der Totalhorizont eines allumfassenden Bewußtseins».[81] Durch Vereinnahmung des Raumes gibt die Elektrizität aller Aktivität die neue Bedeutung von reiner Prozeßhaftigkeit.

Elektrizität, Kybernetik und Computer – das sind die Organisationsenergie, die Organisationsprinzipien und die Organisationsmechanismen für das neue Zeitalter unserer Zivilisation.

Als Norbert Wiener die erste Auflage seines Buches *‹Kybernetik›* herausbrachte, versah er sie mit dem Untertitel «Steuerung und Kommunikation bei Tier und Maschine». Wiener war davon überzeugt, daß sich die funktionalen Grundsätze der Kybernetik von der Technik auf die Biologie übertragen ließen. Sein Ziel war eine Neuformulierung der Biologie nach technischen Grundsätzen und nach strengen mathematischen Gesichtspunkten. Wiener hat einmal erklärt, der einzige Unterschied zwischen der automatischen Steuerung eines Flugabwehrgeschützes und biologischen Prozessen sei der Komplexitätsgrad von Informationsverarbeitung und Feedback.

Wiener träumte von einer Vereinigung der Technik und der Biologie, und offensichtlich beteiligten sich viele Techniker beider Gebiete nur zu gern an diesem Traum. In den fünfunddreißig Jahren, die vergangen sind, seit Wiener seinen großen Entwurf skizziert hat, hat sich das biologische Denken die Technik mehr und mehr zum Vorbild genommen. In ihrem Buch *‹Current Problems in Animal Behavior›* ziehen der Zoologe William H. Thorpe und der Psychologe Oliver L. Zangwill von der Cambridge University eine Bilanz der technischen Einflüsse auf die Biologie und gelangen zu dem Schluß, daß die Wissenschaften vom Leben den funktionalen Grundsätzen der Technologen praktisch schon erlegen sind. Die beiden Wissenschaftler stellen fest, daß «die Prinzipien, die in der Regel- und Kommunikationstechnik entwickelt worden sind, immer häufiger auf biologische Probleme angewandt werden und daß sich die anhand solcher Prinzipien entwickelten ‹Modelle› für die Erklärung von Verhalten als fruchtbar erweisen».[82] Nach Thorpe und Zangwill vereinigen sich Wissenschaftler beider Disziplinen einträchtig «unter dem Banner der Wienerschen Kybernetik».[83] Infolgedessen beginnt sich der Unterschied zwischen technischen und biologischen Prinzipien zu verwischen.

Tatsächlich erlebt die Biologie eine Grundüberholung nach technischen

Gesichtspunkten. Die Wissenschaftsphilosophin Marjorie Grene von der Harvard University meint, da es den Technikern immer besser gelungen sei, Maschinen dazu zu bringen, ihr Verhalten zu regeln, hätten sie die Überzeugung gewonnen, ihre mechanischen Geschöpfe verhielten sich weitgehend wie lebende Systeme. Folglich schlossen sie, daß die funktionalen Richtlinien, die sie ihren technischen Produkten vorschrieben, irgendeine Ähnlichkeit mit den Funktionsprinzipien beseelter und lebendiger Systeme aufweisen müßten. Laut Grene hat sich eine neue Denkweise der biologischen Disziplin bemächtigt: «Sie besagt: Nehmt die Technik, ihre Baupläne und Funktionsprinzipien ... als Vorbilder für eure theoretischen Modelle in der Biologie, so wie Darwin sich bei seiner Theorie der natürlichen Selektion an die Arbeit der Schafzüchter und Taubenliebhaber hielt.»[84]

Wie sehr die Technik in der Lage war, die Biologie nach ihrem Vorbild umzugestalten, zeigt sich vielleicht am deutlichsten an dem Wort «Leistung». Techniker bezeichnen damit die Aktivität von Maschinen. Biologen dagegen haben traditionell das Wort «Verhalten» verwendet, um die Aktivität lebender Organismen zu bezeichnen. Leistung beschwört die Vorstellung einer zielgerichteten Aktivität herauf, die einem bestimmten Zweck genügen soll. Verhalten dagegen hat häufig die Bedeutung einer ungerichteten Aktivität ohne bestimmtes Ziel. Der Experimentalpsychologe R. L. Gregory von der Cambridge University merkt dazu an, daß Biologen die beiden Begriffe immer häufiger austauschbar verwenden, «wobei der Grund dafür fast mit Sicherheit in dem Einfluß kybernetischer Ideen zu suchen ist, die bestimmte Aspekte der Biologie und der Technik zusammengeführt haben».[85] Die beiden Wissenschaftler führen weiter aus, daß sich Biologen immer häufiger des Begriffs «Leistung» bedienen, da sie anfangen, lebende Organismen in Hinblick auf ihre relative Effizienz zu definieren. Ohne Zweifel hat technisches Denken in der Biologie Fuß gefaßt, und zwar in so hohem Maße, daß, wie Thorpe und Zangwill darlegen, lebende Organismen mehr und mehr anhand ihres Wärme- und Informationswirkungsgrades, ihrer Kapitalkosten, Betriebskosten und anderer technischer Kriterien beschrieben werden.

Ein Zeichen für den gewaltigen Einfluß, den die Technik auf die Biologie hat, ist der Umstand, daß die meisten Biologen inzwischen die kybernetischen Begriffe für ihre Disziplin akzeptiert haben. Die Kybernetik liefert den Biologen eine ganz neue Form der Kommunikation. Die allgemeine Anerkennung dieser neuen Sprache schafft die Voraussetzung für den neuen Naturbegriff und die zeitliche Evolutionstheorie.

Biologen verstehen lebende Systeme heute als Informationssysteme. W. H. Thorpe definiert lebende Organismen als Dinge, die «... Information aufnehmen und speichern, ihr Verhalten infolge dieser Information verändern und ... spezielle Organe zur Entdeckung, Sichtung und Organisation dieser Information besitzen ...»[86] Die Biologen sind zu überzeugten Parteigängern der Vorstellung geworden, daß alle Erscheinungen auf Informationsverarbeitung zurückzuführen sind. Das ältere Newtonsche Modell, nach dem Natur verstanden wurde als «die Bewegung eines Teilchens unter Einwirkung einer Kraft», ist durch ein neues Modell ersetzt worden, welches die Natur definiert als «Speichern ... und Übertragen von Information innerhalb eines Systems».[87] Bedenkt man, daß Information eine immaterielle Sache ist, so erschließt sich diese begriffliche Revolution in ihrer ganzen Bedeutung. Da Information immateriell ist, existiert sie nicht in dem räumlichen Zusammenhang, an den Newton dachte, als er die Welt definierte als Materie, die sich in Bewegung befindet. Wenn ein Biologe von lebenden Systemen als Informationssystemen spricht, so sagt er damit, daß sie Anweisungen oder Programme sind, die «einen Prozeß beschreiben und darüber hinaus die Durchführung dieses Prozesses vorschreiben».[88] Wenn ein Biologe von Prozessen spricht, so meint er damit Ereignisse, die innerhalb bestimmter Zeiträume stattfinden. Deshalb sind lebende Systeme nach der neuen Vorstellung Informationsprogramme, die sich auf vorhersagbare Weise in der Zeit entfalten.

«Die wichtigste biologische Entdeckung der letzten Jahre», so W. H. Thorpe, «ist die Erkenntnis, daß die Lebensprozesse durch Programme gesteuert werden ... [und] daß das Leben nicht nur eine programmierte, sondern sogar eine selbst-programmierte Aktivität ist».[89] Würde man aus dem obenstehenden Zitat das Wort «Leben» entfernen, könnte man durchaus auf den Gedanken kommen, daß Thorpe und seine Fachkollegen von Computern und deren Informationsverarbeitung, Programmen und selbstregelnden Aktivitäten sprechen. Tatsächlich sprechen sie auch, zumindest in sehr allgemeiner Form, von dem Computer. Er ist zur neuen Metapher geworden, anhand derer das Leben definiert wird, und wird als solche für eine Generation, die mit Videospielen und Taschenrechnern großgeworden ist, ebenso überzeugend sein, wie es die Industriemaschine in dieser Eigenschaft für die Kinder des Industriezeitalters war. Zu Darwins Zeit betrachtete man das Leben als eine Verbindung separater, austauschbarer Teile, die zu einem funktionsfähigen Ganzen montiert wurden. Heute wird das Leben verstanden als ein Code aus Millionen von Informationsbits, die auf zahlreiche verschiedene Arten programmiert werden können. Wir sind Zeugen des Übergangs von der Industriemaschine zum Computer, von der Montage zur Informationsverarbeitung, vom Raum zur Zeit und von der Kosmologie des Industriezeitalters zur Kosmologie des biotechnischen Zeitalters.

Die Schlacht um konkurrierende biologische Paradigmen ist ebensosehr eine Schlacht um konkurrierende Sprachen und Metaphern. Der Neodarwinismus verwendet weiterhin die Sprache und die Metaphern des Industriezeitalters, während eine neue Generation von Wissenschaftlern die Sprache und die Metaphern des biotechnischen Zeitalters benutzt. Es ist die Schlacht zwischen den einen, die weiterhin von «ideal gebauten Maschinen» sprechen, und den anderen, die an «ideal entworfene Programme» denken. Der Philosoph Kenneth M. Sayre von der Notre Dame University gehört zur neuen Schule. Ohne jede Einschränkung erklärt er: «Die fundamentale Kategorie des Lebens ist Information . . .»[90] Andere Wissenschaftler, die sich seiner Auffassung anschließen, sind bestrebt, diese Behauptung zu beweisen, und schicken sich an, die Karte des Lebens neu zu zeichnen. Kein Computerprogrammierer, der auf sich hält, könnte das Bild, das dabei entsteht, ernst nehmen.

Der französische Biologe Pierre Grassé hat den neuen Ansatz zur begrifflichen Erfassung der Natur eingehend dargelegt, wobei er sich der kybernetischen Sprache bedient. Grassé beginnt damit, daß er die Gesamtheit des Lebens ins kybernetische Begriffssystem einordnet: «Information formt und beseelt den lebenden Organismus. Letztlich ist Evolution der Prozeß, durch den die Kreatur ihre Information verändert und neue erwirbt.»[91]

Dann entwickelt Grassé das kybernetische Modell eines lebenden Organismus. Er beginnt mit den beiden DNS-Strängen, aus denen der genetische Code besteht. Nach Grassé repräsentiert der Code die Intelligenz der Art. Grassé räumt ein, daß die DNS «. . . der Informationsspeicher und -verteiler . . .» ist, meint aber im Unterschied zu James Watson, Francis Crick und vielen anderen Überlebenden des Neodarwinismus, daß die DNS nicht der «einzige Schöpfer» sei.[92] Grassé vergleicht den genetischen Code eines Organismus mit einer Bücherei und vertritt die Auffassung, daß beide keine Information hervorbringen, sondern nur Information aufbewahren, die sie von außen empfangen. Wie die Bücherei hat die DNS die Aufgabe, zu klassifizieren und zu speichern. An diesem Punkt wendet Grassé das Feedbackprinzip auf lebende Systeme an: «Die DNS hat Nachrichten entweder von anderen Teilen der Zelle oder von Organen . . . oder von der Außenwelt entgegenzunehmen (Sinnesreize, Pheromone usw.). Durch welches Wunder sollte sie eine Information hervorbringen, die der Ausübung einer bestimmten Funktion entspricht?»[93]

Um diesen Punkt hinreichend deutlich zu machen, sieht sich Grassé genötigt, den Computer zum Vergleich heranzuziehen: «Der Computer ist in seiner Arbeitsweise durch das Programm begrenzt, das ihn steuert, und durch die Informationseinheiten, mit denen er gefüttert wird. Um seine Möglichkeiten zu erweitern, müssen seine Inhalte aufgestockt werden. Neues kann nur von außen kommen.»[94]

Grassé kommt zu dem Schluß, daß lebende Organismen wie Computer «programmiert und mit externer Information gefüttert werden müssen, damit Neuheiten entstehen können».[95] Das Bild, das er entwirft, ist ein kybernetisches Modell des Lebens, ein Kreisprozeß, in dem die Gene, der Organismus und die Umwelt ständig Informationen austauschen, so daß der Organismus sein Verhalten entsprechend der wechselnden externen Stimuli steuern kann. Nach einer Auflistung aller Möglichkeiten, wie äußere Faktoren die Gene beeinflussen können und umgekehrt, würdigt Grassé den Beitrag der Kybernetik zur funktionalen Neudefinition des Lebens. Er gelangt zu dem Schluß, daß «sich das kybernetische Modell, dessen Vorteile die Philosophie noch nicht vollständig erkannt hat, auf alle Arten biologischer Systeme anwenden läßt . . .»[96]

Das neue kybernetische Modell lebender Organismen ist das funktionale Gegenstück zu Whiteheads Begriff der «subjektiven Zielsetzung». Die Kybernetik säkularisiert Whiteheads Prozeßphilosophie, indem sie eine metaphysische Einsicht zu einem technologischen Schema verkürzt. Erinnern wir uns: Whitehead behauptet, alle Lebewesen würden die vielen Veränderungen, die stattfinden, ständig «zur Kenntnis» nehmen und ihr Verhalten fortwährend anpassen, um künftige Zustände zu antizipieren. Nach Whitehead ist dieser «Prozeß» im Zentrum allen Naturgeschehens und im Grunde eine Kurzbeschreibung von der Arbeitsweise des «Geistes». Die Kybernetik reduziert Whiteheads Beschreibung von der Wirkung des Geistes in der Natur auf quantifizierbare Größen und ersetzt alle vitalistischen oder spirituellen Begriffe durch eine rein technologische Verhaltensdefinition.

Durch die Verkürzung jeglicher Aktivität auf Informationsfeedback und -verarbeitung erklären die Kybernetiker, daß das wichtigste Merkmal des Geistes die Fähigkeit sei, in der Zeit veränderliche Bedingungen zu antizipieren und auf sie zu reagieren. Für den Kybernetiker dienen Informationsfeedback und Informationsverarbeitung als eine Art allumfassende Beschreibung für die Arbeitsweise des Geistes auf jeder Stufe des Daseins. Durch Informationsfeedback und -verarbeitung läßt sich aber auch beschreiben, wie ein Organismus sich im Laufe der Zeit verändert. Wenn wir nämlich das Wort «Information» zerlegen, so erhalten wir «in» und «Formation». Der Kybernetiker versteht lebende Organismen als «in» der «Formation» begriffen. Ein lebender Organismus wird nicht mehr als abgeschlossene Form verstanden, sondern als ein Netz von Aktivitäten. Mit dieser neuen Definition des Lebens wird die Philosophie des Seins durch eine Philosophie des Werdens ersetzt, und Leben und Geist verbinden sich unauflöslich mit der Vorstellung einer Veränderung in der Zeit.

Während es in der Kybernetik vor allem darum geht, wie Systeme sich über längere Zeit erhalten, erklärt sie indessen auch, wie es durch positives Feedback zu evolutionären Veränderungen lebender Systeme kommen kann. Der belgische Physikochemiker Ilya Prigogine hat eine Theorie der dissipativen Strukturen entwickelt, die erklärt, wie sich kybernetische Grundsätze mit den Begriffen Evolution und Homöostase (Fließgleichgewicht) vereinbaren lassen. Nach Prigogine sind alle Lebewesen und viele tote Dinge dissipative Strukturen. Das heißt, sie bewahren ihre Struktur mit Hilfe des kontinuierlichen Energieflusses, der sich durch ihr System hindurchzieht. Dieser Energiefluß hält das System beständig in einem dynamischen Zustand. Meistens sind die Schwankungen klein und lassen sich mit Hilfe des negativen Feedbacks leicht aussteuern. Doch gelegentlich werden die Schwankungen so groß, daß die Anpassung des Systems ihnen nicht mehr gewachsen ist und das positive Feedback die Oberhand gewinnt. Die Schwankungen gewinnen aus sich selbst an Intensität und können leicht so heftig werden, daß sie das ganze System erfassen. Wenn das geschieht, bricht das System entweder zusammen oder reorganisiert sich selbst. Wenn es sich zu reorganisieren vermag, wird die neue dissipative Struktur stets ein höheres Maß an Komplexität, Integration und Energiefluß aufweisen als ihr Vorgänger. Jede Neuordnung erweist sich, da komplexer als die vorhergehende, als noch anfälliger für Schwankungen und Neuordnung. Zunehmende Komplexität schafft also die Voraussetzung für evolutionäre Entwicklung.

Wie Prigogine verstehen heute viele Wissenschaftler die Evolution als die Tendenz aller lebenden Systeme, sich in Richtung auf «höhere Komplexitätsgrade der Organisation» fortzuentwickeln.[97] Organisatorische Komplexität entspricht ihrerseits «der Anhäufung von Information».[98] Mit anderen Worten, Evolution wird als Verbesserung der Informationsverarbeitung verstanden. Je komplexer und je vielfältiger die Informationen, die eine Art zu verarbeiten vermag, desto größer ihre Fähigkeit, sich einem breiteren Spektrum von Umweltveränderungen anzupassen. Nach dieser neuen Denkweise liegt der Schlüssel der Evolution in der Art der Informationsverarbeitung. Negatives Feedback dient der Arterhaltung. Positives Feedback führt zum Artenwandel. Ergebnis dieser Neuformulierung, so John Ford, der ehemalige Direktor der American Society for Cybernetics, sei, «daß die Kybernetik zusammen mit der Philosophie ... die Grundlage jeder künftigen Entwicklungstheorie [bildet]».[99]

In einer Gesellschaft von zunehmender Komplexität, in der sich der

Prozeß der Sammlung, des Austauschs und der Sichtung von Information in beispiellosem Tempo ausweitet und in der sich der Erfolg nach der Fähigkeit des einzelnen bemißt, immer größere Informationsmengen zu verarbeiten, ist leicht einzusehen, warum Biologen die gleichen Kräfte in der Natur wirksam wähnen.

Die Geschichte der Schöpfung wird umgeschrieben. Diesmal wird die Natur nach dem Bild des Computers gezeichnet und in der Sprache der Kybernetik erzählt – sie wird den Werkzeugen des biotechnischen Zeitalters angeglichen. Für beide – für die Computer und die lebenden Organismen – wird die Zeit zum wichtigsten Faktor. Jede neue Computergeneration ist besser gerüstet, wachsende Informationsmengen in immer kürzeren Zeiträumen zu verarbeiten. Ein ähnliches Entwicklungsmuster erkennen die Biologen in der Natur. Nach der neuen zeitlichen Theorie ist jede neue Art in der evolutionären Entwicklungsreihe fähig, größere Informationsmengen in kürzeren Zeiträumen zu verarbeiten. Es leuchtet also ein, daß die erste Generation, die in der totalen Computergesellschaft aufwächst, den neu entstehenden Naturbegriff rückhaltlos akzeptieren wird. Es wird für sie selbstverständlich sein, den Computer zur Organisation aller Lebensbereiche heranzuziehen. Wäre es da verwunderlich, wenn sie zu der Überzeugung gelangen würde, daß die Natur nach den gleichen Grundsätzen und Verfahren organisiert ist, wie sie sie selbst zur Manipulation dieser Natur verwendet?

Zusammenfassend läßt sich sagen, die Kybernetik ist das begriffliche Organisationssystem des kommenden Zeitalters, der Computer sein Organisationsmechanismus und das lebende Gewebe sein Organisationsmaterial. Die Kybernetik bringt den Computer und den lebenden Organismus dadurch, daß sie eine gemeinsame Sprache zur Verfügung stellt, in einen gemeinsamen technologischen Kontext.

Interessant ist in diesem Zusammenhang, daß sogar die grundlegende Entdeckung der DNS-Doppelhelix durch Sir Francis Crick und James Watson in der Sprache der Computerwissenschaften erklärt wurde. Joseph Weizenbaum vom Massachusetts Institute of Technology, der sich eingehend mit der Bedeutung des Computers für die moderne Gesellschaft beschäftigt hat, erklärt, daß von den ersten Anfängen der revolutionären Entwicklung in der Molekularbiologie an der Computer die geeignete Metapher lieferte und die Computersprache die geeignete Erklärung zum Verständnis biologischer Prozesse bot. «Die Ergebnisse, die Crick und Watson bekanntgaben, fielen auf einen fruchtbaren Boden, der bereits vorbereitet war durch ein vages Verständnis der Öffentlichkeit für Computer, Computerschaltkreise und Informationstheorie ... So hatte die Öffentlichkeit keine Schwierigkeiten, das ‹Knacken› des genetischen

Codes als Entzifferung eines Computerprogramms zu verstehen und die Entdeckung der Doppelhelix-Struktur des DNS-Moleküls als eine Erklärung des Computerschaltplans.»[100]

Heute, da die Kybernetik fest etabliert ist als sprachliches Bezugssystem sowohl für lebendes Gewebe wie auch für mechanische Prozesse, ist die technologische Grundlage für die computergesteuerte Herstellung lebenden Gewebes geschaffen.

In der zweiten großen Wirtschaftsepoche verschmelzen Computerwissenschaften und biotechnische Wissenschaften zu einem einzigen technischen Entwurf. Bereits heute ist die Wissenschaft fieberhaft damit beschäftigt, die Vereinigung vorzubereiten. In einer Titelgeschichte der Zeitschrift *Discover*, eines für einen breiten Leserkreis bestimmten Wissenschaftsmagazins des Time-Verlags, wurde im Mai 1982 von Fachleuten beschrieben, wie der organische Computer aussehen könnte: «Äußerlich sieht er wie jedes x-beliebige elektronische Datenverarbeitungsgerät aus, vielleicht wie ein Taschenrechner. Doch im Inneren dieser Wundertüte verbirgt sich ein fremdartiger Computer. Anstelle der üblichen grünen Plastiktafeln mit den Silikonmikrochips befinden sich dort hauchfeine Glasplättchen, bezogen mit unsichtbaren Proteinschichten, in komplexen Kristallstrukturen verbunden, nicht unähnlich dem arktischen Refugium von *Superman* in dem gleichnamigen Film. Innerhalb dieses zarten Proteinfiligrans liegen organische Moleküle, die sogenannten Biochips, die bei der Berührung mit elektrischem Strom zu tanzen anfangen, sich miteinander verschlingen oder voneinander lösen, Wasserstoffatome von einem Ende zum anderen transportieren . . .

Bei ihren Positions- oder Formveränderungen übermitteln die Moleküle Information, genau wie integrierte Schaltungen. Doch da sie so winzig sind und so nahe beieinander liegen, brauchen sie zum Rechnen nur ungefähr ein Millionstel der Zeit, die heute die besten Chips benötigen. Noch eines: Diese molekularen Dioden, Transistoren und Kabel sind ebenso wie das Proteingerüst, das dem Ganzen Halt verleiht, von einfachen *E. coli*-Bakterien hergestellt, die durch genetische Manipulation dazu veranlaßt werden. Es läßt sich fast behaupten, der Computer sei lebendig.»[101]

Die Verbindung von Computer und lebendem Gewebe wird zu einer neuen Art von Weltwirtschaft führen, einer, die fast ausschließlich auf biotechnisch hergestellten Gütern beruht. Zum gegenwärtigen Zeitpunkt ist es einfach unmöglich, sich das Erscheinungsbild und die Ausmaße, die Produkte und Prozesse einer so fremdartigen Umwelt vorzustellen, da wir noch immer an eine Welt gebunden sind, die in den Feuern des pyrotechnischen Zeitalters geschmiedet wurde.

Das Zeitalter der Biotechnik wird sich wahrscheinlich in drei verschiedenen Stufen entwickeln, jede einen bestimmten Erkenntnisstand repräsentierend, der die Voraussetzung für die nächste Stufe darstellt. Die erste Stufe ist längst erreicht. Die Wissenschaft erwirbt jeden Tag mehr Geschicklichkeit darin, Gene zu modifizieren, zu inserieren und zu verändern. Dank der Genmanipulation wächst die Fähigkeit der Biologen rasch und unaufhaltsam, bestimmte Merkmale zu verändern. Doch die Genmanipulation ist lediglich die erste Manifestation des biotechnischen Zeitalters. Mit wachsendem Wissen über die Funktion von Genen erkennen die Wissenschaftler auch, daß ihre Rolle im Organismus begrenzt ist. Damit werden die Biologen ihre Aufmerksamkeit immer mehr jenen Kräften zuwenden, die mit ihrem Einfluß das Verhalten der Gene steuern. Die Einsicht in die kybernetische Beziehung zwischen Gen, Zelle, Organismus und Umwelt wird die Grundlage für die zweite Stufe des biotechnischen Zeitalters schaffen. Auf dieser Stufe wird die Wissenschaft in der Lage sein, über die bloße genetische Manipulation bestimmter Eigenschaften hinaus biotechnische Grundsätze zur Herstellung ganzer Organismen anzuwenden. Auf den Schritt von der Herstellung einfacher zeitlicher Eigenschaften zur Herstellung ganzer Zeitprogramme wird ziemlich rasch die Stufe drei folgen. Tatsächlich werden sich Stufe zwei und drei wahrscheinlich überschneiden, da das Auftreten beider voneinander abhängig ist. Stufe drei ist die Herstellung ganzer Ökosysteme und setzt die komplizierte Programmierung biologischer Informationssysteme voraus, die ihrerseits in anderen biologischen Informationssystemen enthalten sind.

Die drei biotechnischen Stufen haben also zu tun mit der Herstellung individueller Merkmale des Organismus, der Herstellung des Organismus selbst und der Herstellung ganzer Ökosysteme. Die biotechnische Produktion der ersten Stufe setzt die Kenntnis des genetischen Codes voraus. Biotechnische Produktion der zweiten und dritten Stufe setzt die Kenntnis biologischer Uhren und Felder voraus. Die vereinheitlichende Sprache, die Merkmale, Organismen und Ökosysteme mit genetischen Codes, Uhren und Feldern verflicht, ist die Kybernetik – die Sprache des biotechnischen Zeitalters.

TEIL SECHS

Der neue kosmische Spiegel

Die Suche nach einer «natürlichen» Rechtfertigung für das nächste Weltzeitalter

Jeder, der sich eingehend mit der Geschichte der Kosmologien beschäftigt hat, wird kaum daran zweifeln, daß die allgemeine Anerkennung einer zeitlichen Evolutionstheorie nur noch eine Frage der Zeit ist, auch wenn die meisten Wissenschaftler sie noch «entdecken» müssen. Die Menschheit steht im Begriff, die Natur unter zeitlicher Perspektive zu erfassen, weil sie sich anschickt, die gesamte zeitliche Lebensspanne von Lebewesen zu manipulieren. Biotechnik heißt, daß der Prozeß des Werdens lebender Organismen im vorhinein konstruiert wird. Erstmals kann man daran denken, durch technologischen Eingriff die innere Biologie eines Organismus bei der Befruchtung festzulegen wie auch seine ganze künftige Entwicklung zu steuern. Wenn Wissenschaftler den genetischen Code verändern, programmieren sie den Lebenszyklus des Organismus, bevor er sich noch entfaltet hat. Man kann heute einem Organismus bei der Befruchtung ein Gen einsetzen, um so eine Aktivitätsveränderung des Organismus zu programmieren, die erst Jahre später zum Tragen kommt. Kontrolle über die Zukunft durch Planung der Zeitprogramme lebender Organismen macht die zentrale Dynamik des biotechnischen Zeitalters aus. Wir stehen im Begriff, die Lebensspannen aller Lebewesen im vorhinein zu manipulieren, und entsprechend verändert sich unsere Kosmologie – ein Spiegelbild der neuen Art, die Welt um uns her zu organisieren.

In gewisser Hinsicht liest sich die neue zeitliche Evolutionstheorie wie eine kosmische Empfehlung der Biotechnik. Zunächst einmal ist die Biotechnik der Versuch, die Umwandlung lebendiger Materie in Wirtschaftsgüter zu beschleunigen, um den Anstieg der Wachstumskurve auf ewig zu sichern. Der Molekularbiologe James F. Danielli sagt voraus, daß seine Kollegen und er den natürlichen Prozeß des Werdens bald milliardenfach steigern werden.[1] Biotechnik ist der Versuch, die Lebensvorgänge stromlinienförmiger, leistungsfähiger, produktiver zu machen. Es ist kein Zufall, daß die Wissenschaft ausgerechnet zu dem Zeitpunkt, da sie sich anschickt, die Zeitprogramme der Lebewesen zu beschleunigen, eine Theorie des Lebens vorschlägt, nach der die evolutionäre Entwicklung durch immer bessere zeitliche Anpassungsleistungen vorangetrieben wird.

Dies ist nur ein Beispiel aus einer langen Kette sehr auffälliger «Zufälle». Nun, da wir Organismen biotechnisch zurechtstutzen, damit sie in eine Umwelt hineinpassen, die wir selbst geschaffen haben, behaupten wir zum Beispiel, daß Organismen im Laufe ihrer Entwicklung ständig biotechnische Korrekturen an sich selbst vornehmen, um mit den Veränderungen ihrer Umwelten Schritt zu halten. Mehr noch, seit wir in der Lage sind, praktisch im Handumdrehen die Merkmale eines Organismus von Grund auf zu verändern, sind wir zu der Überzeugung gelangt, daß auch in der Natur fundamentale Veränderungen plötzlich und rasch eintreten. Eine neue Generation von Wissenschaftlern vertritt die Theorie des unterbrochenen Gleichgewichtes, in der es heißt, daß sich grundlegende biologische Veränderungen in der Natur schnell und abrupt vollziehen, nicht langsam und stückweise, wie die Darwinisten lange behauptet haben. Interessant ist auch die Überlegung, daß nach der Theorie vom unterbrochenen Gleichgewicht neue Arten sich in völliger Isolierung vom elterlichen Stammbaum entwickeln. Natürlich wird das auch im biotechnischen Zeitalter vorkommen. Wissenschaftler werden neue Arten schaffen können, indem sie genetisches Material in der total isolierten Umwelt des Laboratoriums manipulieren.

Schließlich ist nach der neuen zeitlichen Theorie die Evolution ein ständiger Fortschritt der Informationsverarbeitung. Jede Art, die in der Entwicklungsreihe höher steht, ist angeblich in der Lage, größere Informationsmengen zu bewältigen. Zufällig ist eine größere Kontrolle über die Informationsverarbeitung genau das, worum es in der Biotechnik geht.

Abermals ist es uns gelungen, einen Naturbegriff zu schaffen, der verdächtige Ähnlichkeit mit der Art und Weise hat, wie wir mit der Natur umgehen. Kenneth M. Sayre liefert eine genaue Beschreibung der neuesten «Vernunfterklärung» der Menschheit für die Manipulation der Natur, wenn er schreibt: «Die Menschen ... leisten Hervorragendes auf dem Gebiet des Informationserwerbs und auch der vielseitigen Informationsverarbeitung ... Da Überlegenheit im Informationserwerb und in der Informationsverarbeitung zu überlegenen Anpassungsleistungen führt, erklärt sich daraus die Herrschaft des Menschen über andere Arten.»[2]

Plötzlich ist die alte Darwinsche Vorstellung vom «Überleben des Tüchtigsten» ersetzt durch den Gedanken des «Überlebens des Bestinformierten». Nicht mehr rohe Kraft, sondern der Scharfsinn wird zur Schlüsseleigenschaft, derer sich der evolutionäre Fortschritt bedient. Da der Mensch von allen Arten der beste Informationsverarbeiter ist, wird es uns ohne Zweifel gelingen, den evolutionären Prozeß auf die nächste Stufe zu heben, indem wir neue biologische Systeme im Labor herstellen.

Wir stehen an der Schwelle eines neuen Zeitalters, in dem man das Leben selbst dadurch wird programmieren können, daß man die Konstruktionsprinzipien biotechnisch festlegt. Schon vor einem Vierteljahrhundert hat Norbert Wiener das biotechnische Zeitalter prophezeit. Seine Vision war sowohl eine praktische Anleitung für die Herstellung des Lebens wie auch eine kosmologische Rechtfertigung für eine solche Vorgehensweise: «Ich meine, daß sich die physikalischen Funktionsweisen der Lebewesen und einiger neuerer Kommunikationsmaschinen in ihrem Bestreben, die Entropie durch Feedback zu steuern, völlig gleichen.»[3]

Wenn dies der Fall ist, gibt es nicht den geringsten Grund, auf die Biotechnik zu verzichten. Schließlich weisen, wie Wiener und seine Schüler auf dem Gebiet der Technik und Biologie behaupten, lebende Organismen und Maschinen eine so große Ähnlichkeit auf, daß die Biotechnik nur eine «Erweiterung» des Naturgeschehens ist. Insofern bedeutet die Biotechnik nur eine logische Fortsetzung der Art und Weise, wie die Natur selbst verfährt, keinesfalls aber eine radikale Abkehr von ihr.

Die neue zeitliche Evolutionstheorie scheint in jeder Hinsicht deutlich zu machen, daß die Natur stets weitgehend in gleicher Weise vorgegangen ist, wie wir verfahren, wenn wir sie künstlich im Labor herstellen. Natürlich enthält auch die neue Kosmologie ein Körnchen Wahrheit. Würde die Natur nicht tatsächlich «einige» der Merkmale aufweisen, die wir ihr zuschreiben, würden wir sie wohl kaum mit solchem Erfolg im Labor manipulieren können. Abermals liegt das Problem darin, daß wir unsere Kosmologie, den winzigen Aspekt der natürlichen Wirklichkeit, den wir zu einem gegebenen Zeitpunkt manipulieren, zu einer universellen Kosmologie aufblähen und dann behaupten, daß sich die «ganze» Natur so verhält, wie wir vorgehen. Ständig arbeiten wir die Natur nach unseren Bedürfnissen um und gelangen dann zu dem Schluß, daß die technischen Verfahren, die wir jeweils verwenden, den Verfahren ähneln müssen, die in der Schöpfung selbst zur Anwendung gelangten. Wie gezeigt ist dies genau der Fehler, den Darwin im 19. Jahrhundert begangen hat, als er beobachtete, wie Tierzüchter durch künstliche Zuchtwahl bestimmte Varietäten vorhandener Rassen erzielten. Diese Beobachtung blähte er sogleich übermäßig auf durch die Behauptung, die gesamte Natur habe sich auf entsprechende Weise entwickelt und verfahre auch heute noch so.

Die Menschheit hat immer gemeint, ihre besonderen Organisationsweisen im ganzen Universum entdecken zu können. Deshalb müssen wir uns fortwährend davon überzeugen, daß sich die Art und Weise, wie wir unsere Welt organisieren, auch tatsächlich mit der Art und Weise verträgt, wie die Welt sich selbst organisiert. Die Kosmologie dient uns als Sicherheitsnetz, damit wir mit unserer Manipulation fortfahren können, ohne Zweifel hinsichtlich der Wirksamkeit unseres Tuns hegen zu müssen. Indem wir eine Naturauffassung formulieren, die sich mit den Methoden verträgt, mittels derer wir die Natur ausbeuten, können wir unserem technologischen Vorgehen das Mäntelchen «kosmischer Legitimation» umhängen. Kosmologien sind also ein äußerst wirksames Mittel der Rechtfertigung für unser alltägliches Tun in der Welt. Mit ihrer Hilfe können wir die Fiktion aufrechterhalten, daß unser Verhalten der «natürlichen Ordnung der Dinge» entspricht.

Die neue Unsterblichkeit

Wie gesehen läßt sich jede Menschheitsepoche anhand der Verfahren kennzeichnen, die zur Organisation der Umwelt dienen. Jeder Organisationsstil stellt seinerseits die jeweils beste Möglichkeit des Menschen dar, die ihm auferlegten Grenzen von Zeit und Raum zu überwinden. Das Ziel ist immer dasselbe. Wir organisieren, um uns Dauer zu verleihen, und wir träumen davon, uns selbst so gut zu organisieren, daß wir unser irdisches Dasein überwinden und ein gewisses Maß an Unsterblichkeit erlangen. Der Traum von der Unsterblichkeit treibt das Menschengeschlecht zu immer neuen organisatorischen Großtaten, eine immer raffinierter und rascher als die andre, doch keine raffiniert und rasch genug, um uns in die Lage zu versetzen, über die Zeit und den Raum hinweg in die Welt jenseits unserer Sinne zu springen. Doch immer wieder hat die Menschheit einen neuen Plan parat, immer lebt sie in der Überzeugung, daß der menschliche Verstand über kurz oder lang das triste körperliche Schicksal unserer Rasse besiegen wird. So hat jede Epoche ihr eigenes organisatorisches Vehikel, obgleich die Reise immer dieselbe Straße entlangführt. Die Straße zur Unsterblichkeit ist gepflastert mit den Organisationsplänen der Zeitalter. Alle diese Pläne sind Relikte der menschlichen Hoffnung auf einen endgültigen Sieg über die Kräfte der Endlichkeit. Im Mittelalter träumten kundige Handwerker und Chemiker davon, Blei in Gold zu verwandeln und chemische Substanzen dergestalt mit Feuer zu mischen, daß dabei das Lebenselixier entstünde, das Unsterblichkeit garantieren würde. Mit dem Anbruch des Industriezeitalters träumten die Menschen nicht mehr von den alchimistischen Zielen, sondern vom Perpetuum mobile. Generationen von Erfindern und Maschinenbauern widmeten ihr Leben und ihr Vermögen der Suche nach der vollkommenen Maschine, die von alleine läuft, völlig selbstgenügsam ist und deshalb ewig lebt.

Heute sind wir im Begriff, uns ein neues organisierendes Vehikel zuzulegen, in der Hoffnung, jene Reise beenden zu können, an der unsere Vorfahren immer wieder gescheitert sind. Das biotechnische Zeitalter nährt seinen eigenen, besonderen Traum von der Unsterblichkeit. Am schönsten kommt das organisatorische Endziel der biotechnischen Revolution zum Ausdruck in der beliebten Fernsehserie «Raumschiff Enterprise», die von Millionen Menschen in der ganzen Welt gesehen wurde. Das Raumschiff hat einen besonderen Raum, den Transportraum. Besatzungsmitglieder, die das Raumschiff verlassen möchten, begeben sich in diesen Transportraum. Der Transporter selbst ist ein hochentwickelter Computer, der als «Materie-Energie-Mischer» arbeitet.[4] Laut Captain Kirk «wandelt» der Transporter Materie vorübergehend in Energie «um» und strahlt diese Energie an einen bestimmten Punkt ab. Mit anderen Worten: Der menschliche Körper wird in Milliarden von Informationsbits verwandelt, die wie Elektronenimpulse durch den Raum geschickt werden. Die Information wird dann an ihrem Bestimmungsort wieder zusammengesetzt, so daß der Körper seine ursprüngliche Form zurückerhält. Der Schiffsarzt McCoy erläutert, daß Menschen auch «in ihrem Übergangszustand festgehalten werden können, bis darüber entschieden ist, ob sie rematerialisiert werden sollen».[5] Der Transporter «. . . bewahrt die ursprüngliche Molekularstruktur von allem und jedem, was durch ihn hindurchgegangen ist, in seinem Gedächtnis auf».[6] Er kann Information aus Materie in Energie und in Materie zurückverwandeln.

Die Fähigkeit, alle biologischen Systeme auf Information zu reduzieren und diese Information zur Überwindung von Zeit und Raum zu verwenden, ist der größte Traum der Biotechnologen. Die Vision des Transporterraums ist sicherlich ein faszinierendes Ziel, für den Molekularbiologen von heute wohl ebenso lockend wie das Perpetuum mobile für den Ingenieur des Industriezeitalters und die Alchimie für den mittelalterlichen Metallurgen. Natürlich würden sich viele Bioingenieure von solchen Zielen entschieden distanzieren. Doch vielleicht nur deshalb, weil sie die ganze Bedeutung und Richtung ihrer Arbeit noch nicht erfaßt haben. Doch mindestens für einen Wissenschaftler gilt diese Einschränkung nicht. Wie nicht anders zu erwarten, handelt es sich um Norbert Wiener, den Mann, der die kybernetischen Prinzipien aus der Technik in die Biologie verpflanzt hat. Es bietet sich an, Wiener zur Frage der Zielsetzung zu hören, hat doch seine organisatorische Vision entscheidend zu den Grundlagen des biotechnischen Zeitalters beigetragen.

Wiener geht aus von der Annahme, daß alle Lebewesen «Strukturen sind, die sich selbst Dauer verleihen», und daß «ein Muster eine Nachricht ist und als solche übermittelt werden kann».[7] Wiener fährt dann fort mit der Frage: «Was wäre, wenn wir eines Tages das ganze Muster des menschlichen Körpers übermitteln könnten . . . so daß der hypothetische Empfänger die Nachrichten in entsprechende Materie zurückverwandeln würde, fähig, die Prozesse in Körper und Geist fortzusetzen . . .?»[8]

Wiener schließt: «Wenn wir noch nicht in der Lage sind, das Muster eines Menschen von einem Ort zum anderen zu telegraphieren, so scheint das an technischen Schwierigkeiten zu liegen», wobei er sich allerdings beeilt hinzuzufügen, daß «der Gedanke selbst sehr einleuchtend ist».[9] Wahrscheinlich werden die Biotechnologen diese «technischen Schwierigkeiten» nie ganz überwinden können, doch das ist kaum von Bedeutung. Die Mechaniker des Industriezeitalters waren auch nie in der Lage, die «technischen Schwierigkeiten» zu beseitigen, die dem Perpetuum mobile im Wege standen, doch zweifellos hat ihnen diese Vision als Fernziel für ihre Reise gedient.

Entscheidend ist, daß die neue Organisationsweise und ihr kosmologisches Gegenstück die Hoffnung auf Unsterblichkeit irgendwann in der Zukunft bieten. Die Vorstellung, Zeit und Raum zu überwinden und das Leben über unendliche Zeiträume zu bewahren, ist ein altvertrauter Leitstern. Er leuchtet über jenem weit entfernten Hafen, zu dem auch alle anderen Organisationsweisen und Kosmologien aufgebrochen sind: dem Hafen ewigdauernder Unsterblichkeit.

Die neuen Kosmologen glauben, daß Information der Schlüssel zur Unsterblichkeit ist. Die Information sei, so behaupten sie, allen Einflüssen der Zeit entzogen. Sie kann gespeichert und weitergegeben werden. Sie kann gesammelt werden. Sie ist von dieser Welt und stirbt doch nicht mit dem Fleisch. Wie die Christen behaupten könnten, der Körper sei nur das vergängliche Gefäß für den ewigen Geist, der in ihm wohne, so würden die Kosmologen behaupten, der Körper sei nur das vergängliche Gefäß für die Information, die zu seiner Entstehung geführt hat. Carl Sagan hat einmal die Vermutung geäußert, wenn man den gesamten Informationscode einer Katze irgendeiner überlegenen Intelligenz draußen im Weltraum übermitteln könnte, wäre es das gleiche, als würde man die Katze selbst schicken. Physische Organismen leben und sterben, ein Schicksal, das die Information, aus der diese vergänglichen Formen bestehen, nicht erleidet. Schon heute speichern Biologen das Keimplasma seltener Pflanzen und Tiere in speziellen Genbanken, weil sie hoffen, diese Lebensformen eines fernen Tages rekonstruieren zu können, sobald sie in Erfahrung gebracht haben, wie sich die in den genetischen Codes enthaltene Information umsetzen läßt.

Die nachfolgenden Generationen werden nach der Information von Lebensprozessen suchen, wie frühere Generationen nach dem Lebenselixier und dem Perpetuum mobile gesucht haben. Die Verfügung über immer größere und komplexere Datenspeicher biologischer Information wird das Unsterblichkeitssymbol des kommenden Zeitalters sein. Für unsere Erben wird der Weg zur Unsterblichkeit mit Bergen von Computerausdrucken gepflastert sein.

Die neue Unabhängigkeit

Die Entwicklungen in den Informationswissenschaften und in der Biologie haben den zeitlichen Horizont der Menschheit erheblich erweitert. Wie in früheren historischen Epochen führt auch heute die bessere Antizipation der Zukunft zu einer erhöhten Spannung zwischen dem Wunsch der Menschen nach Autarkie einerseits und dem gesteigerten Bewußtsein für unsere Beziehung zu allen anderen Lebewesen andererseits. In der Darwinschen Kosmologie sind alle Organismen durch ihre gemeinsame biologische Vorfahrenschaft miteinander verwandt, doch die Menschen beanspruchen kraft ihrer Stellung an der Spitze der biologischen Hierarchie einen Sonderstatus. Trotz aller Privilegien bleibt sich die Menschheit indessen bitter bewußt, daß sie das eigene Dasein all den «niederen Lebensformen» verdankt. Darwins Kosmologie löst die Spannung zwischen dem Wunsch der Menschen nach Unverwundbarkeit und der von der Natur verhängten Abhängigkeit durch die Behauptung, daß jeder Organismus zwar um Unabhängigkeit kämpfe, dadurch aber unwissentlich zum Gemeinwohl beitrage, da er verbesserte Gene zum evolutionären Prozeß beisteuere. So kann sich die Menschheit von ihrem Schuldgefühl dadurch Erleichterung verschaffen, daß sie glaubt, ihr rücksichtsloser Drang nach Unabhängigkeit trage in Wahrheit zur Verwirklichung des großen Plans der Natur bei. Wie alle früheren Kosmologien versorgte also auch Darwins Theorie die Menschheit mit den Vernunftgründen, die ihr erlaubten, das übrige Reich des Lebens auch weiterhin unbedenklich auszubeuten.

In der neuen zeitlichen Kosmologie ersetzt die Kybernetik die natürliche Selektion und löst damit den Konflikt zwischen dem Wunsch nach Unabhängigkeit und dem gesteigerten Bewußtsein für Abhängigkeit auf eine neue Weise. Nach der neuen Theorie sind alle Lebewesen in der evolutionären Hierarchie dadurch miteinander verwandt, daß sie als Informationsquelle für die Arten dienen, durch die sie verdrängt werden. Jede neue Art ist «besser informiert», weil sie in der Lage ist, die Information früherer Arten in ihr eigenes Zeitprogramm aufzunehmen. Jede Art verdankt deshalb allen früheren Lebensformen einen Teil der Informationsmenge, die ihr zur Verfügung steht. Gleichzeitig ist jeder Organismus in dem Bestreben, sich selbst Dauer zu verleihen, auf den Informationsaustausch mit den anderen Lebewesen angewiesen.

Während die Kybernetik einerseits eine neue Wechselbeziehung zwischen allen Lebewesen herstellt, bietet sie der Menschheit gleichzeitig eine neue Möglichkeit, sich den Verpflichtungen von Schuld und Abhängigkeit zu entziehen, die dadurch entstehen. Die Kybernetik ersetzt Darwins Vorstellung von der Maximierung des Eigennutzes durch die Vorstellung von der Maximierung der Selbstorganisation. Nach der neuen zeitlichen Kosmologie läßt sich Unabhängigkeit nicht mehr durch natürliche Selektion erreichen, sondern durch negatives und positives Feedback. Jeder Organismus ist bestrebt, seine eigene Selbstorganisation durch Informationsaustausch mit der Umwelt zu maximieren. Zwar ist jede Art nur bestrebt, sich selbst zu organisieren, erzeugt dabei jedoch neue Informationsbits, die zur Quelle der weiteren evolutionären Entwicklung werden. Jeder neue evolutionäre Fortschritt erhöht seinerseits die Gesamtkomplexität des Systems, da er die gesamte Informationsmenge in ein noch verzweigteres Beziehungsgeflecht integriert.

Die Kybernetik liefert der Menschheit einen neuen Grund dafür, die Manipulation der Umwelt fortzusetzen. In einem Zeitalter, das tief verwurzelt ist in den Geheimnissen der Information, können die Menschen Trost finden in der Überzeugung, daß ihr Bestreben, immer größere Informationsmengen zusammenzutragen und zu kontrollieren, nicht nur ihre Selbstorganisation vorantreibt, sondern auch alle Beziehungen in der Natur dadurch verstärkt, daß es die Wechselwirkung, die Wechselbeziehung und die Abstimmung im Gesamtsystem erhöht.

Die neue Entheiligung

Jeder Kosmologie gelingt es auf ihre Weise, die herrschende Organisationsweise als völlig harmlos hinzustellen. Dazu dient der Prozeß der Entheiligung. Jedesmal, wenn die Menschheit ihre Verfahren zur Organisation der Welt verändert, hält sie es für notwendig, alle gefühlsmäßigen Bindungen zu durchtrennen, die sie möglicherweise mit den Objekten ihres Zugriffs verbinden. Es ist weitaus schwieriger, jemanden auszubeuten, mit dem man sich identifiziert. Deshalb dient die Entheiligung als eine Art psychisches Ritual, durch das die Menschen sich gegenüber ihrer Beute abstumpfen und sie zum Verzehr vorbereiten.

Darwins Welt war bevölkert von maschinenartigen Automaten. Die Natur wurde begriffen als eine Zusammenfügung aus standardisierten und austauschbaren Teilen, die zu verschiedenen funktionsfähigen Gebilden montiert waren. Wenn man dem ganzen Vorgang überhaupt einen übergeordneten Zweck zuschreiben wollte, dann sicherlich den einer erhöhten Produktions- und Leistungsfähigkeit, über die hinaus es keine besondere Zielsetzung gab.

Die neue zeitliche Evolutionstheorie ersetzt die Idee des Lebens als bloße Maschinerie durch die des Lebens als bloße Information. Durch Auflösung der Morphologie in Funktion und durch Reduktion der Funktion auf Informationsabläufe hebt die neue Kosmologie die Bedeutung der Artenunterschiede fast völlig auf. Lebewesen werden nicht mehr als Karotten und Erbsen, als Füchse und Hühner wahrgenommen, sondern als Informationsbündel. Alle Lebewesen werden ihrer Lebendigkeit entkleidet und in abstrakte Nachrichten verwandelt. Das Leben wird zu einem Code, den es zu entziffern gilt. Heiligkeit und Unverletzlichkeit sind keine Themen mehr. Wie sollten sie auch, wenn es keine erkennbaren Grenzen mehr gibt, die man einhalten könnte? Im Zeichen der neuen zeitlichen Theorie wird die Struktur aufgegeben. Nichts existiert im Augenblick. Alles ist reine Aktivität, reiner Prozeß. Wie kann irgendein Lebewesen für heilig gelten, wenn es nur ein Informationsmuster ist?

Durch Aufhebung der morphologischen Grenzen und durch Reduktion aller Lebewesen auf Informationsaustausch und Informationsfluß liefert die neue Kosmologie eine hinreichende Entheiligung für die biotechnische Herstellung des Lebens. Denn um die künstliche Herstellung lebendiger Substanzen über alle biologischen Grenzen hinweg zu rechtfertigen, muß man zunächst einmal die ganze Vorstellung vom Organismus als eindeutig erkennbarer und unterscheidbarer Morphologie mit einer Reihe überdauernder Eigenschaften entheiligen. Im biotechnischen Zeitalter weichen eigenständige Arten mit eigenständigen Namen allmählich Informationssystemen, die sich zu einer unendlichen Zahl biologischer Kombinationen umprogrammieren lassen. Der menschliche Geist kann sich viel leichter an die Vorstellung gewöhnen, ein Informationssystem herzustellen, als daran, einen Hund herzustellen. Noch leichter wird das ganze Unternehmen, wenn man endlich die Überzeugung gewonnen hat, daß es in Wahrheit einen Hund in der herkömmlichen Bedeutung des Wortes gar nicht gibt. Für das kommende Zeitalter wird es sehr viel zutreffender sein, einen Hund als ein spezifisches Informationsmuster zu beschreiben, das sich über einen bestimmten Zeitraum entfaltet.

Das Leben als Informationsfluß ist die endgültige und restlose Entheiligung der Natur. Gerade rechtzeitig zu dem Zeitpunkt, da die Biotechniker sich anschicken, die Artgrenzen in der lebenden Welt zu überschreiten, hat sich die Menschheit in ihrem kosmologischen Denken von der Vorstellung festgelegter biologischer Grenzen befreit, die Materie auf Energie reduziert und die Energie auf Information.

Die neue Ethik

Unsere Kultur erlebt die ersten euphorischen Augenblicke des nächsten historischen Zeitalters. Die Medien bieten uns bereits Ausblicke auf eine Zukunft, in der die Herstellung des Lebens nach Plan bereits zur Routine geworden ist. Kaum werfen die Forschungslabors der Wirtschaft die ersten biotechnischen Produkte aus, wird auch für den unbeteiligten Beobachter eine leichte Veränderung in der moralischen Einstellung der Gesellschaft erkennbar. Mit der Neuprogrammierung des Lebens wird auch unser Moralkodex entsprechend umprogrammiert, damit er die tiefgreifende Veränderung widerspiegelt, die die Methoden der Menschheit zur Organisation der Welt erfahren. Eine neue Moral wird hergestellt, und ihre entscheidenden Voraussetzungen vertragen sich wunderbar mit dem, was in den biologischen Laboratorien geschieht.

Die Eugenik ist die unverzichtbare moralische Waffe des biotechnischen Zeitalters. Zuerst entworfen von Darwins Vetter Sir Francis Galton, wird sie gewöhnlich in zwei Kategorien eingeteilt, eine negative und eine positive. Zur negativen Eugenik gehört die systematische Eliminierung sogenannter biologisch unerwünschter Merkmale. Positive Eugenik bedient sich der Genmanipulation, um die Merkmale eines Organismus oder einer Art zu «verbessern».

Die Eugenik ist keine neue Erscheinung. Um die Jahrhundertwende wurde in den USA unter großer Anteilnahme der Öffentlichkeit eine Eugenikbewegung ins Leben gerufen. Politiker, prominente Künstler, Wissenschaftler und bekannte Wirtschaftsführer setzten sich gemeinsam für ein landesweites Eugenikprogramm ein. Das Eugenikfieber erreichte seinen Höhepunkt, als viele Staaten Sterilisierungsverordnungen erließen und der amerikanische Kongreß in den zwanziger Jahren ein Einwanderungsgesetz verabschiedete, das auf eugenischen Prinzipien basierte. Infolge der neuen Gesetzgebung wurden Tausende von amerikanischen Bürgern sterilisiert, damit sie ihre «minderwertigen» Eigenschaften nicht vererben konnten, und die Bundesregierung schloß die Tore für bestimmte Einwanderungsgruppen, von denen man meinte, sie würden den geltenden eugenischen Maßstäben nicht gerecht.

Zwar liebäugelten die Amerikaner in den ersten dreißig Jahren des 20. Jahrhunderts mit der Eugenik, doch fallen ihre Eskapaden historisch kaum ins Gewicht, verglichen mit den Eugenikprogrammen, welche die Nationalsozialisten in den dreißiger und vierziger Jahren durchführten. Millionen Juden und andere religiöse wie ethnische Gruppen wurden in den deutschen Vernichtungslagern vergast, um den nationalsozialistischen Traum von der Weltherrschaft der «arischen» Rasse zu verwirklichen. Das «Dritte Reich» organisierte auch ein «positives» Eugenikprogramm, bei dem Tausende von SS-Offizieren und deutschen Frauen sorgfältig nach der «Überlegenheit» ihrer Gene selektiert und mit dem Segen des Staates gepaart wurden. Die Kinder wurden dem «Dritten Reich» geschenkt als Vorhut jener neuen Rasse von Herrenmenschen, die sich anschickte, die Welt für die nächsten tausend Jahre zu regieren.

Nach dem Zweiten Weltkrieg blieb die Eugenik nahezu ein Vierteljahrhundert begraben. Doch die spektakulären Entdeckungen auf dem Gebiet der Molekularbiologie in den sechziger Jahren ließen das Gespenst der Eugenik wiederauferstehen. Mitte der siebziger Jahre bekannten viele Wissenschaftler öffentlich ihre Sorge, daß die Möglichkeiten der Genmanipulation zu einem Wiederaufleben jener Eugenikhysterie führen könnte, die Anfang des Jahrhunderts Amerika und Europa erfaßt hatte. Auf einem Forum der National Academy of Science über rekombinante DNS wies Ethan Signer, ein Biologe vom Massachusetts Institute of Technology, seine Fachkollegen warnend darauf hin, «daß diese Forschungsarbeiten uns der genetischen Manipulation von Menschen einen Schritt näher bringen werden. Man wird sich überlegen, wie man uns dazu bringen kann, Kinder mit idealen Merkmalen herzustellen . . . Das letzte Mal hatten die idealen Kinder blonde Haare, blaue Augen und arische Gene.»[10]

Die Sorge um ein mögliches Wiederaufleben der Eugenik ist wohlbegründet, aber überflüssig. Während die Moralhüter der Zunft an der Vordertür nach verräterischen Anzeichen für eine Wiedergeburt des Nazi-Alptraums Ausschau halten, hat sich die eugenische Doktrin längst durch die Hintertür hereingeschlichen und sich still und stetig an die Arbeit gemacht, die moralischen Prioritäten unserer Gesellschaft umzukrempeln. Praktisch über Nacht hat sich die Eugenik einen beachtlichen, wenn nicht sogar unangreifbaren Platz in der öffentlichen Meinung erobert.

Die erfolgreiche Einpflanzung in das Seelenleben unserer Kultur ist darauf zurückzuführen, daß die Eugenik in ihrer neuen Verkleidung weitgehend unerkannt blieb. Die neue Eugenik ist wirtschaftlich, nicht gesellschaftlich orientiert. Statt in schrillen Tönen nach Rassenreinheit zu verlangen, spricht die neue kommerzielle Eugenik in pragmatischen Wendungen von gesteigerter wirtschaftlicher Leistungsfähigkeit, besseren Standards und mehr Lebensqualität. Die alte Eugenik wurzelte in politischer Ideologie und wurde genährt von Furcht und Haß. Die neue Eugenik gründet sich auf wirtschaftliche Überlegungen und ist motiviert durch Nützlichkeitserwägungen und die Hoffnung auf finanziellen Gewinn.

Wie die Moral der Darwinschen Ära so verbindet auch die neue kommerzielle Eugenik die Idee des «Guten» mit der Idee der «Leistungssteigerung», nur mit dem Unterschied, daß im biotechnischen Zeitalter die gesteigerte Effizienz durch die Herstellung lebender Organismen erzielt wird. Das «Gute» wird also als die Herstellung des Lebens zur Verbesserung seiner Leistung definiert. Dagegen gilt es als Sünde, wenn man darauf verzichtet, die Leistung eines lebenden Organismus zu verbessern, obwohl es technisch machbar ist.

Nehmen wir zum Beispiel den hypothetischen Fall einer künftigen Mutter, die vor der Entscheidung steht, die genetischen Merkmale ihres Kindes bei der Empfängnis zu programmieren. Nehmen wir an, die Mutter beschließt, das befruchtete Ei nicht programmieren zu lassen. Der Fötus entwickelt sich natürlich, das Kind wird geboren, es wächst heran und muß als Jugendlicher feststellen, daß es an einer seltenen Erbkrankheit leidet, die es zu einem frühen und qualvollen Tod verurteilt. Die Mutter hätte das Unheil dadurch abwenden können, daß sie das gefährliche Merkmal hätte eliminieren lassen, doch sie hatte sich anders entschieden. Es ist durchaus denkbar, daß ihre Entscheidung im biotechnischen Zeitalter als Unterlassungssünde gilt, für die man sie bestraft. Zumindest aber würde man wohl ihre Weigerung, den Fötus programmieren zu lassen, als moralisch verwerflich und unverantwortlich ansehen, unpassend für eine Mutter, deren Pflicht es ist, stets so gut es geht für die Zukunft ihres Kindes zu sorgen.

Befürworter gentechnischer Eingriffe am Menschen behaupten, es wäre unverantwortlich, sich dieser wirkungsvollen neuen Technik nicht zu bedienen, um schwerwiegende «genetische Störungen» zu beseitigen. In einem Leitartikel der *New York Times* mit der Überschrift «Whether to Make Perfect Humans» heißt es dazu, die Schwierigkeit dieses Arguments liege darin, daß «sich keine erkennbare Grenzlinie ziehen läßt zwischen erblichen Korrekturen genetischer Defekte und Artverbesserung».[11] Wenn die Wissenschaftler erst einmal in der Lage seien, genetische Mängel zu korrigieren, dann würde es, wie die *Times* zu Recht darlegt, «sehr viel schwerer werden, etwas gegen die Einsetzung von Genen vorzubringen, die wünschenswerte Eigenschaften wie bessere Gesundheit, besseres Aussehen oder besseres Denkvermögen übertragen».[12]

Sobald wir beschlossen haben, uns auf den Prozeß der Genmanipulation am Menschen einzulassen, ist kein Halten mehr. Wenn sich Zuckerkrankheit, Sichelzellenanämie und Krebs durch Veränderung der genetischen Ausstattung des Menschen heilen lassen, warum dann nicht auch andere «Störungen» in Angriff nehmen: Kurzsichtigkeit, Farbenblindheit, Linkshändigkeit? Und was hindert eine Gesellschaft an der Entscheidung, daß eine bestimmte Hautfarbe eine solche Störung ist?

Je mehr die Bioingenieure über die Gene in Erfahrung bringen, desto mehr werden sie auch wissen über die Funktionsweise komplexerer Merkmale, etwa solcher, die mit dem Verhalten und Denken verknüpft sind. Viele Wissenschaftler behaupten seit langem, daß die Schizophrenie und andere «abnorme» psychische Zustände das Ergebnis genetischer Störungen oder Mängel seien. Andere bringen heute vor, daß auch «antisoziale» Verhaltensweisen wie Kriminalität oder gesellschaftlicher Protest Beispiele für Funktionsstörungen der genetischen Information seien. Ein prominenter Neurophysiologe hat sich sogar zu der Behauptung verstiegen: «Es kann keinen verdrehten Gedanken geben ohne ein verdrehtes Molekül.»[13] Viele Soziobiologen sind der Überzeugung, daß praktisch alle menschliche Aktivität in irgendeiner Weise durch unser genetisches Rüstzeug bestimmt wird und daß wir unsere Gene verändern müssen, wenn wir diese Situation verändern wollen.

Immer wenn die Sprache auf genetische Mängel kommt, gibt es keine Möglichkeit, das Gespräch auf ein oder zwei oder auch ein Dutzend sogenannter Störungen einzugrenzen, weil sich hinter dem Begriff der «Mangelhaftigkeit» eine unausgesprochene Voraussetzung verbirgt. Der Ethiker Daniel Callahan nennt das Problem beim Namen, wenn er feststellt, daß «hinter der Abneigung gegen genetische Mängel . . . die Vorstellung vom vollkommenen Menschen steht. Schon die Wortwahl ‹mangelhaft›, ‹abnorm›, ‹Krankheit› und ‹Risiko› läßt auf eine solche Vorstellung schließen, eine Art Prototyp der Vollkommenheit.»[14]

Die Vorstellung einer gentechnischen Verbesserung der menschlichen Art hat große Ähnlichkeit mit der technischen Verbesserung einer Maschine. Der Techniker sucht ständig nach neuen Wegen, die Leistung einer Maschine zu verbessern. Sobald ein Mangel beseitigt ist, wendet der Techniker seine Aufmerksamkeit sogleich dem nächsten zu, stets von der Hoffnung beseelt, die vollkommene Maschine zu schaffen. Insofern ist die Technik die ständige Verbesserung der Maschinenleistung, und die Vorstellung, diesem «Verbesserungsprozeß» willkürlich eine Grenze zu setzen, ist dem Technikkonzept zutiefst fremd.

Die Frage lautet also, ob die Menschheit den Prozeß der biotechnischen Herstellung künftiger Menschheitsgenerationen im Laboratorium «anfangen» soll oder nicht. Welchen Preis müssen wir dafür zahlen, daß wir einen Weg einschlagen, dessen Ziel letztlich die «Vervollkommnung» der menschlichen Art ist? Wie wichtig ist es, daß wir Unvollkommenheiten, alle Mängel beseitigen? Welchen Preis ist es uns wert, die Spanne unseres Lebens auszudehnen, unsere Gesundheit zu sichern und alle jene Unbequemlichkeiten, schädlichen Einflüsse, Gebrechen und Leiden abzuschaffen, die so untrennbar zur menschlichen Erfahrung gehören? Sind wir so vernarrt in die Vorstellung einer andauernden körperlichen Existenz um jeden Preis, daß wir dafür sogar bereit sind, die menschliche Art einer strengen Konstruktionsplanung zu unterwerfen?

Mit dem gentechnischen Eingriff am Menschen gewinnen wir etwas und geben wir etwas auf. Dafür, daß wir unser körperliches Wohlbefinden sichern, müssen wir uns mit dem Gedanken abfinden, daß die menschliche Spezies zu einem technisch geplanten und gefertigten Produkt herabgewürdigt wird. Die Gentechnologie wirft die grundsätzlichste aller Fragen auf: Ist es unsere Gesundheit wert, daß wir für sie unser Wesen und unsere Würde als Menschen eintauschen?

Fortwährend lassen sich die Menschen neue Wege einfallen, ihre Umwelt zu organisieren, um ihre Zukunft zu sichern. Die Moral ihrerseits dient dazu, diesen Drang nach Selbstverewigung zu legitimieren. Jede organisatorische Aktivität, die eine Gesellschaft für nützlich hält, um die Zukunft zu sichern, findet automatisch den öffentlichen Segen, und jede Aktivität, die der Organisationsweise zuwiderläuft, mit der eine Gesellschaft ihre Zukunft zu sichern sucht, verfällt automatisch dem allgemeinen Verdammungsurteil. In dieser Hinsicht ist das Zeitalter der Biotechnik keine Ausnahme. In den kommenden Jahren wird eine Vielzahl neuer biotechnischer Produkte auf dem Markt erscheinen. Jede biotechnische

Entdeckung wird für irgend jemanden unter bestimmten Umständen irgendwo in der Gesellschaft von Nutzen sein. Jede Entdeckung wird in irgendeiner Weise die künftige Sicherheit eines Individuums, einer Gruppe oder der Gesellschaft als ganzer zu erhöhen scheinen. Die Eliminierung eines defekten Gens, die dafür sorgt, daß ein Kind keinen frühzeitigen Tod erleidet, die Herstellung einer neuen Getreideart, die eine wachsende Bevölkerung ernähren kann, die Entwicklung einer neuen biologischen Energiequelle, die die Lücke füllen kann, welche die austrocknenden Ölquellen hinterlassen – jeder dieser Fortschritte bedeutet ein bißchen Schutz vor den Wechselfällen der Zukunft. Wer versucht, ihre Entwicklung zu verbieten und ihre Anwendung abzulehnen, wird als moralisch verantwortungslos und verwerflich dastehen.

Die Biotechnik kommt nicht als Bedrohung, sondern als Versprechen, nicht als Strafe, sondern als Geschenk. Wir gelangen bereits zu der Überzeugung, daß die Biotechnik eine Wohltat für die Menschheit ist. Der Gedanke einer gentechnischen Beeinflussung lebender Organismen beschwört schon lange keine düsteren Vorstellungen mehr herauf. Was wir in Augenschein nehmen können, sind keine scheußlichen Mißgeburten, sondern nützliche Produkte. Nicht mehr Furcht erfüllt uns angesichts der großartigen Möglichkeiten, die diese Entwicklung für jeden von uns bereithält, sondern freudige Erwartung.

Wie kann man die biotechnische Herstellung des Lebens für schlecht halten, wenn sie solchen Nutzen stiftet? Die Herstellung lebenden Gewebes ist schon keine Frage von großer moralischer Bedeutung mehr. Ohne große Diskussionen und Auseinandersetzungen haben sich die Menschen zur Eugenik bekehren lassen. Wir sind schon vom Nutzen der biotechnischen Eingriffe ins Leben überzeugt, wenn wir hören, wie viele segensreiche Erzeugnisse sie uns aller Wahrscheinlichkeit nach schenken wird.

Wie in der Vergangenheit diktiert auch hier der nie erlahmende menschliche Drang nach Kontrolle über die Zukunft, um das eigene Wohlergehen zu sichern, die Moral des biotechnischen Zeitalters. Die Herstellung des Lebens zur Verbesserung der Überlebensaussichten der Menschheit wird als höchster Ausdruck moralischen Verhaltens geadelt werden. Jeden Widerstand gegen die neue Technologie wird man mit dem Stigma der Unmenschlichkeit, Unverantwortlichkeit, moralischen Verwerflichkeit und verbrecherischen Fahrlässigkeit versehen.

Die neue Politik

Das biotechnische Zeitalter wird auch zu einer tiefgreifenden Veränderung der Art und Weise führen, ein Land zu regieren. Allmählich wird der herkömmliche räumliche Herrschaftsbegriff einem zeitlichen Konzept weichen. Wir befinden uns bereits im Anfangsstadium des historischen Übergangs von der «Herrschaft nach Hoheitsgebieten» zur «Verwaltung durch System». Die elektronische Revolution und die daran anschließenden Fortschritte auf dem Gebiet der Informationswissenschaften und des Nachrichtenwesens ermöglichen den Menschen, geographische Grenzen ebensoleicht zu überschreiten, wie sie heute biologische Grenzen überwinden. In den Datennetzen sind heute alle Bevölkerungsgruppen gefangen, Opfer einer neuen Art von Imperialismus, eines Imperialismus, der den Raum mühelos überwindet und ungestraft in jedes Gebiet des Erdballs eindringen darf. Infolge der Nachrichtenübermittlung durch Satelliten sehen sich die Menschen Systemen verpflichtet, welche die geographischen Grenzen ihrer Staaten überschreiten. Die multinationalen Gesellschaften und andere Wirtschaftsnetze überspannen den gesamten Erdkreis und lösen die Menschen aus traditionellen geographischen Bindungen. So wird der Nationalstaat allmählich durch neue «Muster» gesellschaftlicher Zusammenhänge ersetzt. Der Raum ist kein Begrenzungsfaktor mehr. Er trennt und unterteilt die Menschen nicht mehr so wirksam wie früher. Zwar ist der Nationalstaat noch die vorherrschende Wirklichkeit und wird es wohl auch noch eine ganze Zeitlang bleiben, doch seine endgültige Ablösung in einer ferner liegenden Zukunft ist schon vage erkennbar.

Der neue Imperialismus ist zeitlich und kybernetisch. Der Schlüssel zur politischen Macht im kommenden Zeitalter liegt in der Kontrolle über die Informationssysteme und deren vielfältige Informationsprozesse, die die lebenden Organismen miteinander und mit ihrer Umwelt verbinden. In der Sprache der Kybernetik: Das positive Feedback ersetzt den Imperialismus und das negative Feedback den Kolonialismus. Durch positives Feedback dehnt ein System seine zeitliche Kontrolle aus und bringt immer mehr Informationsprozesse unter seine Herrschaft. Durch negatives Feedback bewältigt ein System die neuen zeitlichen Verhältnisse, die es unter seinen imperialistischen Zugriff gebracht hat. Mit dem Anbruch des neuen Zeitalters verlagert sich die Politik allmählich von einer räumlichen auf eine zeitliche Ebene und von dem Bestreben, geographische Verhältnisse zu kontrollieren, zu der Tendenz, Muster und Prozesse zu kontrollieren. Die wichtigsten Muster und Prozesse sind diejenigen, aus denen das menschliche Leben besteht. Hier wird die Politik des biotechnischen Zeitalters ihren authentischsten Ausdruck finden.

Soweit die Geschichte zurückreicht, gab es immer Menschen, die die Zukunft der anderen kontrolliert haben. Die Politik des biotechnischen Zeitalters wird darin keine Ausnahme bilden. Jede biotechnische Entdeckung wird sich auf die Macht des Menschen über den Menschen auswirken. Die Frage der politischen Macht wird im kommenden Zeitalter erschreckende Dimensionen annehmen. Wem sollen wir beispielsweise die Entscheidung darüber anvertrauen, was ein gutes Gen und dem Genpool zuzuschlagen ist und was ein schlechtes Gen und aus dem Verkehr zu ziehen ist? Sollen wir die Bundesregierung damit betrauen? Die großen Wirtschaftsunternehmen? Die Wissenschaftler an den Universitäten? Eine unabhängige Gruppe von Laien? Hier wird kaum jemand eine Institution oder Gruppe benennen können, der er eine Entscheidung von solcher Tragweite überlassen möchte. Doch würden wir statt dessen gefragt, ob wir mit neuen biotechnischen Erzeugnissen einverstanden wären, die neue Nahrungs- und Energiequellen erschließen oder die körperliche und geistige Gesundheit der Menschen verbessern könnten, würden wir sicherlich nicht einen Augenblick zögern, unsere Zustimmung zu geben. Indes, alle biotechnisch konstruierten Produkte setzen die Entscheidung voraus, welche Gene im Produktionsprozeß berücksichtigt und welche eliminiert werden sollen. Wie ist es dann aber möglich, daß die Menschen sich einerseits scheuen, irgend jemandem die Verfügungsgewalt über die Gentechnologie zu überlassen, und andererseits die Entwicklung dieser Technologie befürworten? Die Lösung liegt in der Natur der Frage. Der erste Teil der Frage betrifft eine Machtbefugnis, deren Grenzen nicht erkennbar sind. Niemand ist bereit, irgend jemandem blindlings die Macht über die eigene Zukunft anzuvertrauen – vor allem wenn es um die Herstellung des Lebens selbst geht. Im zweiten Teil der Frage geht es dagegen um den Austausch von Macht gegen materielle Sicherheit. Praktisch jeder ist bereit, einen Teil der eigenen Macht aufzugeben, wenn ihm dafür ein gewisses Maß an materieller Sicherheit garantiert wird. Der Austausch von Macht gegen Sicherheit ist das Wesen der Politik.

Die breite Öffentlichkeit hat bereits deutlich gemacht, wie sie zur Frage der Politik im biotechnischen Zeitalter steht. Man hat sich bereits auf eine Art ungeschriebenen Vertrag geeinigt, und zwar ohne das Gerangel und die zähen Verhandlungen, die solche Kämpfe um den Austausch von Macht gewöhnlich begleiten. Die Macht, über die künftige biologische Produktion lebenden Gewebes zu entscheiden, hat man ohne viel Aufhebens den Wissenschaftlern, Wirtschaftsunternehmen und dem Staat übertragen. Alles, was man dafür verlangt, sind nützliche Produkte, die die

Überlebenschancen der Menschheit verbessern und dem allgemeinen Wohlergehen förderlich sind.

Auf den ersten Blick scheint es ein gutes Geschäft zu sein. Die Biotechnik hat viel zu bieten. Doch wie im Falle anderer Organisationsweisen im Laufe der Menschheitsgeschichte fehlt bislang eine Gesamtkostenrechnung. Einer bestimmten Institution oder einer Personengruppe die Entscheidung zu überlassen, welche Pflanzen, Tiere oder menschlichen Hormone einer biotechnischen Verbesserung unterzogen werden sollen, das scheint im Vergleich zu den möglichen Gewinnen ein kleiner Verzicht zu sein. Erst wenn man die Geltungsdauer dieses Abkommens berücksichtigt, wird die ganze Tragweite der Politik im biotechnischen Zeitalter ersichtlich.

Macht ist Kontrolle über die Zukunft. Im Laufe der Geschichte hat die Menschheit ihre Macht allmählich ausgeweitet, indem sie ihre Kontrolle über immer weitere zeitliche Horizonte ausgedehnt hat. Heute liegt die höchste Machtfülle in Reichweite: die Möglichkeit, die Zukunft aller Lebewesen zu kontrollieren, indem man ihren gesamten Lebensprozeß im vorhinein programmiert, indem man sie zu Gefangenen ihrer eigenen, von Architektenhand entworfenen Konstruktionspläne macht. Nie zuvor in der Geschichte hat eine so vollkommene Machtbefugnis über das Leben im Bereich des Möglichen gelegen. Die Vorstellung, daß man den gesamten Lebenszyklus eines Organismus einfach dadurch festlegen kann, daß man bei der Befruchtung einen gentechnischen Eingriff in seinen Konstruktionsplan vornimmt, ist wahrhaft erschreckend.

In den Anfangsstadien des biotechnischen Zeitalters, die wir heute erleben, scheint eine solche Macht über die menschliche Konstitution, so schrecklich sie auch wäre, so fernliegend, daß wir kaum Anlaß zur Sorge sehen. Wir sind mehr als bereit, den Rest der lebendigen Natur dem Skalpell des Bioingenieurs preiszugeben, solange wir konkreten Nutzen davon haben. Wir sind sogar bereit, dem biotechnischen Zugriff Teile unserer Anatomie zu erschließen, wenn unser körperliches oder geistiges Wohlergehen davon profitiert. Das Problem liegt darin, daß die Biotechnik wohl einen Anfang, aber kein Ende hat. Zelle um Zelle, Gewebe um Gewebe, Organ um Organ geben wir unsere Körper preis, wie wir Stück um Stück unsere politische Macht aufgeben. Dabei wird jede Preisgabe mit einem Gewinn belohnt, bis uns nichts mehr bleibt, was wir zum Tausch geben könnten. An diesem Punkt wird deutlich, wie teuer wir das Abkommen bezahlt haben. Doch an diesem Punkt haben wir auch genau das eingebüßt, was wir um jeden Preis bewahren wollten: unsere eigene Sicherheit. In den kommenden Jahrzehnten werden wir uns Stück für Stück in Kauf geben, um dafür ein gewisses Maß an zeitlich begrenztem

Wohlergehen zu erhalten. Am Ende wird die Sicherheit, um die wir uns so verzweifelt bemüht haben, für immer verloren sein. Dank der Biotechnik werden wir endlich von der schweren Last befreit sein, die die menschliche Geschichte überschattet hat, der unausweichlichen Notwendigkeit, unsere Zukunft zu antizipieren und zu sichern. Wir werden uns nicht mehr um unsere Zukunft zu sorgen brauchen, weil wir kein Stückchen unseres Schicksals mehr kontrollieren können. Man wird unsere Zukunft bei der Befruchtung festlegen. Man wird sie in unseren biologischen Konstruktionsplan einprogrammieren.

Die Chamäleon-Kosmologie

Noch einmal: Jede Kosmologie bekräftigt die Organisationsweise, der sie dient. Nicht anders verfährt die zeitliche Evolutionstheorie. Wie ihre Vorgänger liefert sie der Menschheit eine umfassende Begründung für ihre neuesten Ausbeutungsmethoden. Nach der neuen Theorie ist die Evolution der kreative Fortschritt in der Wissensspeicherung. Jede Art ist «besser informiert» als ihre Vorgängerin und deshalb besser gerüstet, die Zukunft zu antizipieren und zu kontrollieren. Folglich befinden sich die Menschen in Kongruenz zum Naturgeschehen, wenn sie ihren eigenen Wissensspeicher erweitern. Würde man also dem Erkenntnisdrang Grenzen setzen, würde man sich «widernatürlich» verhalten. Wenn die Evolution ein Zuwachs an Wissen ist, dann kann die Menschheit ihrer Rolle im kosmischen Plan nur gerecht werden, indem sie nie erlahmt in ihrem Bestreben, mehr und mehr in Erfahrung zu bringen, um die eigene Zukunft immer vollkommener vorauszuplanen und unter Kontrolle zu bringen.

In der neuen Kosmologie nimmt die Information einen besonderen Platz ein und wird uns besonders ans Herz gelegt. Die Erkenntnis um ihrer selbst willen wird zur *raison d'être* des kommenden Zeitalters. Aufgehoben sind Schranken, die dem Erkenntnisdrang von früheren Kosmologien auferlegt wurden. Niemand warnt mehr vor der Büchse der Pandora oder vor dem Apfel vom Baum der Erkenntnis, da wir keine Furcht mehr vor einer «Quelle» der Erkenntnis außerhalb unserer Reichweite empfinden. Den Göttern nicht mehr verpflichtet, sind die Menschen davon überzeugt, daß die Erkenntnis ihnen nicht geschenkt, sondern durch den evolutionären Prozeß an die Hand gegeben wurde.

Nach der neuen zeitlichen Theorie ist die Evolution der Information gleichbedeutend mit der Evolution des Lebens. Mit dieser neugeschaffenen Kosmologie kann Prometheus jetzt seinen langen Todeskampf beenden, und Adam und Eva dürfen ins Paradies zurück. Der wahre Wissenschaftler braucht sich seines Wissensdurstes nicht mehr zu schämen oder bei jedem wissenschaftlichen Beutezug Galileis Geist zu beschwören. Da die Evolution die Anhäufung von immer mehr Information ist, bringt der Wissenschaftler die Entwicklung des Lebens auf der Erde mit jedem Gedanken und jeder Tat voran.

Mit ihrem neuen, höheren Rang verändert die Erkenntnis auch ihr Wesen. Man versteht sie nicht mehr als «Entdeckung von Tatsachen», sondern als «fortdauernden schöpferischen Prozeß». In allen früheren historischen Abschnitten stellte sich Erkenntnis langsam ein. Aus diesem Grund wurde jede neue Einsicht als Kostbarkeit behandelt und eifersüchtig bewacht. Sie wurde gepriesen und für zeitlos gehalten. Man zehrte von ihr. Erkenntnisse hatten Dauer, weil große Zeitspannen zwischen ihnen lagen. Das hat sich gründlich geändert. Was wir heute wissen, ist rasch obsolet durch das, was wir morgen wissen. Folglich erkennen wir keine zeitlosen Wahrheiten und unwandelbaren Gesetze mehr an. Es liegt im Wesen zeitloser Wahrheiten, Grenzen zu ziehen, und deshalb sind sie heute überflüssig. Zeitlose Wahrheiten und unwandelbare Gesetze teilen uns mit, was nicht möglich ist. Sie setzen dem, was wir tun können, Grenzen nach oben. In jeder Kosmologie bezeichnen sie den Punkt, bis zu dem man gehen kann.

Heute wandeln sich alle Dinge so rasch, daß man eine Kosmologie entwickeln muß, in der nur noch die Veränderung selbst als zeitlose Wahrheit gilt. Das erreicht die Menschheit durch die Umdeutung der Natur als die Evolution von Information. Natur wird nicht mehr als ein Bündel von Einschränkungen verstanden, sondern als ein Prozeß schöpferischen Fortschritts. In dieser neuen Ordnung der Dinge büßen sogar die Gesetze der Wissenschaft ihre Macht ein. Sie gelten nicht mehr als unwandelbare Gesetze, sondern nur noch als bequeme Instrumente zur Förderung des Informationsprozesses. Nichts gilt als ewig, abgesehen vom unaufhörlich fortschreitenden Prozeß der Informationssammlung und -verarbeitung.

Hier sei darauf hingewiesen, welch feiner, aber hochbedeutsamer Wandel des Denkens sich darin anzeigt, daß die Wörter «Erkenntnis» und «Information» in der gleichen Bedeutung verwendet werden. Erkenntnis verliert ihren Sonderstatus und wird immer stärker der Kategorie Information zugeschlagen. Der Unterschied zwischen Erkenntnis und Information verwischt sich. Heute bedeutet «kenntnisreich» und «informiert» praktisch das gleiche. Das ist eine ideengeschichtliche Revolution. Erkenntnis wird reduziert auf Information und verliert infolgedessen ihren Nimbus. Der Gegenstand unserer Erkenntnis wird nicht mehr als absolut und ewig verstanden, als einer, der sich dem Zugriff der Zeit entzieht. Wenn wir die Bedeutung von Erkenntnis dergestalt verändern, daß «erkennen» gleichbedeutend mit «sich informieren» wird, unterwerfen wir die Erkenntnis den Gesetzen der Zeit. «Informiert sein» heißt, sich der veränderlichen Bedingungen bewußt zu sein. Informiert sein heißt, daß man sein Wissen ständig auf den neuesten Stand bringt. Es ist ein fortlaufender Prozeß der Antizipation und Anpassung an Veränderungen, die sich in der Umwelt vollziehen. In dem Maße, wie sich der Bedeutungsunterschied zwischen Erkenntnis und Information verflüchtigt, büßt erstere ihre Dauer und Zeitlosigkeit ein. Erkennen heißt heute, daß man sich ständig der Veränderungen bewußt ist, die sich ringsum vollziehen, und daß man in der Lage ist, sich entsprechend anzupassen. Für uns bedeutet Erkenntnis also etwas ganz anderes als für jene früheren Generationen, die bei diesem Wort an die Entdeckung ewiger Wahrheiten in einer Art zeitlosem Vakuum dachten. Die Sammlung von Erkenntnissen ist heute die Sammlung von Informationen, und Informationssammlung ist die Verarbeitung von Bedingungen, die sich in der Zeit verändern. Mit diesem Bedeutungswandel sind die Voraussetzungen dafür geschaffen, das Dasein umzudeuten zu einem reinen Prozeß ohne ein absolutes, unwandelbares Bezugssystem.

Wenn Evolution, wie jetzt vielfach behauptet, die Verarbeitung immer größerer Informationsmengen ist, dann wird man die Biotechnik als den unvermeidlichen nächsten Schritt in der evolutionären Geschichte verstehen. Die Biotechnik reorganisiert vorhandene Informationsprogramme und entwickelt neue. Sie wird Information zwischen Organismen hin- und herbewegen und schließlich auch ganz neue Informationssysteme erschaffen. Mit Gewißheit läßt sich behaupten, daß kein anderes menschliches Unterfangen in der Geschichte je einen solchen Zuwachs für den Bestand an biologischer Information gebracht hat, wie es im Zeitalter der Biotechnik der Fall sein wird. Rechtzeitig zu dem Zeitpunkt, da die Menschen sich anschicken, mit der neuen «Information», die ihnen zur Verfügung steht, eine Natur nach ihrem Belieben herzustellen, sind sie zu der Überzeugung gelangt, daß die ganze Natur nur die Entstehung von immer mehr Information sei.

Die zeitliche Theorie bietet noch viel mehr als nur eine bequeme Rechtfertigung. Sie beschreibt auch die neue Verantwortung des Menschen. Hundert Jahre nachdem Thomas Huxley die Darwinsche Theorie so beredt verteidigte, wirft sich sein Enkel für die neu entstehende Kosmologie in die Schlacht. Die Menschheit, selbst das Produkt evolutionärer

Schöpfungskraft, sei nun verpflichtet, sagt Huxley, den Schöpfungsprozeß fortzusetzen, indem sie zum Architekten der künftigen Entwicklung des Lebens werde. Es sei dem *Homo sapiens* vorherbestimmt, so Huxley, «zum einzigen Urheber weiterer evolutionärer Fortschritte auf unserem Planeten zu werden».[15]

In der Tat ist die neue Verantwortung der Menschheit schrecklich. Darwin hat von den Menschen lediglich verlangt, ums eigene Dasein zu kämpfen. Die neue Kosmologie verlangt von den Menschen, zum Schöpfer des Lebens selbst zu werden. Huxley blickt in die Zukunft und kommt zu dem Schluß, die Menschheit habe keine andere Wahl, als «den kosmischen Evolutionsprozeß wie der Direktor eines großen Wirtschaftsunternehmens zu steuern». Nach dieser neuen Auffassung entscheidet sich die Menschheit nicht für die Biotechnik, sondern bekommt sie durch die Naturkräfte vorgeschrieben. Sie ist einfach das nächste Stadium des evolutionären Prozesses, das unumgängliche Resultat «des schöpferischen Erkenntnisfortschritts», der mit der Entstehung des ersten Organismus begann. Vom Urbeginn des Lebens an war jeder Organismus bestrebt, seinen Informationsbereich auszuweiten, «besser informiert» zu sein. Wenn der menschliche Verstand heute so gut informiert ist, daß er möglicherweise die gewaltige Informationsmenge, die ihm zur Verfügung steht, zur Herstellung des Lebens selbst nutzen kann, spricht das für den ganzen Evolutionsprozeß.

Wenn man also die neue zeitliche Theorie akzeptiert, so hat man kaum eine andere Wahl, als auch die Biotechnik zu akzeptieren. Entstünde doch sonst der Eindruck, daß man sich gegen den Geist des Evolutionsprozesses versündigte. Nach der neuen Kosmologie wird die Biotechnik der Natur nicht künstlich aufgezwungen, sondern von deren eigener evolutionärer Entwicklung nahegelegt. Sie ist eben einfach das nächste Stadium des evolutionären Prozesses. Deshalb wäre jeder Versuch, sich der Biotechnik zu verweigern, letztlich zum Scheitern verurteilt, wäre er doch eine Flucht vor dem, was «natürlich» ist.

Die letzte Drehung der Schraube

Platon, Thomas von Aquin, Charles Darwin ... sie alle waren keine schlechten Menschen. Ihre Kosmologien waren nicht das Werk böser Absichten. Diese gebildeten Männer haben nur versucht, nach bestem Wissen und Gewissen die Arbeitsweisen der Natur darzulegen. Sie waren der ehrlichen Überzeugung, daß ihre Ausführungen ein Akt der Erkenntnis seien, die Enthüllung der universellen Ordnung der Dinge. Sie suchten nach der Wahrheit und glaubten, daß sie irgendwo außerhalb ihrer selbst vorhanden sei. Sie waren davon überzeugt, daß ihre Kosmologien eine genaue Beschreibung vom Zustand der Welt seien.

Heute wird sich die Menschheit zum erstenmal bewußt, daß ihre Geschichte auch eine Geschichte des Selbstbetrugs ist. Eine neue Generation von Wissenschaftlern widmet der sozialen Rekonstruktion von Vergangenem ihre volle Aufmerksamkeit. Die großen geschichtlichen Gestalten werden aus einem neuen Blickwinkel betrachtet. Man fragt nach ihren Beweggründen, kulturellen Vorurteilen und Umwelteinflüssen. Der gleichen Prüfung werden die großen kosmologischen Ideen unterworfen. Man versucht, die komplexen technologischen, wirtschaftlichen, gesellschaftlichen und politischen Faktoren zu entdecken, welche die historisch wirksamen Ideen beeinflußt und belastet haben.

Erst wenn sich die Aufmerksamkeit der Gegenwart und Zukunft zuwendet, hört die Bereitschaft auf, diese Kriterien anzulegen. Wir sind nur zu gern bereit, ja geradezu versessen darauf, den Selbstbetrug der Vergangenheit bloßzustellen, nur unseren eigenen nicht. Der Mensch braucht die Überzeugung, daß sich sein Verhalten mit dem Naturzustand deckt. Unsere Generation macht darin keine Ausnahme. Wir ertragen den Gedanken nicht, daß unser Handeln keine Basis in der größeren Ordnung der Dinge findet. Deshalb entwerfen wir auch weiterhin Kosmologien, die eine hübsche Übereinstimmung mit unserem Verhalten in der Welt aufweisen. Einige Futurologen glauben, das alles werde sich gründlich ändern. Den Beweis dafür, daß es mit dem Selbstbetrug, der Jahrtausende hindurch unsere Kosmologien geprägt hat, ein für allemal ein Ende haben werde, sehen sie in der Entstehung eines völlig neuen Vokabulars von Wörtern und Begriffen. So weisen sie beispielsweise darauf hin, daß die Vorstellung einer «objektiven» Realität durch die einer «perspektivischen» ersetzt wird. Der Gedanke, daß künftige Zustände unwandelbaren Kausalitätsgesetzen unterworfen sind, macht der Auffassung Platz, daß die Zukunft eine Abfolge «schöpferischer Möglichkeiten» ist. Der Gedanke «zwangsläufiger Folgen» wird ersetzt durch den Gedanken «wahrscheinlicher Szenarien». Der Gedanke «ewiger Wahrheiten» wird ersetzt durch den «nützlicher Modelle». Viele Philosophen und Wissenschaftler sind der Überzeugung, dieser plötzliche Wandel des Sprachgebrauchs signalisiere eine Abkehr von der uralten Hybris, die die Menschheit veranlaßt hat, sich «zum Maß aller Dinge» zu erklären. Doch der Eindruck täuscht. Diese Sprache ist ganz und gar nicht der Ausdruck einer neuen Demut. Die Überzeugung, daß es keine unwandelbaren Wahrheiten, keine objektive Wirklichkeit gibt, welche auf die Entdeckung des Menschen wartet, bezeichnet keineswegs das Ende jenes großen Selbstbetrugs, der die Menschheit lange heimgesucht hat, sondern nur den Anfang eines neuen Kapitels.

Während Darwin die Geschichte in die Kosmologie einbrachte, führt unsere Generation die Psychologie ein und verändert dadurch Form und Zusammenhang der Täuschung. Nachfolgende Generationen werden nur zu gern bereit sein, auf die Vorstellung einer unabhängigen geschichtlichen Wirklichkeit zu verzichten, die außerhalb ihrer selbst existiert und der sich ihr Verhalten anzugleichen hat. Sie werden vielmehr davon überzeugt sein, daß die Welt in ihnen liegt, daß sie sie mit den Begriffen ihres Denkens erfassen, daß sie sie kraft ihrer Erkenntnis formen und mit ihrer Energie speisen. Unsere Kinder werden es uns danken, daß wir sie von den Fesseln einer selbstverhängten Historizität befreit haben. Sie werden nicht mit dem Gefühl einer geschichtlichen Determiniertheit, sondern mit dem eines «sich erweiternden Bewußtseins» in die Zukunft hineingehen. Sie werden gerne zugeben, daß ihre Weltsicht ein Spiegelbild ihrer geistigen Verfassung ist. Ja, sie werden die Auffassung vertreten, daß es gar nicht anders sein kann. Wenn man nämlich die Natur als einen ständig in Ausdehnung befindlichen Bewußtseinszustand begreift, dann beschreibt das Bewußtsein des Menschen die Natur nicht, sondern verkörpert sie.

In diesem Zusammenhang bekommt der Sprachgebrauch der neuen Kosmologie einen Januskopf. Auf den ersten Blick scheinen Wörter wie «Perspektive», «Szenarien», «Modelle», «schöpferische Möglichkeiten» zu signalisieren, daß sich die Menschheit ihrer eigenen Grenzen bewußt geworden ist, ihrer Unfähigkeit, die Wahrheit des Universums je ganz zu erfassen oder zu verstehen. Doch der Eindruck täuscht. Nicht Demut prägt den neuen kosmologischen Jargon, sondern Anmaßung. Betrachten wir das neue Vokabular etwas näher, so gewinnt es ein ganz anderes Aussehen, zugleich bedrohlich und berauschend. Perspektiven, Szenarien, Modelle, schöpferische Möglichkeiten – das sind die Begriffe der Urheberschaft, die Worte eines Schöpfers, eines Architekten, eines Konstrukteurs. Die Menschheit nimmt Abschied von der Vorstellung, daß das Universum von unwandelbaren Wahrheiten regiert wird, weil sie nicht mehr das Bedürfnis verspürt, sich solche Hemmnisse aufzuerlegen. Die Natur wird noch einmal erschaffen, diesmal vom Menschen. Wir haben nicht mehr das Gefühl, im Haus eines anderen zu Gast zu sein, und fühlen uns deshalb auch nicht mehr verpflichtet, uns nach einer Reihe von präexistierenden kosmischen Regeln zu richten. Es ist jetzt unsere Schöpfung. Wir machen die Regeln. Wir setzen die Maßstäbe der Wirklichkeit fest. Wir erschaffen die Welt, und weil wir es tun, fühlen wir uns keinen äußeren Kräften mehr verpflichtet. Wir brauchen unser Verhalten nicht mehr zu rechtfertigen, denn wir sind jetzt die Architekten des Universums. Wir sind für nichts außerhalb unserer selbst verantwortlich, denn unser ist das Reich und die Kraft und die Herrlichkeit in Ewigkeit.

Heute sind unsere biotechnischen Künste reine Nachahmung der Natur. Morgen werden sie an ihre Stelle treten. Unsere Kinder werden davon überzeugt sein, daß ihre Schöpfungen jener Natur weit überlegen sind, der sie selbst nachgebildet sind. Sie werden die Algenisten sein. Der ganze Bereich der Natur wird Material für ihre Computer sein. Lebewesen werden sie definieren als Programme, die man entwickeln, abschreiben und umschreiben kann, so daß eine unendliche Zahl neuer Kombinationen entsteht. Die Algenisten werden das Wesen lebendiger Geschöpfe verändern. Sie werden die Leistung lebender Systeme verbessern. Sie werden völlig neue biologische Prozesse programmieren. Sie werden versuchen, die lebende Welt in eine märchenhafte Schatztruhe zu verwandeln, einen phantastischen Selbstbedienungsladen voller perfekt manipulierter, absolut leistungsfähiger Systeme.

Unsere Kinder werden die Nachahmung der Natur für Natur halten. Ihre Kunst wird ihre Wirklichkeit werden, und mit diesem Übergang wird die Algenie ihre metaphorische Bedeutung verlieren, so wie es der Alchimie erging, als sie sich langsam in die wissenschaftliche Weltanschauung verwandelte. Heute ist die Algenie eine Redeweise, morgen eine Lebensweise.

TEIL SIEBEN

Optionen

Wäre sie eine bloße Täuschung, könnte man sich leicht von der neuen weltlichen Kosmologie befreien. Doch sie ist keine Täuschung, sondern Selbstbetrug und aus diesem Grund sehr viel schwerer zu widerlegen. Wie alle kosmologischen Formulierungen der Menschheit in der Vergangenheit ist auch dieser neueste Entwurf an der Realität gewonnen. Die neue zeitliche Theorie ist das Spiegelbild einer zunehmend manipulativen Beziehung der Menschen zu ihrer Umwelt – einer sehr realen manipulativen Beziehung. Denn schließlich funktioniert die Biotechnik und hat sehr reale Auswirkungen auf die materielle Welt. Der Selbstbetrug liegt in der Überhöhung dieser realen, aber begrenzten Beziehung zwischen den Menschen und ihrer Umwelt zu einer universellen Erklärung der Natur. Die neue zeitliche Theorie ist sowenig eine zutreffende Naturerklärung, wie Darwins Theorie der natürlichen Selektion es war. Sie ist nur ein Bruchstück der Realität, das man zu einer allumfassenden Erklärung des Daseins aufgebläht hat.

Die Menschen mögen keine Lücken, vor allem nicht zwischen dem, was ihnen vertraut ist, und dem, was außerhalb ihres Erfahrungshorizontes liegt. Kosmologien haben die Aufgabe, uns davon zu überzeugen, daß es keine Leere, keinen unvorstellbaren, undenkbaren Abgrund außerhalb unserer Reichweite gibt, keinen Abgrund, der sich auf ewig unserer Erkenntnis entzieht und den wir niemals unter unsere Kontrolle bringen werden. Unsere Kosmologien nehmen uns die bange Sorge, was denn wirklich dort draußen liegt. Sie geben uns die tröstliche Gewißheit, daß die Welt einen Sinn hat und daß er in den Kategorien zu erfassen ist, mit denen wir ihn zu verstehen trachten.

Unsere Kosmologien schützen uns. Sie beschwichtigen unsere Ängste. Sie lassen die Welt kontrollierbar erscheinen, indem sie uns vorgaukeln, sie sei ein Abbild der Welt, die wir kontrollieren. Wenn unsere Kosmologien eine Nutzanwendung haben, so die Botschaft, daß wir uns zu Hause fühlen können in einer Welt, die sich vollständig erklären läßt. Das Problem ist, daß es eine solche Welt nicht gibt. Es wird immer eine gähnende Lücke klaffen zwischen der Welt, die sich unserer Erfahrung erschließt, und der Welt, die außerhalb unseres Erfahrungshorizontes existiert. Ganz gleich, wie sehr wir uns auch bemühen, diese Leere werden wir niemals überbrücken können. Wir benutzen unsere Kosmologien als spanische Wände, um den großen Abgrund dahinter zu verbergen. Wir umgeben uns mit unseren Kosmologien, und sie umgeben uns mit dem Nimbus der Unbesiegbarkeit. Wir sind sicher, daß sich die Welt innerhalb des von uns geschaffenen manipulativen Bezugssystems vollständig verstehen läßt, und sind deshalb davon überzeugt, daß wir weitermachen können wie bisher, ohne Angst vor kommendem Unheil haben zu müssen.

Unsere Kosmologien heißen unser Verhalten gut. Sie versichern uns, daß sich die Art und Weise, wie wir uns und die Welt um uns her organisieren, vollkommen in Einklang mit der natürlichen Ordnung der Dinge befindet. Wir vergraben uns in unseren Kosmologien, damit wir nicht in die große Leere starren müssen, die den kleinen von uns kolonisierten Flecken umgibt.

Wir verhalten uns, als sei die Welt für uns gemacht, und verschwenden keinen Gedanken an die Möglichkeit, daß wir für die Welt gemacht sein könnten. Wenn die Welt der Rohstoff ist, den wir zu gestalten haben, dann ist die Überzeugung natürlich gerechtfertigt, daß sich die Wirklichkeit, die wir manipulieren, mit allem, was dahinter liegt, deckt. Doch was wäre, wenn wir uns irrten? Was wäre, wenn das Gegenteil wahr wäre, wenn wir plötzlich entdeckten, daß wir für die Welt gemacht sind? Wie ganz anders müßten wir uns dann verhalten! Die Beziehung der Natur zu uns wäre dann weit weniger wichtig als unsere Beziehung zur Natur. Statt den Kosmos zu zwingen, sich unserem Verhalten anzugleichen, hätten wir unser Verhalten dem Kosmos anzupassen.

Aber wie würden wir erkennen, was der Kosmos von uns erwartet? Zunächst einmal müßten wir die Lücke anerkennen, die es immer geben wird zwischen der Welt, die wir erfahren, und der Erfahrung der Welt. An dieser Lücke, an dieser unergründlichen Leere, die uns von allem trennt, was sich unserem Zugriff entzieht, liegt nicht etwa das Ende allen Lebens, sondern sein Anfang. Hier gibt es keine Sicherheit mehr, hier sind alle Dinge verletzlich, hier gibt es keine Hierarchien und keine Hackordnungen, hier gibt es nur noch Beziehungen und gegenseitige Abhängigkeiten. Vor dieser Welt haben wir Angst, gegen diese Welt schirmen wir unser

Bewußtsein ab. Viel lieber ist uns die Welt der Unabhängigkeit. Wie ein hilfloses Geschöpf, das auf einer dünnen Eisscholle davontreibt, schwimmen wir auf einem grenzenlosen Meer, überzeugt davon, daß wir unverletzlich bleiben werden, solange die Füße trocken sind. Wir sperren uns gegen die Einsicht, daß auch das Wasser Eis ist und wieder mit den Tiefen verschmelzen wird. Unsere Kosmologien sind solche dünnen Eisschollen. Sie sind aus der realen Welt gemacht, definieren sie aber nicht. Sie existieren eine Zeitlang, sind jedoch zum Untergang bestimmt, und jedesmal ziehen sie uns mit hinab. Wenn wir nur schwimmen könnten! Dann brauchten wir nicht jedesmal verzweifelt um uns zu schlagen auf der Suche nach dem nächsten Zufluchtsort aus Eis. Doch um schwimmen zu können, müßten wir auf unseren Wunsch nach Unabhängigkeit verzichten. Wir müßten uns bewußt dazu entschließen, unsere Sicherheit gegen Verletzlichkeit einzutauschen und unsere Macht über die Zukunft aufzugeben.

Teilhabe zu wählen, wo sich Kontrolle ausüben läßt, Beziehungen anzuerkennen, wo sich herrschen läßt – wohl die wenigsten wären zu einem solchen Tausch bereit. Es läßt sich weit besser mit unserem Selbstbetrug leben und der Anspruch aufrechterhalten, daß die Welt für uns gemacht ist, nicht wir für die Welt. Wir wollen nicht zur Welt gehören, wir wollen, daß die Welt uns gehört. Und solange das der Fall ist, werden wir nach immer neuen Wegen suchen, uns die Welt einzuverleiben und jede neue Form der Weltaneignung mit einer passenden kosmologischen Neuformulierung zu rechtfertigen. Wir werden keine Anstrengung scheuen, uns die Naturkräfte zu unterwerfen, solange solche Anstrengungen uns ein gewisses Maß an Sicherheit vor den Wechselfällen der Zukunft garantieren. Wie in der Vergangenheit wird von Verantwortungsgefühl keine Rede sein, weil ein Gefühl der Verpflichtung und der Dankbarkeit erforderlich ist, um sich verantwortlich zu fühlen, und dazu bedarf es der Anerkennung von Beziehungen und gegenseitiger Abhängigkeit. Solange die Menschheit nichts im Sinn hat als Unabhängigkeit, werden alle anderen Dinge zu Objekten der Manipulation degradiert. Es kann gar nicht anders sein. Wenn die Menschheit sich für unabhängig hält, kann sie sich nicht gleichzeitig für verpflichtet halten, obwohl es jahrtausendealte Bestrebungen gibt, diese beiden Aspekte zu versöhnen. Entweder wir brauchen nichts, was außerhalb unserer selbst liegt, oder es gibt ein solches Bedürfnis. Wenn wir außerhalb unserer selbst nichts brauchen, können wir in der Tat tun, was uns gefällt. Wenn wir indessen Dinge außerhalb unserer selbst brauchen, dann haben wir Verpflichtungen und müssen mehr als nur die eigenen Wünsche berücksichtigen, wenn wir handeln.

Die große Leere, die uns in solchen Schrecken versetzt, ist angefüllt mit Verpflichtungen. Solange wir uns nicht um das kosmische Rechnungsbuch kümmern, können wir auch weiterhin die Welt nach unserem Geschmack herrichten, ohne daß uns der Schatten eines Zweifels heimsucht, daß richtig ist, was wir tun. Doch sobald wir irgendwelche Verpflichtungen anerkennen, verändert sich das Bild von Grund auf. Dann sind wir plötzlich von einer Vielzahl von Verpflichtungen umgeben, dann schulden wir nach allen Seiten hin Dank für die Tatsache unserer Fortdauer. Wir leben auf Kosten von Opfern. Jede Erweiterung unseres Seins ist nur möglich, weil an anderer Stelle eine Einschränkung vorgenommen wird. Letztlich gehört uns nichts von dem, was wir als unser Eigentum beanspruchen, noch nicht einmal unser Fleisch und unsere Sehnen. Alles haben wir uns ausgeborgt. Die Natur ist unser Gläubiger. Sie hat uns Teile ihrer selbst überlassen, deren Nutzungsmöglichkeit damit einer unendlichen Zahl anderer Dinge entzogen wird. Der Kosmos schuldet uns gar nichts, während wir ihm alles verdanken.

Durch unser nacktes Dasein also werden wir schon rechenschaftspflichtig. Die Menschheit wird vor der großen Frage stehen, ob sie bereit ist, die Verpflichtung ihres Daseins anzuerkennen. Eine solche Anerkennung würde bedeuten, daß wir zum erstenmal in unserer Geschichte nicht nur für uns selbst handeln müßten, sondern für alle Dinge im Universum, zu denen wir Beziehungen unterhalten. So zu handeln, daß wir die Interessen des Kosmos wahrnehmen – das ist die Bedeutung des Wortes «Verantwortlichkeit», eines Wortes, das Kosmologen bisher tunlichst vermieden haben. Die Interessen des Kosmos decken sich mit den unseren. Wir möchten sein, fortdauern, unser Dasein fortsetzen. Man darf annehmen, daß sich das auch alle anderen Dinge wünschen. Wahr ist jedoch auch, daß zur Fortdauer Aussterben gehört, daß das Leben den Tod verlangt. Wie nehmen wir dann aber die Interessen des Kosmos am besten wahr? Indem wir dem Kosmos ebensoviel zurückgeben, wie wir von ihm empfangen haben . . .

Opfern heißt hier vor allem, daß die Menschheit ein gewisses Maß an Kontrolle über ihre Zukunft aufgibt. Deshalb verlangt die Sicherheit des Menschen immer Opfer von der Natur. Wir eignen uns Natur an, um uns Sicherheit zu verschaffen. Das menschliche Dasein ist ein maßloses Streben nach mehr Kontrolle über die Zukunft, um die eigene Fortdauer zu sichern. Die Natur hat uns immer größere Teile ihrer selbst überlassen, damit wir unsere Zukunft immer besser sichern konnten. Es gibt nur einen Weg, diese Schuld zurückzuzahlen: etwas von unserer Sicherheit zu opfern, damit die Natur sich selbst sichern kann.

Wie sehr würde sich diese reine Form des Opfers von jener Karikatur unterscheiden, die wir so häufig als Alibi benutzen, um uns von aller Schuld reinzuwaschen. Das reine Opfer, kollektiv dargebracht und über Generationen durchgehalten, hat es auf der Erde nie gegeben.

Das Opfer unserer Sicherheit verlangt einen grundlegenden Wandel unserer Einstellung zur Zukunft. Zunächst einmal müssen wir unseren Erkenntnisbegriff neu definieren. Erkenntnis bedeutete für das Abendland in zunehmendem Maße das Bestreben, die Umwelt zu kontrollieren. Wir suchen Erkenntnis, um besser vorhersagen zu können, was vor uns liegt. Ziel der Erkenntnis war Voraussicht, und die abendländische Kultur hat die Voraussicht benutzt, um den Zugriff auf den Prozeß des Werdens zu festigen. Wir müssen nach einem anderen Weg der Erkenntnis suchen, einem Weg, der uns zeigt, wie wir besser an der Natur teilhaben können, und nicht, wie wir sie besser beherrschen können. Es geht darum, das Warum der Dinge besser zu verstehen, nicht das Wie der Dinge. Es geht um die Erkenntnis von Beziehungen – das genaue Gegenteil der Erkenntnis von Usurpationsmöglichkeiten, von der das moderne Denken so besessen ist.

Wir sind heute Spezialisten auf dem Gebiet technologischer Erkenntnis, doch praktisch hilflos, wenn es gilt, uns einfühlende Erkenntnis zu verschaffen. Technologisches Wissen liefert uns die Voraussicht, uns das Leben um uns herum besser anzueignen. Einfühlendes Wissen liefert uns die Voraussicht, mit der Gemeinschaft des Lebens besser zu kooperieren. Bei technologischer Voraussicht erwächst die Sicherheit aus der Macht, die wir über die Natur gewinnen. Bei einfühlender Voraussicht erwächst die Sicherheit aus der Zugehörigkeit zu einer Gemeinschaft.

Unser langes, selbstverschuldetes Exil zu beenden, Anschluß an die Gemeinschaft des Lebens zu finden – das ist die Aufgabe, die vor uns liegt. Dazu werden wir auf unser Bestreben verzichten müssen, alles, was lebt, zu beherrschen, und dem Rest der Schöpfung wieder ein Recht auf Würde und Achtung einräumen müssen. Die große Aufgabe des kommenden Zeitalters wird es sein, die Entheiligung der Natur rückgängig zu machen.

Zwei Wege führen in die Zukunft. Entweder entschließen wir uns, das Leben auf dem Planeten zu manipulieren, eine zweite Natur nach unserem Bilde zu erschaffen, oder wir können uns dazu entschließen, als Gleiche unter Gleichen am Reich des Lebendigen teilzuhaben. Zweimal die Zukunft, zwei Optionen. Ein manipulativer Eintritt in das Zeitalter der Biologie oder ein ökologischer. Die Auseinandersetzung zwischen Biotechnik und Ökologie ist eine Auseinandersetzung der Wertsysteme. Unsere Entscheidung hängt letztlich davon ab, wie wir die Dinge in unserem Leben bewerten. Wenn es materielle Sicherheit ist, Fortdauer um jeden Preis, dann ist die Herrschaft über den Prozeß des Werdens die richtige

Wahl. Doch die höchste und letzte Machtfülle, die die Fähigkeit bringt, das Leben zu simulieren, die Natur nachzuahmen, den Prozeß des Werdens herzustellen, ist nur um einen Preis zu haben, der weit höher liegt als irgendein Preis, den die Menschheit jemals zuvor zu zahlen hatte. Wenn wir uns für die Macht des Demiurgen entscheiden, verzichten wir ein für allemal auf unseren kostbarsten Besitz, die Zugehörigkeit.

Wenn die Biotechnik das weitverzweigte Reich des Lebens Stück für Stück erobert, einem Lebewesen nach dem anderen seine Identität raubt, die ursprünglichen Geschöpfe durch technisch gefertigte Replikate ersetzt, dann wird die Welt beträchtlich öder sein. Statt lebendiger Fülle, Spontaneität, Unvorhersehbarkeit, dynamischem Werden und rhapsodischem Überschwang wird uns die Welt nur lebendige Apparate und Automaten zu bieten haben. Es wird eine perfekt funktionierende Welt sein, ein gut geöltes, reibungslos arbeitendes Räderwerk, aber eine Welt ohne Gefühl. Letztlich geben wir damit die Zugehörigkeit auf, die Zugehörigkeit zum Rest des Lebens, die zugleich unbeschreibbar und unverzichtbar ist und ohne die das Dasein nur noch eine bedeutungslose Pflichtübung ist.

Es kann keinen öderen Ort geben als eine biotechnisch verplante Welt. Bliebe in einer Welt, die besetzt wäre von biologischen Faksimiles, nur ein einziges Lebewesen in seinem Urzustand, wir würden uns darauf stürzen, es in die Arme schließen, es berühren, es bestaunen und ein Maß an Rührung empfinden, das wohl alle Replikate nicht in uns hervorrufen könnten. Denn angesichts dieser Kreatur empfinden wir etwas, was die Produkte unserer technischen Kunstfertigkeit nicht in uns auszulösen vermögen – ein Zusammengehörigkeitsgefühl, das sich im Geheimnis unseres gemeinsamen Ursprungs verliert, dem wir beide verpflichtet sind und demgegenüber wir unsere Dankesschuld niemals werden abtragen können.

Wenn wir dagegen der Zugehörigkeit den höheren Wert einräumen, dann sollten wir uns im anbrechenden Zeitalter der Biologie für den ökologischen Weg entscheiden. Doch auch hier wäre ein Preis zu entrichten. Zugehörigkeit verlangt Opfer, die Bereitschaft, die eigene materielle Sicherheit aufs Spiel zu setzen für die Interessen der Gemeinschaft, zu der man gehört. Zugehörigkeit setzt Teilhabe, Verzicht und vor allem Verletzlichkeit voraus. Das ist der Preis, den man dafür zu zahlen hat, daß man dazugehört, daß man ein akzeptiertes Mitglied der Gemeinschaft des Lebens wird.

Die Entscheidung ist also nicht leicht. Der Verzicht auf die Biotechnik bedeutet, daß wir ein gewisses Maß an Kontrolle über die Zukunft aufgeben, daß wir den Drang zügeln, alles zu beherrschen, was vor uns liegt, daß wir ein höheres Maß an Verletzlichkeit auf uns nehmen, damit der Rest der Kreatur sicherer leben kann, daß wir dienen und pflegen, obwohl wir die Macht hätten, zu herrschen und auszubeuten. Ein solches Verhalten würde völlig aus dem Rahmen aller bisherigen Menschheitserfahrung fallen. Wenn es galt, unsere Zukunft zu sichern, sind wir bislang stets mit größter Entschlossenheit zu Werke gegangen. Wir haben uns immer neue und perfektere Möglichkeiten einfallen lassen, für eine sichere Zukunft zu sorgen. Jedesmal mußte die Natur Opfer bringen, damit wir triumphieren konnten. Und jedesmal schufen wir ein neues Bild vom Universum, das unsere ausbeuterische Beziehung zur Umwelt verherrlichte und rechtfertigte.

Nicht ein einziges Mal in der langen Geschichte der abendländischen Kultur haben wir auf die Sicherung unserer Zukunft verzichtet. Wir haben uns und die Welt organisiert, reorganisiert und abermals reorganisiert. Wieder und wieder haben wir umgearbeitet, umgestaltet und umgedacht. Stets ging es dabei um eine Sache von allerhöchster Bedeutung, um eine Sache, von der wir hofften, sie würde uns nicht verwehrt sein – unsere Unsterblichkeit. Wir haben die Welt verbraucht, weil wir hofften, damit unsere Fortdauer zu erkaufen, um schließlich zu entdecken, daß uns ewige Dauer nur in dem beschieden ist, was unberührt bleibt, nicht in dem, was wir verschwenden. Wenn wir überhaupt etwas aus dem langen Weg des Selbstbetrugs lernen können, den das Abendland im Laufe seiner jahrtausendealten Geschichte zurückgelegt hat, dann dieses.

Wir haben uns die Welt untertan gemacht, riesige Landstriche in Besitz genommen, uns Denkmäler aus Granit und Stein, Eisen und Stahl gesetzt, um allen, die nach uns kommen, mitzuteilen, daß wir noch da sind, daß unserer Gegenwart hier auf Erden Dauer beschieden ist. Doch die Dinge, die wir schaffen, gehören nicht dem Leben, sondern dem Tod. Unsere Denkmäler, unsere Bauwerke, unsere Erfindungen sind Dinge, die der Vergangenheit angehören. Alles, was wir hinterlassen, kann nur ein Leichnam sein, ein Relikt dessen, was einst eine Möglichkeit war, das Grabmal einer vergeblichen Hoffnung, lebendig für einen Augenblick, tot für immer. Unsterblichkeit kann es nur in der Möglichkeit geben, nicht in dem, was bereits war. Ewig leben können nur die Möglichkeiten, die wir hinterlassen, die großen Chancen, die wir nicht vertan haben. Jahrtausendelang hinterließen wir tote Erbschaften, während doch die einzige lebendige Hinterlassenschaft, die wir weitergeben können, in den Dingen besteht, die wir nicht angetastet haben. Unser Gedächtnis wird nicht in dem weiterleben, was wir verschwendet, sondern in dem, was wir verschont haben.

Wir gewinnen Unsterblichkeit durch unsere Opfer. Wir leben fort in dem, was wir zurückgeben, in dem, was wir nicht verschwenden, in dem, was wir nicht beanspruchen. Das ist unser Geschenk an die Zukunft. Es ist die einzig reale Erbschaft. Die ungenutzten Möglichkeiten sind die schönste Erbschaft, die wir hinterlassen können, denn wir schenken den künftigen Generationen das Leben, dessen sie sich erfreuen können.

Das heißt nicht, daß wir nur unser nacktes Dasein fristen sollen, daß wir zur Untätigkeit verurteilt sind, daß wir uns nur so viel von den Ressourcen aneignen dürfen, wie wir gerade zum Überleben brauchen. Wir müssen uns nur ständig fragen, wieviel genug ist, und bereit sein, unseren Appetit so weit zu zügeln, daß er innerhalb der Grenzen bleibt, die von einer fairen Rücksichtnahme auf die Interessen aller anderen Lebewesen gezogen werden. Wir müssen uns in unserem Tun nur fragen, welche Auswirkungen das, was wir vorhaben, heute und in Zukunft für den Rest der lebendigen Welt hat.

Der Skeptiker mag fragen, woraus uns eine solche Verpflichtung zur Rücksichtnahme auf alle anderen Lebewesen erwächst. Die Antwort ergibt sich aus der Einstellung zur eigenen Existenz. Welchen Sinn hat das Leben? Warum sind wir hier? Angesichts unserer eigenen Existenz haben wir zwei Möglichkeiten. Entweder wir betrachten das Leben als Geschenk, an dem wir uns erfreuen, oder als Hindernis, das es zu überwinden gilt. Wenn wir das Leben als Geschenk empfinden, dann fühlen wir uns zu Dank verpflichtet. Dankbar sein heißt, daß wir unser Glück anderen zugänglich machen und dazu beitragen, daß das Geschenk des Lebens auch der Nachwelt zuteil wird. Wenn es überhaupt Weisheit gibt, dann liegt sie in der Erkenntnis, daß es wahre Freude am Leben nur geben kann, wenn man es großzügig mit anderen teilt und seine Grenzen erweitert. Wenn wir das Leben indessen als Hindernis empfinden, das wir überwinden müssen, dann werden wir unablässig bestrebt sein, seine wesentlichste Eigenschaft zu überwinden, seine Vergänglichkeit, seine begrenzte Dauer. Wir werden das Leben um uns her verschlingen, um das eigene zu verlängern. Wir werden die Vorräte verbrauchen, die künftiges Leben sichern könnten, nur um unserer eigenen Zukunft ewige Dauer zu verleihen.

Bis zum heutigen Tage haben wir uns durch nichts davon abbringen lassen, unsere Zukunft um jeden Preis zu sichern. Im Laufe der Jahrhunderte haben wir zahllose Kosmologien ersonnen, um dem nie erlahmenden Drang nach Selbstverewigung den Anschein von Legitimität zu geben. Wir haben uns in der Illusion gewiegt, unsere Interessen seien in Einklang mit den Interessen des Universums, während wir doch in Wahrheit nur unsere kleinlichen Interessen in den Kosmos projiziert haben.

Einen Teil unserer künftigen Sicherheit zu opfern, um den Interessen des übrigen Kosmos gerecht zu werden, ist die schwierigste Anforderung, die wir an uns selber stellen können. Es ist bezeichnend und nicht ohne Ironie, daß sich die Menschheit diese Frage erst heute stellt. Heute, da es in unserer Macht steht, das ganze Reich des Lebendigen umzugestalten, um unsere Zukunft zu sichern, ist es wahrhaftig an der Zeit, darüber nachzudenken, ob wir das Recht dazu haben.

Kann sich irgend jemand von uns vorstellen, daß er zu einem solchen Opfer bereit ist, daß er gewillt ist, auf einen Teil der Kontrolle über die eigene Zukunft zu verzichten? Kann sich irgend jemand von uns vorstellen, daß er die segensreichen Vorteile ausschlägt, die von der biotechnischen Manipulation des Lebens zu erwarten sind? Erscheint es irgend jemandem von uns denkbar, daß er sich dem Zeitalter der Biotechnik verweigert? Wenn wir die Frage noch nicht einmal in Betracht ziehen können, dann kennen wir die Antwort. Unsere Zukunft ist gesichert. Der Kosmos klagt.

Dank

Mein besonderer Dank gilt John Gilbert Widrick für die Sorgfalt, mit der er die Herstellung dieses Buches überwacht hat. Er hat das Manuskript durch alle Entstehungsphasen begleitet, von der Materialsammlung bis zur Drucklegung. Sein Engagement, Interesse und sein Sachverstand sind eine unschätzbare Hilfe gewesen. Ich möchte Mr. Widrick außerdem für die vielen inhaltlichen und terminologischen Vorschläge danken.

Zu Dank verpflichtet bin ich auch Donna Wulkan für die ständige kritische Durchsicht des Manuskripts und für die zahllosen anregenden Diskussionen, in denen viele Ideen des Buches Gestalt annahmen.

Wes Michaelson danke ich für den hilfreichen redaktionellen Rat, den er mir in einer entscheidenden Entwicklungsphase des Buches erteilte.

Josua und Anie schulde ich Dank für ihre Geduld und Rücksichtnahme in dieser schwierigen Zeit.

Dankbar bin ich ferner für die Hilfe, die mir John Melegrito von der Gelman Library an der George Washington University zuteil werden ließ.

Schließlich gilt mein Dank dem Lektor Alan Williams bei Viking Press, dessen kritische Anmerkungen und Vorschläge wesentlich dazu beigetragen haben, daß aus dem ursprünglichen Manuskript das vorliegende Buch wurde.

Anmerkungen*

I. Von der Alchimie zur Algenie

1. Mumford, *Mythos der Maschine*, S. 149.
2. Wertime/Muhly, *The Coming of the Age of Iron*, S. 9.
3. Zitiert in: Eckholm, «Disappearing Species», S. 6.
4. Lessing, «In the Core of Life Itself», S. 150.
5. Ebd., S. 152.
6. Ebd.
7. Shurkin, «Yet Another Step».
8. «Fetus for Sale», S. 86.
9. Chedd, «Danielli the Prophet», S. 124.
10. Halacy, *The Genetic Revolution*, S. 185.
11. «DNA Recombinant Molecule Research», S. 16.
12. Beckwith, «Gene Expression», S. 224.
13. Beckwith, «Recombinant DNA».
14. «Counting Up the Genes», Abschnitt 4, S. 6.
15. «A Working Synthetic Gene», S. 7.
16. Merril u. a., «Bacterial versus Gene Expression», S. 398–400.
17. Interview des Autors mit Dr. Ethan Signer, April 1977.
18. Ritchie-Calder, «Retailoring the Tailor», S. IV.
19. Office of Technology Assessment, *Impacts of Applied Genetics*, S. 8.
20. McAuliffe, *Life for Sale*, S. 28.
21. Ebd., S. 11.
22. Ebd., S. 26.
23. O'Toole, «In the Lab», S. A 1.
24. Zitiert in: Cohn, «Biologists Report», S. A 12.
25. Berman, *Wiederverzauberung der Welt*, S. 96.
26. Ebd., S. 92.
27. Zitiert ebd., S. 92.
28. Zitiert in: Fiske, «Computers Alter Life», S. 1.
29. Ebd.
30. Ebd.
31. Menosky, «Cheap, Fast Designer Genes», S. C 1.
32. Zitiert in: McAuliffe, «Biochip Revolution», S. 55.
33. Ebd.
34. McAuliffe, *Life for Sale*, S. 219.

* Die bibliographischen Angaben finden sich im Literaturverzeichnis zu diesem Buch.

II. Entscheiden, was natürlich ist

1. Zitiert in: Eiseley, *The Firmament of Time*, S. 44.
2. Mulkay, *Science and Sociology of Knowledge*, S. 1.
3. Ebd., S. 2.
4. Hallpike, *The Foundations of Primitive Thought*, Oxford 1979, S. 480.
5. Kramer, *The Sumerians*, S. 113.
6. Ebd., S. 114.
7. Thompson, *The Time Falling Bodies Take to Light*, S. 162.
8. Ebd.
9. Kaplan, *Robots, Men and Minds*, S. 91.
10. Glacken, *Traces on the Rhodian Shore*, S. 230.
11. Ebd.
12. Lovejoy, *The Great Chain of Being*, Cambridge 1936, S. 86.
13. Hoyt, *Europe in the Middle Ages*, S. 300.
14. Lovejoy, *The Great Chain of Being*, S. 77 f.
15. Ebd., S. 79.
16. Ebd.
17. Freud, *Jenseits des Lustprinzips*, S. 248.
18. Becker, *Escape from Evil*, S. 3.
19. Ebd.
20. Ebd.
21. Ebd., S. 63.
22. Zitiert ebd., S. 136.
23. Ebd., S. 136 f.
24. Canetti, *Masse und Macht*, S. 504.
25. Worster, *Nature's Economy*, S. 96.
26. Radin, *Gott und Mensch in der primitiven Welt*, S. 11.
27. Maslow, *The Psychology of Science*, S. 139.
28. Ebd.
29. Ellul, *La technique ou l'enjeu du siècle*.
30. Hocart, *Social Origins*, S. 35.
31. Becker, *Escape from Evil*, S. 22 f.
32. Ebd., S. 149.

III. Darwins Vision

1. Rank, *Beyond Psychology*, S. 32 f.
2. Greene, *Science, Ideology, and World View*, S. 124.

3. Ebd., S. 7.
4. Ebd.
5. Sandow, «Social Factors in the Origin of Darwinism», S. 325.
6. Greene, *Science, Ideology, and World View*, S. 7.
7. Young, «Man's Place in Nature», S. 384.
8. Zitiert in: Altick, *Victorian People and Ideas*, S. 11.
9. Ebd.
10. Hawkes, «Land and People», S. 27.
11. Altick, *Victorian People and Ideas*, S. 41.
12. Weber, *The Growth of Cities*, S. 1.
13. Manier, «History, Philosophy and Sociology of Biology», S. 3.
14. Ebd.
15. Altick, *Victorian People and Ideas*, S. 43.
16. Ebd., S. 45.
17. Ebd.
18. Ebd., S. 81.
19. Hobsbawm, *Die Blütezeit des Kapitals*, S. 47.
20. Ebd., S. 46.
21. Wiener, *English Culture*, S. 12.
22. West, *Charles Darwin*, S. 334.
23. Ebd., S. 335.
24. Ebd.
25. Ebd.
26. Barlow, *Autobiography of Charles Darwin*, S. 23.
27. Ebd.
28. Darwin, *Leben und Briefe*, Bd. I, S. 298.
29. West, *Charles Darwin*, S. 334.
30. Himmelfarb, *Darwin and the Darwinian Revolution*, S. 128.
31. Darwin, *Leben und Briefe*, S. 251.
32. Zitiert in: Himmelfarb, *Darwin and the Darwinian Revolution*, S. 129 f.
33. Ebd., S. 136.
34. Ebd.
35. Ebd., S. 137.
36. Worster, *Nature's Economy*, S. 13.
37. Ebd.
38. Sandow, «Social Factors», S. 321.
39. Barlow, *Autobiography of Charles Darwin*, S. 119.
40. Sandow, «Social Factors», S. 321.
41. Vorzimmer, «An Early Darwin Manuscript», S. 215.
42. Darwin, *Das Variiren der Thiere und Pflanzen*, Bd. I, S. 469.

43. Mulkay, *Science and Sociology of Knowledge*, S. 102.
44. Ebd., S. 104.
45. Darwin, *Die Entstehung der Arten*, S. 105.
46. Barlow, *Autobiography of Charles Darwin*, S. 120.
47. Worster, *Nature's Economy*, S. 150.
48. Mulkay, *Science and Sociology of Knowledge*, S. 105.
49. Worster, *Nature's Economy*, S. 151.
50. Russell, *Religion and Science*, S. 72 f.
51. Schweber, «Darwin and the Political Economists», S. 200.
52. Mulkay, *Science and Sociology of Knowledge*, S. 105 f.
53. Darwin, *Leben und Briefe*, Bd. II, S. 171 f.
54. Condorcet, *Entwurf einer historischen Darstellung*, S. 31.
55. Bethell, «Darwin's Mistake», S. 71.
56. Darwin, *Die Entstehung der Arten*, S. 325.
57. Worster, *Nature's Economy*, S. 149.
58. Lewis, *Herman Melville*, S. 126.
59. Worster, *Nature's Economy*, S. 124.
60. Darwin, *Darwins Reise*, S. 393.
61. Ebd., S. 394.
62. Gale, «Darwin and the Struggle for Existence», S. 343.
63. Barlow, *Autobiography of Charles Darwin*, S. 92.
64. Schweber, «Darwin and the Political Economists», S. 198.
65. Smith, *Natur und Ursachen des Volkswohlstandes*, S. 5.
66. Zitiert in: Schweber, «Darwin and the Political Economists», S. 274.
67. Zitiert ebd., S. 251.
68. Zitiert ebd.
69. Zitiert ebd.
70. Zitiert ebd., S. 255 f.
71. Zitiert ebd., S. 252.
72. Ebd., S. 256.
73. Ebd., S. 197.
74. Ebd.
75. Barlow, *Autobiography of Charles Darwin*, S. 120.
76. Darwin, Wallace, *Evolution by Natural Selection*, S. 264–267.
77. Stauffer, *Charles Darwin's Natural Selection*, S. 233.
78. Ebd., S. 228.
79. Young, «Man's Place in Nature», S. 375.
80. Darwin, *Die Entstehung der Arten*, S. 124.
81. Worster, *Nature's Economy*, S. 158.
82. Ebd., S. 162.
83. Ebd.

84. Ebd., S. 161.
85. Ebd.
86. Zitiert in: Gruber, Barrett, *Darwin on Man*, S. 459.
87. Darwin, *Leben und Briefe*, Bd. II, S. 206.
88. Himmelfarb, *Darwin and the Darwinian Revolution*, S. 425.
89. Ebd.
90. Darwin, *Die Abstammung des Menschen*, Bd. I, S. 146.
91. McCulloch, *The Principles of Political Economy*, S. 537.
92. Ebd., S. 149.
93. Darwin, Wallace, *Evolution by Natural Selection*, S. 119.
94. Bowles, «Malthus, Darwin and the Concept of Struggle», S. 645.
95. Spencer, *Social Statics*, S. 322 f.
96. Hofstadter, *Social Darwinism*, S. 7.
97. Ebd., S. 6 f.
98. Gillespie, *Darwin and the Problem of Creation*, S. 54.
99. Zitiert in: Eiseley, *The Firmament of Time*, S. 29.
100. Zitiert in: Himmelfarb, *Darwin and the Darwinian Revolution*, S. 337.
101. Worster, *Nature's Economy*, S. 40.
102. Michell, «Vorschlag für eine andere Denkart», S. 137.
103. Zitiert in: Himmelfarb, *Darwin and the Darwinian Revolution*, S. 348.
104. Ebd., S. 347.
105. Darwin, *Die Entstehung der Arten*, S. 105.
106. Spencer, *Social Statics*, S. 79 f.
107. Schweber, «Darwin and the Political Economists», S. 277.
108. Worster, *Nature's Economy*, S. 52.
109. West, *Charles Darwin*, S. 324.
110. Marx, Brief an Engels, Dezember 1860.
111. Marx, Brief an Engels, November 1859.
112. Himmelfarb, *Darwin and the Darwinian Revolution*, S. 423.
113. Engels, MEW, Bd. 19, Berlin: Dietz, 1972, S. 335.
114. Himmelfarb, *Darwin and the Darwinian Revolution*, S. 423.
115. Marx, Engels, *Briefe 1875–1880*, MEW, Bd. 34, S. 170.
116. Spengler, *Der Untergang des Abendlandes*, Bd. 1, S. 476.
117. Himmelfarb, *Darwin and the Darwinian Revolution*, S. 416.

IV. Darwinsche Götterdämmerung

1. Huxley, «At Random», Bd. I, S. 42.
2. Ebd., S. 41.
3. Hardin, *Nature and Man's Fate*, S. 216.

4. Patterson, Vortrag, American Museum of Natural History, New York, 5. November 1981.
5. Stern, The Flight from Women, S. 290.
6. Ebd.
7. Olson, «The Evolution of Life», Bd. I, S. 523.
8. Ebd.
9. Davy, «What If Darwin Were Wrong?», S. C 1.
10. Ebd.
11. Kerkut, *Implications of Evolution*, S. VII.
12. Bonner, «Implications of Evolution», S. 240.
13. Dobzhansky, «Darwinian or ‹Oriented› Evolution?», S. 240.
14. Grassé, *Evolution of Living Organisms*, S. 202.
15. Ebd., S. 6.
16. Matthews, Einleitung zu *The Origin of Species*, London 1971, S. XI.
17. Simpson, «Notes of the Nature of Science», S. 9.
18. Dobzhansky, «On Methods», S. 388.
19. Ebd.
20. Oparin, *Life: Its Nature, Origin and Development*. Edinburgh: Oliver and Body, 1961, S. 33.
21. Zitiert in: Clark, Bales, *Why Scientists Accept Evolution*, S. 95.
22. Thompson, Einleitung zu *The Origin of Species*, New York 1956.
23. Conklin, *Man Real and Ideal*, S. 147.
24. Ebd.
25. Mayr, «Evolution», S. 52.
26. Ebd.
27. Ebd., S. 52 f.
28. Huxley, *Evolution, the Modern Synthesis*, S. 28.
29. Lewin, «Evolutionary Theory under Fire», S. 883.
30. Gould, «Is a New and General Theory of Evolution Emerging?», S. 120.
31. Grassé, *Evolution of Living Organisms*, S. 4.
32. Ebd., S. 31.
33. Ebd.
34. Darwin, *Die Entstehung der Arten*, S. 366.
35. Zitiert in: Parker, *Creation*, S. 94 f.
36. Axelrod, «Early Cambrian Marine Fauna», S. 7.
37. Simpson, *The Meaning of Evolution*, S. 18.
38. Ommaney, *Die Fische*, S. 52 f.
39. Romer, *Vertebrate Paleontology*, S. 15.
40. White, «Proceedings», S. 8.
41. Gish, *The Fossils Say No!*, S. 74 f.

42. Swinton, in: Marshall, *Biology and Comparative Physiology of Birds*, Bd. I, S. 1.
43. «Bone Bonanza», S. 198.
44. Macbeth, PBS-Fernsehsendung «Did Darwin Get It Wrong?», 1. November 1981. WGBH Transcripts, 125 Western Ave., Boston, Mass.
45. Goldschmidt, «Evolution, as Viewed by One Geneticist», S. 97.
46. Kitts, «Paleontology and Evolutionary Theory», S. 467.
47. Gould, Eldredge, «Punctuated Equilibria», S. 115.
48. Ebd.
49. Zitiert in: Macbeth, *Darwin Retried*, S. 35 f.
50. Deevy, «The Reply», S. 636.
51. Zitiert in: Macbeth, *Darwin Retried*, S. 36.
52. Grassé, *Evolution of Living Organisms*, S. 87 f.
53. Ebd.
54. Ebd., S. 202.
55. Falconer, *Introduction to Quantitative Genetics*, S. 186.
56. Zitiert in: Parker, *Creation*, S. 76.
57. Wysong, *Creation – Evolution Controversy*, S. 274.
58. Mayr, *Artbegriff und Evolution*, S. 230.
59. Ebd., S. 233 f.
60. Wysong, *Creation – Evolution Controversy*, S. 274.
61. Himmelfarb, *Darwin and the Darwinian Revolution*, S. 446.
62. Zitiert in: Willis, «Creation and/or Evolution», S. 9.
63. Grassé, *Evolution of Living Organisms*, S. 88.
64. Ebd.
65. Himmelfarb, *Darwin and the Darwinian Revolution*, S. 341.
66. Ebd., S. 341 f.
67. Ebd., S. 342.
68. Gould, «The Return of Hopeful Monsters», S. 24.
69. Macbeth, *Darwin Retried*, S. 99 f.
70. Himmelfarb, *Darwin and the Darwinian Revolution*, S. 337 f.
71. Wysong, *Creation – Evolution Controversy*, S. 306.
72. Darwin, *Leben und Briefe*, Bd. II, S. 289.
73. Darwin, *Die Entstehung der Arten*, S. 235.
74. Wallace, *Natural Selection*, S. 202.
75. Zitiert in: Eiseley, *Darwin's Century*, S. 311.
76. Zitiert in: Macbeth, *Darwin Retried*, S. 103.
77. Gould, «The Evolutionary Biology», S. 46.
78. Thomson, Geddes, *Life*, S. 1317.
79. Huxley, *Entfaltung des Lebens*, S. 39.

80. Zitiert in: Bethell, «Darwin's Mistake», S. 72.
81. Himmelfarb, *Darwin and the Darwinian Revolution*, S. 316.
82. Waddington, *The Strategy of the Genes*, S. 64 f.
83. Buchrezension, *Science* 164 (1969), S. 684.
84. Beer, *Embryos and Ancestors*, S. 6.
85. Ebd.
86. Danson, «Evolution», S. 35.
87. Wysong, *Creation – Evolution Controversy*, S. 398.
88. Keosian, *The Origin of Life*, S. 27.
89. Mora, «The Folly of Probability», S. 41.
90. Miller, «Production of Some Organic Compounds», S. 2351.
91. Wysong, *Creation – Evolution Controversy*, S. 212.
92. Wilder-Smith, *The Natural Sciences Know Nothing of Evolution*, S. 14.
93. Ebd., S. 19.
94. Ebd., S. 20.
95. Zitiert in: Wysong, *Creation – Evolution Controversy*, S. 75 f.
96. Kerkut, *Implications of Evolution*, S. 150.
97. Zitiert in: Sullivan, «Creation Debate», S. 48.
98. Wysong, *Creation – Evolution Controversy*, S. 195.
99. Ebd., S. 104.
100. Simpson, *The Meaning of Evolution*, S. 15 f.
101. Hadd, *Evolution*, S. 31.
102. Ebd.
103. Parker, *Creation*, S. 35.
104. Szent-Györgyi, «The Evolutionary Paradox», S. 111.
105. Ebd.
106. Schutzenberger, «Algorithms», S. 74 f.
107. Eden, «Inadequacies», S. 109.
108. Schutzenberger, «Algorithms», S. 75.
109. Koestler, *Der Mensch – Irrläufer der Evolution*, S. 225.
110. Ebd.
111. Zitiert ebd., S. 211 f.

V. Das Leben umdenken und neugestalten

1. Løvtrup, *Epigenetics*, S. 404.
2. Ho, Saunders, «Beyond Neo-Darwinism», S. 579.
3. Waddington, *The Evolution of an Evolutionist*, S. VI.
4. Waddington, «A Catastrophe Theory», S. 36.

5. Ho, Saunders, «Beyond Neo-Darwinism», S. 580.
6. Monro, «Interpreting Molecular Biology», S. 108.
7. *Newsweek*, 11. Januar 1982, S. 39.
8. Ebd.
9. Zitiert ebd.
10. Ebd., S. 40.
11. Nuttal, «Neo-Darwinism», S. 201.
12. Haraway, *Crystals, Fabrics, and Fields*, S. 60.
13. Weiss, *The Science of Life*, S. 19.
14. Ebd., S. 42.
15. Ebd.
16. Ebd., S. 19.
17. Ebd., S. 45.
18. Ebd., S. 47.
19. Ebd., S. 61.
20. Ebd.
21. Goodwin, «On Morphogenetic Fields», S. 111.
22. Ebd., S. 112.
23. Ebd.
24. Ebd.
25. Ebd., S. 113.
26. Ebd., S. 113 f.
27. Burr, *Blueprint for Immortality*, S. 30.
28. Ebd.
29. Ebd., S. 33.
30. Ebd., S. 43 f.
31. Ebd., S. 71.
32. Ebd., S. 107.
33. Ebd.
34. Brown, «The Rhythmic Nature», S. 159.
35. Ebd., S. 161.
36. Aschoff, «Circadian Rhythms in Man», S. 1431.
37. Goodwin, «The Cell as a Resonating System», Bd. 2, S. 198.
38. Fraser, *Of Time, Passion, and Knowledge*, S. 186.
39. Brown, «The Rhythmic Nature», S. 166.
40. Zitiert in: Gunter, *Bergson*, S. 63.
41. Čapek, «Temporal Order», S. 80.
42. Zitiert in: Dewey, «Metaphysical Issues», S. 259.
43. Haeckel, *Generelle Morphologie der Organismen*, Berlin: Reimer, 1866, Bd. II, S. 286–289.
44. Worster, *Nature's Economy*, S. 209.

45. Collingwood, *The Idea of Nature*, S. 146.
46. Zitiert in: Whitehead, *The Principles of Natural Knowledge*, S. 54.
47. Collingwood, *The Idea of Nature*, S. 146.
48. Whitehead, *Nature and Life*, S. 20–22.
49. Ebd., S. 12.
50. Ebd., S. 15.
51. Ebd., S. 27.
52. Whitehead, *The Principles of Natural Knowledge*, S. 6.
53. Čapek, «Temporal Order», S. 51.
54. Collingwood, *The Idea of Nature*, S. 24.
55. Fraser, *Of Time, Passion, and Knowledge*, S. 80.
56. Hartshorne, «Physics and Psychics», S. 92.
57. Fraser, *Of Time, Passion, and Knowledge*, S. 442.
58. Ebd., S. 224 f.
59. Ebd., S. 228.
60. Gould, Eldredge, «Punctuated Equilibria», S. 15.
61. Zitiert in: Fiske, «Computers Alter Life».
62. «Computer Age Began with Marvel», S. C 8.
63. Toffler, *The Third Wave*, New York: Bantam, 1980 (dt. *Die Zukunftschance*), S. 140.
64. Ebd., S. 170.
65. Mitcham, «Philosophy of Technology», S. 316.
66. Wiener, *The Human Use of Human Beings*, New York: Avon, 1954, S. 26 f.
67. Ebd., S. 35.
68. Rosenblueth, Wiener, Bigelow, «Behavior, Purpose and Teleology», S. 18.
69. Wiener, *The Human Use of Human Beings*, S. 278.
70. Ebd., S. 25.
71. Hoos, *Systems Analysis*, S. 194.
72. Ebd.
73. Rappaport, *Ecology, Meaning, and Religion*, S. 169.
74. Toffler, *The Third Wave*, S. 185.
75. Ebd.
76. Dechert, «The Development of Cybernetics», S. 18 f.
77. Theobald, «Cybernetics», S. 59.
78. McLuhan, *Die magischen Kanäle*, S. 304.
79. Ebd., S. 52.
80. Ebd., S. 233.
81. Ebd., S. 115.
82. Thorpe, Zangwill, *Current Problems in Animal Behaviour*, S. 303.

83. Ebd.
84. Grene, *The Understanding of Nature*, S. 68.
85. Gregory, «The Brain as an Engineering Problem», S. 307.
86. Thorpe, «The Frontiers of Biology», S. 3.
87. Waddington, «Whitehead and Modern Science», S. 145.
88. Ebd.
89. Thorpe, «The Frontiers of Biology», S. 6.
90. Sayre, *Cybernetics and the Philosophy of Mind*, S. XI.
91. Grassé, *Evolution of Living Organisms*, S. 223.
92. Ebd., S. 224.
93. Ebd.
94. Ebd., S. 225.
95. Ebd., S. 226.
96. Ebd., S. 225.
97. Ford, «Soviet Cybernetics», S. 171.
98. Ebd.
99. Ebd.
100. Weizenbaum, *Die Macht der Computer*, S. 209.
101. «The Organic Computer», S. 76.

VI. Der neue kosmische Spiegel

1. Danielli, «Artificial Synthesis», S. 21.
2. Sayre, *Cybernetics and the Philosophy of Mind*, S. 231.
3. Wiener, *The Human Use of Human Beings*, S. 38.
4. Trimble, *The Star Trek Concordance*, S. 241.
5. Ebd.
6. Ebd.
7. Wiener, *The Human Use of Human Beings*, S. 130 f.
8. Ebd., S. 131.
9. Ebd., S. 140.
10. Signer, «Recombinant DNA».
11. «Whether to Make Perfect Humans», S. A 22.
12. Ebd.
13. Zitiert in: Rosenfeld, *The Second Genesis*, S. 212.
14. Zitiert in: Peter, «Ethical Perspectives», S. 205.
15. Huxley, *Entfaltung des Lebens*, S. 37.

Bibliographie

Bücher

Aitchison, Leslie. *A History of Metals*. New York: Interscience Publ., 1960.

Altick, Richard D. *Victorian People and Ideas*. New York: W. W. Norton, 1973.

Ardrey, Robert. *Adam und sein Revier. Der Mensch im Zwang des Territoriums*. München: DTV, 1972.

Bachofen, Johann Jakob. *Das Mutterrecht*. Frankfurt a. M.: Suhrkamp, 1975.

Baker, Ernest (Hg.). *The Character of England*. Oxford: Clarendon Press, 1947.

Barfield, Owen. *Saving the Appearances: A Study in Idolatry*. New York: Harcourt, Brace & World, 1965.

Barlow, Nora (Hg.). *Autobiography of Charles Darwin: 1809–1882*. New York: W. W. Norton, 1969.

Bateson, Gregory. *Geist und Natur. Eine notwendige Einheit*. Frankfurt a. M.: Suhrkamp, 1982.

Ders. *Ökologie des Geistes*. Frankfurt a. M.: Suhrkamp, 1985.

Beauvoir, Simone de. *Das andere Geschlecht*. Reinbek: Rowohlt, 1968.

Becker, Ernest. *Escape from Evil*. New York: The Free Press, 1975.

Beer, Gavin de. *Embryos and Ancestors*. London: Oxford University Press, 1954.

Bentov, Itzhak. *Auf der Spur des wilden Pendels. Abenteuer im Bewußtsein*. Reinbek: Rowohlt, 1986. (Dt. Originalausgabe: *Töne – Wellen – Vibrationen*. München: Dianus Trikont, 1984.)

Berman, Morris. *Wiederverzauberung der Welt*. Reinbek: Rowohlt, 1985.

Brown, Norman O. *Zukunft im Zeichen des Eros*. Pfullingen: Neske, 1962.

Bugliarello, George; Koner, Dean B. (Hg.). *The History and Philosophy of Technology*. Urbana: University of Illinois Press, 1979.

Burckhardt, Titus. *Alchimie. Sinn und Weltbild*. Freiburg: Walter, 1960.

Burr, Harold Saxton. *Blueprint for Immortality: The Electric Patterns of Life*. London: Neville Spearman, 1972.

Butterfield, Herbert. *The Origins of Modern Science, 1300–1800*. New York: The Free Press, 1965.

Canetti, Elias. *Masse und Macht*. Frankfurt a. M.: Fischer, 1980.

Cantor, Norman F. *Medieval History: The Life and Death of a Civilization*. 2. Aufl., New York: Macmillan, 1969.

Clark, Robert T.; Bales, James D. *Why Scientists Accept Evolution*. Grand Rapids: Baker Book House, 1966.

Cobb, John; Griffin, David (Hg.). *Mind in Nature: Essays on the Interface of Science and Philosophy*. Washington: University Press of America, 1977.

Cohen, Mark Nathan. *The Food Crisis in Prehistory: Overpopulation and the Origins of Agriculture*. New Haven: Yale University Press, 1977.

Collingwood, Robin G. *The Idea of Nature*. Oxford: Oxford University Press, 1945.

Condorcet, Antoine de. *Entwurf einer historischen Darstellung der Fortschritte des menschlichen Geistes*. Frankfurt a. M.: Suhrkamp, 1976.

Conklin, Edwin G. *Man Real and Ideal: Observation and Reflections on Man's Nature, Development and Destiny*. New York: Scribner's, 1943.

Crick, Francis. *Das Leben selbst. Sein Ursprung, seine Natur*. München: Piper, 1983.

Daly, Herman E. *Steady-State Economics: The Economics of Biophysical Equilibrium and Moral Growth*. San Francisco: W. H. Freeman, 1977.

Darwin, Charles. *Die Abstammung des Menschen und die geschlechtliche Zuchtwahl*. 2. Ausg., 2 Bde., Stuttgart: Schweizerbart, 1871/72.

Ders. *Leben und Briefe*. Hg. v. Francis Darwin. Gesammelte Werke, Bd. 14–16, Stuttgart: Schweizerbart, 1899 (2. Aufl.).

Ders. *Die Entstehung der Arten durch natürliche Zuchtwahl*. Gesammelte Werke, Bd. 2. Stuttgart: Schweizerbart, 1876 (6. Aufl.).

Ders. *Das Variieren der Thiere und Pflanzen im Zustande der Domestication*. 2 Bde. Gesammelte Werke, Bd. 3 und 4. Stuttgart: Schweizerbart, 1878 (3. Aufl.).

Ders. *Naturwissenschaftliche Reisen nach den Inseln des Grünen Vorgebirges, Südamerika, dem Feuerlande ...* Braunschweig: Vieweg, 1844.

Darwin, Charles; Wallace, A. R. *Evolution by Natural Selection*. Cambridge: Cambridge University Press, 1958.

Dechert, Charles R. (Hg.). *The Social Impact of Cybernetics*. New York: Simon & Schuster, 1967.

Deely, John N.; Nogar, Raymond J. *The Problem of Evolution: A Study of the Philosophical Repercussions of Evolutionary Science*. New York: Appleton-Century-Crofts, 1973.

Deloria, Vine. *The Metaphysics of Modern Existence*. New York: Harper & Row, 1979.

Dinnerstein, Dorothy. *Das Arrangement der Geschlechter*. Stuttgart: DVA, 1979.

Dobzhansky, Theodosius; Ayala, Franciso J.; Stebbins, Ledyard, G.; Valentine, James W. *Evolution*. San Francisco: W. H. Freeman, 1977.

Donoghue, Denis. *Thieves of Fire*. New York: Oxford University Press, 1974.

Durbin, Paul T. (Hg.). *Science, Technology, Medicine*. New York: The Free Press, 1980 a.

Ders. *A Guide to the Culture of Science, Technology and Medicine*. New York: The Free Press, 1980 b.

Eiseley, Loren. *Darwin's Century*. New York: Doubleday, 1958.

Dies. *Die ungeheure Reise*. München: 1960 a.

Dies. *The Firmament of Time*. New York: Atheneum, 1960 b.

Eldredge, Niles; Cracraft, Joel. *Phylogenetic Patterns and the Evolutionary Process: Method and Theory in Comparative Biology*. New York: Columbia University Press, 1961.

Eliade, Mircea. *Kosmos und Geschichte. Der Mythos der ewigen Wiederkehr*. Frankfurt a. M.: Insel, 1984.

Ellul, Jacques. *La technique ou l'enjeu du siècle*. Paris, 1962.

Falconer, Douglas Scott. *Introduction to Quantitative Genetics*. New York: Ronald Press, 1960.

Ferguson, Marilyn. *Die sanfte Verschwörung*. München: Knaur Tb, 1984.

Flacelière, Robert. *Griechenland, Leben und Kultur in klassischer Zeit*. Stuttgart: Reclam, 1979 (2. Aufl.).

Fox, S. W. (Hg.). *The Origins of Prebiological Systems and Their Molecular Matrices*. New York: Academic Press, 1965.

Fraser, J. T. *Of Time, Passion, and Knowledge: Reflections on the Strategy of Existence*. New York: George Braziller, 1975.

Freud, Sigmund. *Jenseits des Lustprinzips*. Studienausgabe, Band III, S. 213 ff. Frankfurt a. M.: S. Fischer, 1975.

Galton, Francis. *Inquiries into Human Faculty and Its Development*. New York: AMS Press, o. J.

Gillespie, Neal C. *Charles Darwin and the Problem of Creation*. Chicago: University of Chicago Press, 1979.

Gish, Duane T. *Evolution: The Fossils Say No!* San Diego: Creation-Life Publishers, 1978.

Glacken, Clarence J. *Traces on the Rhodian Shore*. Berkeley & Los Angeles: University of California Press, 1967.

Grassé, Pierre-P. *L'Evolution du Vivant*. Paris, 1973. (Amerik. Ausg.: *Evolution of Living Organisms*, New York: Academic Press, 1977.)

Gray, Elizabeth Dodson. *Why the Green Nigger: Re-mything Genesis*. Wellesley, Mass.: Roundtable Press, 1979.

Greene, John C. *Science, Ideology, and World View: Essays in the History of Evolutionary Ideas*. Berkeley: University of California Press, 1981.

Grene, Marjorie. *The Understanding of Nature: Essays in the Philosophy of Biology*. Dordrecht, Holland: D. Reidel, 1974.

Gruber, Howard E.; Barrett, Paul H. *Darwin on Man: A Psychological Study of Scientific Creativity*. New York: E. P. Dutton, 1974.

Gunter, P. A. Y. (Hg.). *Bergson and the Evolution of Physics*. Knoxville, Tenn.: University of Tennessee Press, 1977.

Gurvitch, Georges. *The Social Frameworks of Knowledge*. Oxford: Basil Blackwell, 1971.

Hadd, John R. *Evolution: Reconciling the Controversy*. New Jersey: Kronos Press, 1979.

Haeckel, Ernst. *Die Welträthsel. Gemeinverständliche Studien über monistische Philosophie*. Bonn: Strauss, 1903.

Halacy D.S. *The Genetic Revolution*. New York: Harper & Row, 1974.

Hall, Wilbur. *Partner of Nature*. New York: Appleton-Century-Crofts, 1939.

Hallpike, Christopher R. *The Foundation of Primitive Thought*. Oxford: Clarendon Press, 1979. Dt. Ausg.: *Die Grundlagen primitiven Denkens*. Stuttgart: Klett-Cotta, 1984.

Hampden-Turner, Charles. *Modelle des Menschen. Ein Handbuch des menschlichen Bewußtseins*. Weinheim: Beltz, 1982.

Haraway, Donna Jeanne, *Crystals, Fabrics, and Fields: Metaphors of Organism in Twentieth-Century Developmental Biology*. New Haven: Yale University Press, 1976.

Hardin, Garrett, *Nature and Man's Fate*. New York: Rinehart, 1959/New American Library, 1961.

Harris, Marvin. *Cannibals and Kings: The Origins of Culture*. New York: Julian Press, 1963.

Heard, Gerald. *The Five Ages of Man: The Psychology of Human History*. New York: Julian Press, 1963.

Heer, Friedrich. *Mittelalter*. Kindlers Kulturgeschichte des Abendlandes, Band 9 und 10. München: Kindler, 1977.

Heidegger, Martin. *Vorträge und Aufsätze*. Pfullingen: Neske, 1954.

Himmelfarb, Gertrude. *Darwin and the Darwinian Revolution*. New York: W. W. Norton, 1959.

Hitching, Francis. *The Neck of the Giraffe: Where Darwin Went Wrong*. New Haven and New York: Ticknor & Fields, 1982.

Hobsbawm, Eric J. *Die Blütezeit des Kapitals. Eine Kulturgeschichte der Jahre 1848–1875*. Frankfurt a. M.: Fischer Tb., 1980.

Hocart, A. M. *Social Origins*. London: Watts, 1954.

Hofstadter, Richard. *Social Darwinism in American Thought*. Rev. Ausg., Boston: Beacon Press, 1955.
Hoos, Ida R. *Systems Analysis in Public Policy*. Berkeley and Los Angeles: University of California Press, 1972.
Hopkins, Arthur John. *Alchemy: Child of Greek Philosophy*. New York: AMS Press, 1967.
Hoyt, Robert S. *Europe in the Middle Ages*. 2. Aufl., New York: Harcourt, Brace & World, 1957.
Hues, J. Donald. *Ecology in Ancient Civilizations*. Albuquerque: University of New Mexico Press, 1975.
Huxley, Julian. *Entfaltung des Lebens*. Frankfurt a. M./Hamburg: Fischer TB, 1954.
Ders. *Evolution, the Modern Synthesis*. London: Allen & Unwin, 1942.
Jantsch, Erich. *Die Selbstorganisation des Universums*. München/Wien: Hanser, 1979.
Jantsch, Erich; Waddington, C. H. (Hg.). *Evolution and Consciousness: Human System in Transition*. Reading, Mass.: Addison-Wesley, 1976.
Jaynes, Julian. *The Origin of Consciousness in the Breakdown of the Bicameral Mind*. Boston: Houghton Mifflin, 1976.
Johanson, Donald; Edey, Maitland. *Lucy. Die Anfänge der Menschheit*. München/Zürich: Piper, 1982.
Jung, C. G. *Die Archetypen und das Kollektive Unbewußte*. GW 9/I. Freiburg: Walter 1980.
Ders. *Der Mensch und seine Symbole*. Unter Mitarbeit v. Marie-Louise Franz u. a. Freiburg: Walter, 1977.
Kaplan, Bernard A. *Robots, Men and Minds*. New York: George Braziller, 1967.
Keosian, J. *The Origin of Life*. New York: Reinhold, 1968.
Kerkut, G. A. *Implications of Evolution*. New York: Pergamon Press, 1960.
Koestler, Arthur. *Der Mensch – Irrläufer der Evolution*. Bern/München: Scherz, 1978.
Kramer, Samuel Noah. *The Sumerians: Their History, Culture, and Character*. Chicago: University of Chicago Press, 1963.
Kumar, Satish; Hentschel, Roswitha (Hg.). *Metapolitik. Fortschritt durch Erkenntnis. Die E. F. Schumacher Lectures*. München: Dianus-Trikont, 1985.
Lamberg-Karlovsky, C. C. (Hg.). *Hunters, Farmers, and Civilizations*. San Francisco: W. H. Freeman, 1979.
Lévy, Bernard-Henri. *Das Testament Gottes. Der Mensch im Kampf gegen Gewalt und Ideologie*. München: Molden, 1980.

Lewis, John. *Beyond Chance and Necessity: A Critical Inquiry into Professor Jacques Monad's Chance and Necessity*. Brompton Road, London: Garnstone Press, 1974.
Lewis, R. W. B. (Hg.). *Herman Melville*. New York: Dell, 1962.
Løvtrup, Søren. *Epigenetics: A Treatise on Theoretical Biology*. London: John Wiley & Sons, o. J.
Lovejoy, Arthur O. *The Great Chain of Being*. Cambridge: Harvard University Press, 1936. Dt. Ausg.: *Die große Kette der Wesen. Geschichte eines Gedanken*. Frankfurt a. M.: Suhrkamp, 1985.
Lovelock, Jim E. *Unsere Erde wird überleben. GAIA – eine optimistische Ökologie*. München: Piper, 1982.
McAuliffe, Sharon and Kathleen. *Life for Sale*. New York: Coward, McCann & Geoghegan, 1981.
Macbeth, Norman. *Darwin Retried: An Appeal to Reason*. Boston: Gambit 1971.
McCulloch, John. *The Principles of Political Economy*. 2. Aufl., London: Longman, Rees, Orme, Brown and Green, 1830.
McLuhan, Herbert Marshall. *Die magischen Kanäle. Understanding Media*. Düsseldorf/Wien: Econ, 1968.
McNeill, William H. *The Rise of the West: A History of the Human Community*. Chicago: University of Chicago Press, 1963.
Margenau, Henry; and Sellon, Emily B. (Hg.) *Nature, Man, and Society: Main Currents in Modern Thought*. York Beach (Hg.): Nicolas-Hays, 1976.
Marshall, A. J. (Hg.). *Biology and Comparative Physiology of Birds*. 2 Bde., New York: Academic Press, 1960.
Marx, Karl; Engels, Friedrich. MEW, Bd. 19 und 34.
Maslow, Abraham H. *The Psychology of Science: A Reconnaissance*. New York: Harper & Row, 1966.
Mayr, Ernst. *Artbegriff und Evolution*. Hamburg: Parey, 1967.
Ders. *Die Entwicklung der biologischen Gedankenwelt*. Berlin: Springer, 1984.
Merleau-Ponty, Jacques; Morando, Bruno. *The Rebirth of Cosmology*. New York: Alfred A. Knopf, 1976.
Mitcham, Carl; Mackey, Robert (Hg.). *Philosophy and Technology: Readings in the Philosophical Problems of Technology*. New York: The Free Press, 1972.
Moorhead, Paul S.; Kaplan, Martin M. (Hg.). *Mathematical Challenges to the Neo-Darwinian Interpretation of Evolution*. Philadelphia: The Wistar Institute Press, 1967.
Morris, Desmond. *Der nackte Affe*. München: Knaur-Tb, 1980.

Mulkay, Michael. *Science and the Sociology of Knowlegde*. London: Allen & Unwin, 1979.
Mumford, Lewis. *Mythos der Maschine. Kultur, Technik und Macht*. Frankfurt a. M.: Fischer 1977.
Neumann, Erich. *Ursprungsgeschichte des Bewußtseins*. 2. Aufl., München: Kindler, 1974.
Oakley, Francis. *The Medieval Experience: Foundations of Western Cultural Singularity*. New York: Scribner's, 1974.
Office of Technology Assessment. *Impacts of Applied Genetics: Micro-Organisms, Plants, and Animals*. Washington, D. C.: U.S. Government Printing Office, 1981.
Ommaney, Francis Downes. *Die Fische*. Reinbek: Rowohlt, 1976.
Ong, Walter J. *Interfaces of the Word: Studies in the Evolution of Consciousness and Culture*. Ithaca: Cornell University Press, 1977.
Oparin, Aleksandr J. *Das Leben. Seine Natur, Herkunft und Entwicklung*. Stuttgart, G. Fischer, 1963.
Ophuls, William. *Ecology and the Politics of Scarcity*. San Francisco: W. H. Freeman, 1977.
Ord-Hume, Arthur W. J. G. *Perpetual Motion: The History of an Obsession*. New York: St. Martin's Press, 1977.
Ornstein, Robert E. *Die Psychologie des Bewußtseins*. Köln: Kiepenheuer & Witsch, 1974.
Parker, Gary E. *Creation: The Facts of Life*. San Diego: Creation Life, 1980.
Piaget, Jean. *Die Bildung des Zeitbegriffs beim Kinde*. Frankfurt a. M.: Suhrkamp, 1974.
Popper, Karl R. *Logik der Forschung*. Tübingen: A. Mohr, 1976 (6. Aufl.).
Prigogine, Ilya; Stengers, Isabelle. *Dialog mit der Natur. Neue Wege naturwissenschaftlichen Denkens*. München: Piper, 1981.
Radin, Paul. *Gott und Mensch in der primitiven Welt*. Zürich: Rhein-Verlag, 1953.
Rank, Otto. *Beyond Psychology*. New York: Dover Publ., 1941.
Rappaport, Roy A. *Ecology, Meaning, and Religion*. Richmond, Calif.: North Atlantic Books, 1979.
Roheim, Geza. *Psychoanalyse und Anthropologie. Drei Studien über die Kultur und das Unbewußte*. Frankfurt a. M.: Suhrkamp, 1977.
Rohlfing, D. L.; Oparin, A. I. (Hg.). *Molecular Evolution: Prebiological and Biological*. New York: Plenum Press, 1972.
Romer, Alfred S. *Vertebrate Paleontology*. 3. Aufl., Chicago: University of Chicago Press, 1966.
Rosenfeld, Albert. *The Second Genesis*. New York: Vintage, 1975.

Rosnay, Joel de. *Das Makroskop. Systemdenken als Werkzeug der Ökogesellschaft*. Reinbek: Rowohlt, 1979.

Ruse, Michael. *The Darwinian Revolution: Science Red Tooth and Claw*. Chicago: The University of Chicago Press, 1979.

Russell, Bertrand. *Philosophie des Abendlandes. Ihr Zusammenhang mit der politischen und der sozialen Entwicklung*. Wien: Europa Verlag, 1975 (2. Aufl.).

Ders. *Religion and Science*. London: Oxford University Press, 1935.

Sachar, Abram Leon. *A History of the Jews*. 5. Aufl., New York: Alfred A. Knopf, 1964.

Sayre, Kenneth M. *Cybernetics and the Philosophy of Mind*. Highlands, N.J.: Humanities Press, 1976.

Simpson, George Gaylord u. a. (Hg.) *Notes on the Nature of Science*. New York: Harcourt, Brace & World, 1962.

Ders. *The Meaning of Evolution*. New Haven: Yale University Press, 1967. Dt. Ausg.: *Auf den Spuren des Lebens. Die Bedeutung der Evolution*. Berlin: Colloquium, 1957.

Smith, Adam. *Der Wohlstand der Nationen*. München: Beck, 1974.

Smith, Huston. *Beyond the Post-Modern Mind*. New York: Crossroads, 1982.

Smith, Maynard J. *The Theory of Evolution*. 3. Aufl., Harmondsworth, England: Penguin, 1975.

Sorokin, Pitirim. *Social and Cultural Dynamics*. Boston: Porter Sargent Publisher, 1970.

Spencer, Herbert. *Social Statics*, London: J. Chapman, 1851.

Spengler, Oswald. *Der Untergang des Abendlandes. Umrisse einer Morphologie der Weltgeschichte*. München: Beck, 1973.

Stauffer, R.C. (Hg.). *Charles Darwin's Natural Selection*. Cambridge: Cambridge University Press, 1975.

Stent, Gunther S. *Paradoxes of Progress*. San Franciso: W. H. Freeman, 1978.

Stern, Karl. *The Flight from Women*. New York: Farrar, Straus & Giroux, 1965.

Symons, Donald. *The Evolution of Human Sexuality*. Oxford: Oxford University Press, 1979.

Tax, Sol (Hg.). *Evolution after Darwin*. 2 Bde. Chicago: University of Chicago Press, 1960.

Teich, Mikulas; Young, Robert (Hg.). *Changing Perspectives in the History of Science: Essays in Honor of Joseph Needham*. Boston: D. Reidal, 1973.

Thomson, John Arthur; Geddes, Patrick. *Life: Outlines of General Biology*. 2 Bde., London: Williams & Norgate, 1931.

Thompson, William Irwin. *The Time Falling Bodies Take to Light: Mythology, Sexuality, and the Origins of Culture*. New York: St. Martin's Press, 1981.
Thorpe, W. H.; Zangwill, O. L. (Hg.). *Current Problems in Animal Behavior*. Cambridge: Cambridge University Press, 1961.
Tiger, Lionel; Fox, Robin. *Das Herrentier. Steinzeitjäger im Spätkapitalismus*. München/Gütersloh/Wien: Bertelsmann, 1973.
Toffler, Alvin. *Der Zukunftsschock*. München: Scherz, 1972 (6. Aufl.).
Ders. *Die Zukunftschance. Von der Industriegesellschaft zu einer humaneren Zivilisation*. Gütersloh: Bertelsmann, 1980.
Trimble, Bjo. *The Star Trek Concordance*. New York: Ballantine Books, 1976.
Waddington, C. H. (Hg.) *Towards a Theoretical Biology*. 2 Bde. Chicago: Aldine, 1969.
Ders. *The Strategy of the Genes*. London: Allen & Unwin, 1957.
Ders. *The Evolution of an Evolutionist*. Edinburgh: Edinburgh University Press, 1975.
Wallace, Alfred R. *Natural Selection and Tropical Nature*. London: Macmillan, 1895.
Weber, Adna F. *The Growth of Cities in the Nineteenth Century*. New York: Macmillan, 1899.
Weiss, Paul A. *The Science of Life: The Living System – A System for Living*. New York: Futura, 1973.
Weizenbaum, Joseph. *Die Macht der Computer und die Ohnmacht der Vernunft*. Frankfurt a. M.: Suhrkamp, 1980 (2. Aufl.).
Weizsäcker, Carl Friedrich von. *Die Einheit der Natur*. Sonderausgabe, 2. Aufl., München: Hanser, 1981.
Wells, H. G. *Die Weltgeschichte*. Berlin/Wien/Leipzig: Zsolnay, 1928.
Wertime, Theodore A.; Muhly, James D. *The Coming of the Age of Iron*. New Haven: Yale University Press, 1980.
West, Geoffrey. *Charles Darwin: A Portrait*. New Haven: Yale University Press, 1938.
Whitehead, Alfred North. *The Principles of Natural Knowledge*. 2. Aufl., Cambridge: Cambridge University Press, 1925.
Ders. *The Concept of Nature*. Cambridge: Cambridge University Press, 1930.
Ders. *Nature and Life*. New York: Greenwood Press, 1968.
Ders. *Abenteuer der Ideen*. Frankfurt a. M.: Suhrkamp, 1971.
Wiener, Martin J. *English Culture and the Decline of the Industrial Spirit: 1880–1980*. Cambridge: Cambridge University Press, 1981.
Wiener, Norbert. *Mensch und Menschmaschine*. Frankfurt a. M./Berlin: Metzner, 1952.

Ders. *Gott & Golem Inc.* Düsseldorf/Wien: Econ, 1965.
Wilder-Smith, A. E. *The Natural Sciences Know Nothing of Evolution.* San Diego: Master Books, 1981.
Willis, David L. (Hg.). *Origins and Change.* London: Garnstone Press, 1974.
Wilson, Edward O. *Biologie als Schicksal. Die soziobiologischen Grundlagen menschlichen Verhaltens.* Berlin: Ullstein, 1980.
Wilson, Peter J. *Man, the Promising Primate: The Conditions of Human Evolution.* New Haven: Yale University Press, 1980.
Worster, Donald. *Nature's Economy. The Roots of Ecology.* San Francisco: Sierra Club Books, 1977.
Wysong, R.L. *The Creation-Evolution Controversy.* Midland, Mich.: Inquiry Press, 1976.

Artikel, Aufsätze und Vorträge

Alyea, Rosemary. «Researchers Change Sex of Lamb Fetus.» *The Battalion*, Februar 1980.
Andrews, Lori B. «Inside the Genius Farm.» *Parents Magazine*, Oktober 1980.
Aschoff, Jürgen. «Circadian Rhythms in Man.» *Science* 148 (1965).
Axelrod, Daniel I. «Early Cambrian Marine Fauna.» *Science* 128 (Juli 1958).
Beckwith, Jonathan. «Gene Expression in Bacteria and Some Concerns About the Misuse of Science.» *Bacteriological Review* 34 (September 1970).
Ders. «Recombinant DNA: Does the Fault Lie within Our Genes?» Vortrag, National Academy of Sciences Forum on Recombinant DNA, Washington, D.C., 7.–9. März 1977.
Bethell, Tom. «Darwin's Mistake.» *Harper's*, Februar 1976.
«Biotechnology Markets to Soar: Efficiencies, Cost-Savings See.» *Chemical Marketing Reporter*, 25. August 1980.
Bock, Walter J. Rezension zu *Der gerechtfertigte Haeckel and Nomogenesis, or Evolution Determined by Law. Science* 164 (1969).
«Bone Bonanza: Early Bird and Mastodon.» *Science News*, 24. September 1977.
Bonner, John Tyler. «Implications of Evolution.» *American Scientist* 49 (1961).
Bowles, Peter J. «Malthus, Darwin and the Concept of Struggle.» *Journal of the History of Ideas*, 37 (1976).

Bradie, Michael; Gromko, Mark. «The Status of the Principle of Natural Selection.» *Nature and System* 3 (1981).
Braithwaite, R. B.; Charlesworth, Deborah; Goodwin, Brian; Webster, Gerry; Westphal, Jonathan. «Discussion: Neo-Darwinism.» *Theoria to Theory* 13 (1979).
Brown, Frank A., Jr. «The Rhythmic Nature of Animals and Plants.» *American Scientist* 47 (1959).
Bush, Paul. «Seed Firms Bought by Outside Interests.» *Packer Weekly*, 13. Dezember 1980.
«BW and Recombinant DNA.» *Science Weekly*, April 1980.
Bylinsky Gene. «The Cloning Era Is Almost Here.» *Fortune*, 19. Juni 1978.
Campbell, Colin. «What Happens When We Get . . . the Manchild Pill?» *Psychology Today*, August 1976.
Čapek, Milič. «Temporal Order and Spatial Order: Their Differences and Relations.» *Mind in Nature: Essays on the Interface of Science and Philosophy*, hg. v. John Cobb und David Griffin. Washington, D.C.: University Press of America, 1977.
Caplan, Arthur L. «Darwinism and Deductivist Models of Theory Structure.» *Studies in the History and Philosophy of Science* 10 (1979).
Castelli, Jim. «Church Leaders Seek Probe of Gene Research.» *The Washington Star*, 21. Juni 1981.
Chedd, Graham. «Danielli the Prophet.» *New Scientist*, 21. Januar 1971.
Cohen, Mark Nathan. «Population Growth and Parallel Trends in Sociocultural Evolution.» Vortrag, 79th Annual Meeting of the American Anthropological Association, 3.–7. Dezember 1980, Washington, D.C.
Cohn, Victor. «Biologists Report Transfer of Gene from Rabbit to Mouse to Offspring.» *The Washington Post*, 8. September 1981.
«Computer Age Began with Marvel of 1951.» *The Washington Star*, 10. Juni 1981.
Cooke, Robert. «Biological Advances Have Business Applications.» *The Boston Globe*, 17. Juni 1980.
«Counting Up the Genes.» *The New York Times*, 24. April 1977.
Craig, Robin. «The Theoretical Possibility of Reverse Translation of Proteins into Genes.» *Journal of Theoretical Biology* 88 (1981).
Crittenden, Ann. «Plan to Widen Plant Patents Stirs Conflict.» *The New York Times*, 6. Juni 1980.
Danielli, James F. «Artificial Synthesis of New Life Forms.» *Bulletin of Atomic Scientists* 28 (Dezember 1972).
Danson, Roy. «Evolution.» *New Scientist* 49 (1971).

Davidson, Keay. «Genetics: Evolution or Revolution?» *Orlando* (Florida) *Sentinel-Star*, 22. März 1981.

Davy, John. «What If Darwin Were Wrong?» *The Washington Post*, 30. August 1981.

Dechert, Charles R. «The Development of Cybernetics.» *The Social Impact of Cybernetics*, hg. v. Charles R. Dechert. New York: Simon & Schuster, 1966.

Deevy, Edward S., Jr. «The Reply: Letter from Birnam Wood.» *Yale Review* 61 (1967).

Dewey, John. «Metaphysical Issues: The Influence of Darwinism.» *The Problem of Evolution*, hg. v. John Deely und Raymond Nogar. New York: Appleton-Century-Crofts, 1973.

Dickson, David. «Patenting Living Organisms – How to Beat the Bug-Rustlers.» *Nature*, 10. Januar 1980.

«DNA Recombinant Molecule Research.» Ergänzender Bericht II, Report für das Subcommittee on Science, Research, and Technology of the Committee on Science and Technology, House of Representatives, Dezember 1976.

Dobzhansky, Theodosius. «On Methods of Evolutionary Biology and Anthropology.» *American Scientist* 45 (1957).

Ders. «Darwinian or ‹Oriented› Evolution?» *Evolution*, 29 (1975).

Doolittle, W. Ford. «Is Nature Really Motherly?» *The Co-Evolution Quarterly* 29 (Frühjahr 1981).

Doyle, Jack. «Green Revolution II: $.» *The New York Times*, 23. April 1981.

«Dupont: Seeking a Future in Biosciences.» *Business Week*, 24. November 1980.

Eckholm, Erik. «Disappearing Species: The Social Challenge.» *Worldwatch Paper 22*. Washington, D.C.: Worldwatch Institute, Juni 1978.

Eden, Murray. «Inadequacies of Neo-Darwinian Evolution as a Scientific Theory.» *Mathematical Challenges to the Neo-Darwinian Interpretation of Evolution*, hg. v. P. Moorhead und M. Kaplan. Philadelphia: Wistar Institute Press, 1967.

Ellegard, Alvara. «The Darwinian Theory and 19th Century Philosophies of Science.» *Journal of the History of Ideas* 18 (1957).

Epps, Garrett. «Viroids Among Us.» *Science 81*, September 1981.

Feder, Barnaby. «Automating Gene Splicing.» *The New York Times*, 15. Januar 1981.

«Fetus for Sale.» *Newsweek*, 1. Juni 1970.

Fiske, Edward B. «Computers Alter Life of Pupils and Teachers.» *The New York Times*, 4. April 1982.

Ford, John J. «Soviet Cybernetics and International Development.» *The Social Impact of Cybernetics*, hg. v. Charles R. Dechert. New York: Simon & Schuster, 1966.

Fox, Jeffrey L. «Genetic Engineering Industry Has Growing Pains.» *Chemical and Engineering News*, 6. April 1981.

Gale, Barry G. «Darwin and the Concept of a Struggle for Existence: A Study in the Extrascientific Origins of Scientific Ideas.» *Isis* 63 (1972).

«Gene-Machine: Automated DNA Synthesis.» *Science Weekly*, 31. Januar 1981.

«Gene Machines Will Add Players to the DNA Game.» *Chemical Week*, 4. Februar 1981.

«Geneticist Says Recombinant DNA to Improve Cattle.» *Feedstuffs Weekly*, 2. Juni 1980.

«Genetics Technology May Greatly Change Drug, Food Industries in the Next 20 Years.» *The Wall Street Journal*, 22. April 1981.

Ghiselin, Michael T. «The Metaphysics of Phylogamy», Rezension zu *Phylogenetic Patterns and the Evolutionary Process* von Niles Eldredge und Joel Cracaft. *Paleobiology* 7 (1981).

Goldschmidt, R. B. «Evolution, As Viewed by One Geneticist.» *American Scientist* 40 (1952).

Goodell, Rae. «The Gene Craze.» *Columbia Journalism Review*, November/Dezember 1980.

Goodwin, B. C. «The Cell as a Resonating System.» *Towards a Theoretical Biology*, hg. v. C. H. Waddington. 2 Bde., Chicago: Aldine, 1969.

Ders. «On Morphogenetic Fields.» *Theoria to Theory* 13 (1979).

Goodwin, B. C.; Pateromichelakis, S. «The Role of Electrical Fields, Ions, and the Cortex in the Morphogenesis of Acetabularia.» *Planta* 145 (1979).

Goodwin, B. C.; Trainor, L. E. H. «A Field Description of the Cleavage Process in Embryogenesis.» *Journal of Theoretical Biology* 86 (1980).

Gorczynski, R. M.; Steele, E. J. «Simultaneous Yet Independent Inheritance of Somatically Acquired Tolerance to Two Distinct H-2 Antigenetic Haplotype Determinants in Mice.» *Nature*, 19. Februar 1981.

Gould, Stephen Jay. «The Evolutionary Biology of Constraint.» *Daedalus* 29 (1980).

Ders. «Is a New and General Theory of Evolution Emerging?» *Paleobiology* 6 (Winter 1980).

Ders. «The Return of Hopeful Monsters.» *Natural History*, Juni/Juli 1977.

Gould, Stephen J.; Eldredge, Niles. «Punctuated Equilibria: The Tempo and Mode of Evolution Reconsidered.» *Paleobiology* 3 (Frühjahr 1977).

Gregory, R. L. «The Brain as an Engineering Problem.» *Current Problems in Animal Behavior*, hg. v. W. H. Thorpe und O. L. Zangwill. Cambridge: Cambridge University Press, 1961.

Gurwitsch, Aron. «Comment on the Paper by H. Marcuse.» *Boston Studies in the Philosophy of Science*. 2 Bde., New York: Humanities Press, 1965.

Hahlweg, Kai. «Progress through Evolution? An Inquiry into the Thought of C. H. Waddington.» *Acta Biotheoretica* 30 (1981).

Hartley, Brian. «The Biology Business.» *Nature*, 10. Januar 1980.

Hartshorne, Charles. «Physics and Psychics: The Place of Mind in Nature.» *Mind in Nature: Essays on the Interface of Science and Philosophy*, hg. v. John Cobb und David Griffin. Washington, D.C.: University Press of America, 1977.

Hawkes, Jacquetta and Christopher. «Land and People.» *The Character of England*, hg. v. Ernest Baker. Oxford: Clarendon Press, 1947.

Hilts, Philip. «The Clock Within.» *Science*, Dezember 1980.

Ho, M. H.; Saunders, P. T. «Beyond Neo-Darwinism – An Epigenetic Approach to Evolution.» *Journal of Theoretical Biology* 78 (1979).

«How Human Life Begins.» *Newsweek*, 11. Januar 1982.

Huxley, Julian. «At Random – A Television Preview.» *Evolution After Darwin*, hg. v. Sol Tax. 2 Bde., Chicago: University of Chicago Press, 1960.

«Impacts of Applied Genetics: Microorganisms, Plants, and Animals.» *Office of Technology Assessment*, U.S. Government Printing Office, Washington, D.C.

«Is Genetic Engineering Being Applied to Biological Warfare?» *Federation of American Scientists' Public Interest Report*, Juni 1980.

Jackson, David. «Is Genetic Engineering Safe?» *Baltimore Sun*, 8. November 1980.

King, Jonathan. «New Diseases in New Niches.» *Nature*, 2. November 1978.

Ders. «Recombinant DNA and Auto Immune Disease.» *The Journal of Infectious Diseases* 137 (1978).

Kitts, David B. «Paleontology and Evolutionary Theory.» *Evolution* 28 (1974).

Knox, Richard A. «Life-forms Patents: Effects May Be Far Reaching.» *Boston Globe*, 29. Juni 1980.

Krimsky, Sheldon. «Is Genetic Engineering Safe?» *Baltimore Sun*, 8. November 1980.

Krohn, Ingrid M. «Roles of Ideas in Advancing Paleontology.» *Paleontology* 5 (1979).

Kung, Joan. «Some Aspects of Form in Aristotle's Biology.» *Nature and System* 2 (1980).

Lancaster, Hal. «Gene Splicers Ponder Mass Production: Will Fermenting Pose Major Problems?» *The Wall Street Journal*, 28. August 1981.

Lessing, Lawrence. «Into the Core of Life Itself.» *Fortune*, März 1966.

Lewin, Roger. «Biggest Challenge Since the Double Helix.» *Science*, 3. April 1981.

Ders. «Evolutionary Theory Under Fire.» *Science*, 21. November 1981.

Ders. «How Conversational Are Genes?» *Science*, 17. April 1981.

Løvtrup, Søren. «The Evolutionary Species: Fact or Fiction.» *Systematic Zoology* 28 (1979).

McAuliffe, Kathleen. «Biochip Revolution.» *Omni*, 3. März 1982.

Manier, Edward. «History, Philosophy and Sociology of Biology: A Family Romance.» *Studies in the History and Philosophy of Science* 2 (1980).

Mayr, Ernst. «Evolution.» *Scientific American*, September 1978.

Meltzer, Yale L. «Genetic Engineering: Building New Profits.» *Chemical Marketing Reporter*, 6. April 1981.

Menosky, Joseph A. «Cheap, Fast Designer Genes: Machines That Allow Almost Anybody to Create New Life.» *The Washington Post*, 6. September 1981.

Ders. «The Gene Machine.» *The Washington Post*, 6. September 1981.

Merril, C. R., u. a. «Bacterial versus Gene Expression in Human Cells.» *Nature* 233 (1971).

Michell, John. «Vorschlag für eine andere Denkart.» Kumar, Satish; Hentschel, Roswitha (Hg.), *Metapolitik*, München: Dianus-Trikont, 1985.

Miller, Stanley. «Production of Some Organic Compounds Under Possible Primitive Conditions.» *Journal of the American Chemical Society* 77 (1955).

Milne, David H. «How to Debate with Creationists – and ‹Win›.» *The American Biology Teacher* 43 (1981).

Mitcham, Carl. «Philosophy of Technology.» *Science, Technology, Medicine*, hg. v. Paul T. Durbin. New York: The Free Press, 1980.

Monro, Robert E. «Interpreting Molecular Biology.» *Beyond Chance and Necessity*, hg. v. John Lewis. London: Garnstone Press, 1974.

Moore, John N. «Paleontologic Evidence and Organic Evolution.» *Origins and Change*, hg. v. David L. Willis. Elgin., Ill.: A.S.A., 1978.

Mora, P. «The Folly of Probability.» *The Origins of Prebiological Systems and Their Molecular Matrices*, hg. v. S. W. Fox. New York: Academic Press, 1965.

Morowitz, Harold J. «Reducing Life to Physics.» *The New York Times*, 23. Juni 1980.
Newark, Peter. «The Origins of Biotechnology.» *Nature*, 10. Januar 1980.
«New Genetic Technologies Will Have Major Impact on Pharmaceutical, Chemical, Food and Processing Industries.» Office of Technology Assessment News Release, 22. April 1981.
Nuttal, Tony. «Neo-Darwinism.» *Theoria to Theory* 13 (1979).
«The Organic Computer.» *Discover*, 3. Mai 1982.
Olson, Everett Claire. «The Evolution of Life.» *Evolution After Darwin*, hg. v. Sol Tax. 2 Bde., Chicago: University of Chicago Press, 1960.
O'Toole, Thomas. «In the Lab: Bugs to Grow Wheat, Eat Metal.» *The Washington Post*, 18. Juni 1980.
Palmer, John D. «The Many Clocks of Man.» *Cycles*, Februar 1971.
Perlman, David. «Biochemist's Attack on Gene Splicers.» *San Francisco Chronicle*, 15. November 1978.
Peter, Walter G. «Ethical Perspectives in the Use of Genetic Knowledge.» *Bio-Science*, 21 (1971).
Prial, Frank J. «Pope, Ending His Visit to France, Warns of Danger of Nuclear War.» *The New York Times*, 3. Juni 1980.
Randolph, Eleanor. «Bean-Squawk – Speed Patents: Fears Sprout at Grass Roots.» *Los Angeles Times*, 2. Juni 1980.
Raup, David. «Conflicts Between Darwin and Paleontology.» *Field Museum of Natural History Bulletin*, Januar 1979.
Rawls, Rebecca. «Nitrogen Fixation Research Advances.» *Chemical and Engineering News*, 8. Dezember 1980.
Riedel, Rupert. «A Systematic-Analytical Approach to Macro-Evolutionary Phenomena.» *The Quarterly Review of Biology* 52 (1977).
Ritchie-Calder, Lord. «Retailoring the Tailor.» *1976 Encyclopaedia Britannica, Book of the Year*, Special Supplement.
Rosenberg, Barbara; Simon, Lee. «Recombinant DNA: Have Recent Experiments Assessed All the Risks?» *Nature*, 27. Dezember 1979.
Rosenblueth, A.; Wiener, N.; Bigelow, J. «Behavior, Purpose and Teleology.» *Philosphy and Science* 10 (1943).
Rosenburg, Alexander. «Species Notions and the Theoretical Hierarchy of Biology.» *Nature and System* 2 (1980).
Ruse, Michael. «Darwin's Debt to Philosophy: An Examination of the Influence of the Philosophical Ideas of John F. W. Hershel and William Whewell on the Development of Charles Darwin's Theory of Evolution.» *Studies in the History and Philosophy of Science* 6 (1975).
Ders. «Natural Selection in the ‹Origin of Species›.» *Studies in the History and Philosophy of Science* 1 (1971).

Sandow, Alexander. «Social Factors in the Origin of Darwinism.» *The Quarterly Review of Biology* 13 (1938).
Saunders, P. T.; Ho, M. W. «On the Increase in Complexity of Evolution.» *Journal of Theoretical Biology* 63 (1976).
Schmeck, Harold M., Jr. «Justices' Ruling Recognizes Gains in the Manipulation of Life Forms.» *New York Times*, 17. Juni 1980.
Schutzenberger, Marcel P. «Algorithms and the Neo-Darwinian Theory of Evolution.» *Mathematical Challenges to the Neo-Darwinian Interpretation of Evolution*, hg. v. P. Moorhead und M. Kaplan. Philadelphia: Wistar Institute Press, 1967.
Schweber, Silvan S. «Darwin and the Political Economists.» *Journal of the History of Biology* 13 (1980).
Ders. «The Origin of the ‹Origin› Revisited.» *Journal of the History of Biology* 10 (1977).
Scott, Cynthia. «Genetic Engineering: Menace or Mandate from God.» *Moody*, März 1981.
Severo, Richard. «Genetic Tests by Industry Raise Questions on Rights of Workers.» *The New York Times*, 3. Februar 1980.
Sheldrake, Rupert. «A New Science of Life.» *New Scientist*, 18. Juni 1981.
Shrader, Douglas. «The Evolutionary Development of Science.» *The Review of Metaphysics* 43 (1981).
Shurkin, Joel N. «Yet Another Step in the Complex Probe of the Genetic Code.» *Philadelphia Inquirer*, 1. Mai 1977.
Signer, Ethan. «Recombinant DNA: It's Not What We Need.» Bemerkungen, vorgetragen vor dem NAS Forum, 7.–9. März 1977.
Simpson, George Gaylord. «Notes on the Nature of Science by a Biologist.» *Notes on the Nature of Science*, hg. v. George Gaylord Simpson u. a. New York: Harcourt, Brace & World, 1962.
Smith, T. F.; Waterman, M. S. «Overlapping Genes and Information Theory.» *Journal of Theoretical Biology* 91 (1981).
Sullivan, Walter. «Creation Debate Is Not Limited to Arkansas Trial.» *The New York Times*, 27. Dezember 1981.
Szent-Gyorgi, A. «The Evolutionary Paradox and Biological Stability.» *Molecular Evolution: Prebiological and Biological*, hg. v. D. L. Rohlfing und A. I. Oparin. New York: Plenum Press, 1972.
Tamarkin, Bob. «The Growth Industry.» *Forbes*, 2. März 1981.
«Test Frozen Embryos for Invitro Babies.» *Sexual Medicine Today*, Januar 1980.
Theobald, Robert. «Cybernetics and the Problems of Social Reorganization.» *The Social Impact of Cybernetics*, hg. v. Charles R. Dechert. New York: Simon & Schuster, 1966.

Thompson, Keith Stewart. «Something in Common», Rezension zu *Phylogenetic Patterns and the Evolutionary Process* von Niles Eldredge und Joel Cracraft. *Paleobiology* 7 (1981).
Thorpe, W. H. «The Frontiers of Biology.» *Mind in Nature*, hg. v. John Cobb und David Griffin. Washington, D.C.: University Press of America, 1977.
«Too Soon for the Rehabilitation of Lamarck.» *Nature*, 19. Februar 1981.
Tudge, Colin. «Lamarck Lives – In The Immune System.» *New Scientist*, 19. Februar 1981.
Tyson, Kim. «Genetic Maps at Hand, Scientist Says.» *American-Statesman*, 3. Dezember 1980.
Vorzimmer, Peter J. «Darwin's Question About the Breeding of Animals (1839).» *Journal of the History of Biology* 2 (1969).
Ders. «An Early Darwin Manuscript: The ‹Outline and Draft of 1839›.» *Journal of the History of Biology* 8 (1975).
Waddington, C. H. «A Catastrophe Theory of Evolution.» *Annals of the New York Academy of Science* 231 (1974).
Ders. «Whitehead and Modern Science.» *Mind in Nature*, hg. v. John Cobb und David Griffin. Washington, D.C.: University Press of America, 1977.
Wade, Nicholas. «Getting Rich in the Ivory Tower: Hot Genes.» *The New Republic*, November 1980.
Walgate, Robert. «How Safe Will Biobusiness Be?» *Nature*, 10. Januar 1980.
«Whether to Make Perfect Humans.» *The New York Times*, 22. Juli 1982.
White, Errol. «Proceedings.» *Linnaean Society of London* 177 (1966).
Willis, David L. «Creation and/or Evolution.» In *Origins and Change*, hg. v. David L. Willis. Elgin, Ill.: A.S.A., 1978.
Winfree, Arthur. «Chemical Clocks: A Clue to Biological Rhythms.» *New Scientist*, 5. Oktober 1978.
«A Working Synthetic Gene.» *Medical World News*, 20. September 1976.
Yanchinski, Stephanie. «DNA: Ignorant, Selfish and Junk.» *New Scientist*, 16. Juli 1981.
Yockey, Hubert P. «A Calculation of the Probability of Spontaneous Biogenesis by Information Theory.» *Journal of Theoretical Biology* 67 (1977).
Ders. «Rebuttal of ‹Overlapping Genes and Information Theory›.» *Journal of Theoretical Biology* 91 (1981).
Ders. «Self-Organization Origin of Life Scenarios and Information Theory.» *Journal of Theoretical Biology* 91 (1981).
Young, Robert M. «Darwinism and the Division of Labour.» *Listener*, 17. August 1972.

Ders. «Malthus and the Evolutionists: The Common Context of Biological and Social Theory.» *The Past and Present Conference* 43 (1969).
Ders. «Man's Place in Nature.» *Changing Perspectives in the History of Science*, hg. v. Mikulus Teich und Robert Young. Boston: D. Reidal, 1978.

Namenregister

Sachregister

Robin Wood
Und vor uns sterben die Wälder
Herausgegeben von Volker Lange
und Erdmann Wingert
224 Seiten mit zahlreichen Fotos. Kartoniert

«Weißt du nicht, daß die Wälder das Leben eines Landes sind?»
Dreitausend Jahre alt ist diese babylonische Inschrift – und ist heute so richtig wie damals. Aber der Wald stirbt immer schneller in Deutschland. Der saure Regen bereitet ihm einen schleichenden Tod. Doch noch ändert sich nichts. Noch ist die Industrielobby stärker und einflußreicher als die Bürger sind, die um ihre Umwelt und ihre Gesundheit fürchten, stärker als Waldbesitzer und Forstleute.
Um dem Wald eine Lobby zu verschaffen, wurde 1982 die Aktionsgemeinschaft ROBIN WOOD gegründet. Sie will, ähnlich wie GREENPEACE, mit spektakulären Aktionen deutlich machen, daß es höchste Zeit ist, wirksame Mittel gegen die fortschreitende Vergiftung der Umwelt zu ergreifen.
«Und vor uns sterben die Wälder» – erstmals geben die ROBIN WOOD-Mitstreiter Einblick in ihre unorthodoxe Umweltschutzarbeit. An Hand der Aufzeichnungen bisheriger Aktionen erfährt der Leser von den Hoffnungen, Ängsten, Ermutigungen und Hindernissen in der Umweltschutzarbeit. Widerstand auf neuen Wegen gegen den ökologischen Tod wird zum Bekenntnis für ein Leben mit der Natur.